图书在版编目（CIP）数据

我国新型墙体材料的应用现状及未来需求研究／曹万智，王洪镇著 . — 北京：中国建筑工业出版社，2021.11
ISBN 978-7-112-26767-5

Ⅰ.①我… Ⅱ.①曹…②王… Ⅲ.①城镇—住宅—墙体材料—研究—中国 Ⅳ.① TU5

中国版本图书馆 CIP 数据核字（2021）第 211090 号

责任编辑：李笑然　毕凤鸣
责任校对：芦欣甜

我国新型墙体材料的应用现状及未来需求研究
曹万智　王洪镇　著
*
中国建筑工业出版社出版、发行（北京海淀三里河路9号）
各地新华书店、建筑书店经销
北京建筑工业印刷厂制版
天津翔远印刷有限公司印刷
*
开本：787毫米×960毫米　1/16　印张：19¼　字数：334千字
2022年7月第一版　2022年7月第一次印刷
定价：**76.00元**
ISBN 978-7-112-26767-5
（38594）

前　言

绿色发展、低碳发展、质量发展和结构调整是建筑业发展的新阶段和新要求。逐步实现装配化，是建造技术发展的新特征，是降低建造碳排放的新手段。我国建筑行业全过程碳排放总量占全国碳排放的比重约为51%，其中建材（钢铁、水泥、铝材等）占28%，施工阶段占1%，建筑运行阶段占22%，影响运行能耗的关键点之一在于围护墙体的保温隔热。当我国逐步推行装配式建筑以后，围护墙体制品、部品部件以及梁、板、柱等构件对我国碳排放的影响大约在20%。绿色建筑要实现"双碳目标"，必须围绕绿色建材全产业链生产方式的拓新来开展。

建筑材料分为传统建筑材料和新型建筑材料两大类。传统建筑材料包括水泥、玻璃、陶瓷、钢材、砂石、混凝土、黏土烧结制品等；新型建筑材料包括新型墙体材料、新型保温隔热材料、防水屋面材料、装饰装修材料、新型门窗及构件等。

传统意义上的墙体材料主要指砖、砌块、墙板，随着时代发展和建筑结构形式的变化，保温材料、围护结构部品部件，包括预拌混凝土、干混砂浆等墙体部位使用的产品、部件都成为墙体材料的重要组成部分。

新型墙体材料是指不以消耗耕地、破坏生态和污染环境为代价，具有"节能、减排、安全、便利和可循环"特征，适应建筑业绿色化、装配化等发展要求，品种和功能处于增加、更新、完善状态的建筑墙体用所有材料、制品和构件。

墙体材料是建筑围护结构实现围护、保温、隔热、防火、隔音、耐久、装饰等综合功能的物质基础，是影响我国城镇住宅节能减排和低碳发展的主要因素。墙体材料曾经是建筑材料工业中仅次于水泥的第二耗能行业和碳排放源。2015年以后墙体材料行业产业结构调整步伐加快，砖瓦企业锐减到目前的2.1万家，砖产量只有高峰时期的60%，使碳排放明显下降，"禁实限黏"成效显著。

墙材工作"禁实限黏"历史使命已经完成，适应建筑业发展的新要求，推进建筑业低碳发展、绿色发展，满足现代建筑墙体结构保温、隔热、隔音、防火、防水、抗震、安全等功能的新需求，成为墙材革新工作的新定位。墙材革新工作还应该向服务乡村振兴战略、推动新农村建设延伸。墙材工作的重点应该是技术创新、体系创新、质量发展和结构调整。

近20年，由于建筑业飞速发展，墙体材料一直被迫跟进，结构调整和技术创新欠账较多，行业水平普遍偏低。墙体材料功能比较单一，评价指标简单，墙体的围护、保温、耐火、隔音、抗震、防水、装饰等功能全靠工程现场不同材料的叠加来完成。缺乏多功能一体化的复合制品、构件和系统。行业门槛低，龙头企业少，生产制造技术与时代发展要求不匹配，在建筑业属于乙方的乙方，未得到全社会足够重视，没有形成体系，成为建筑业发展的短板。长期以来，由于我国高等院校学科专业调整和建材行业主管部门的撤并，建筑材料尤其是制品专业本科生培养相对停滞，专业人才的基本数量与建筑业和土木工程发展的需要极不相称，直接影响产业的全面创新和可持续发展。

墙体制品，只有通过材料复合、功能集成、减少运输、降低消耗才能实现低碳发展。伴随建筑业建造模式的改变，功能化、精品化、装配化成为墙体材料产业发展的新要求。本土化、生态化、资源化是墙材产业发展的新目标。尤其是通过技术革新，外墙实现建筑节能与结构一体化取代外墙外保温粘锚构造薄抹灰体系，即二次"穿棉袄"的方式，实现保温隔热与结构主体共同全寿命周期服役，防火性能达到结构耐火等级要求，根除了建筑外墙保温层开裂、脱落、着火问题，成为外墙用墙体材料发展的必然出路。

本书是在作者 2010 年完成的中国科学技术协会政策研究课题"我国城镇住宅建筑材料的应用现状及未来需求研究"基础上，结合作者 20 多年的研究成果和工作经验，在 2019 年度国家民委人才计划项目"绿色建筑与建筑节能创新团队建设"、甘肃省墙体材料革新与建筑节能协调工作领导小组办公室"甘肃省新型墙体材料联合创新和质量提升科技服务"等项目支持下，由西北民族大学曹万智、王洪镇主编，杨永恒、甘季中、苗强强、张安杰、高潇、代佳等帮助整理数据。书中参考了武涌、蔡伟光等学者的最新研究成果。在此一并表示衷心感谢！

由于墙体材料种类繁多，新材料新技术发展很快，且各领域各专业视角不同，加上时间仓促、水平有限，书中的疏漏、不妥，甚至错误之处在所难免，欢迎广大读者批评指正。

编者

2021 年 12 月

目 录

上 篇

我国新型墙体材料的应用现状

第一章 我国建筑材料的应用现状

第一节 传统建筑材料发展和应用情况

一、我国传统建材及保温板材总量增长变化情况

近几年我国传统建材及保温板材总量增长变化情况见表1-1。

我国传统建材及保温板材总量增长变化情况　　　　　表1-1

年份	水泥		平板玻璃		商品混凝土		聚氨酯	
	产量（亿吨）	同比增长率（%）	产量（亿重量箱）	同比增长率（%）	产量（亿m³）	同比增长率（%）	产量（万吨）	同比增长率（%）
2015年	23.48	−4.9	7.39	−8.6	22.23	2.1	1035	—
2016年	24.03	2.5	7.74	5.8	22.29	0.27	1085	4.83
2017年	23.16	−0.2	7.9	3.5	22.98	3.11	1189	9.59
2018年	21.77	3	8.69	2.1	25.47	9.26	1300	9.34
2019年	23.3	6.1	9.27	6.6	27.38	7.51	1377	5.92
2020年	23.77	1.6	9.46	1.3	28.99	5.47	1467	6.54

数据来源：中国建筑材料联合会

中国建筑材料联合会数据显示，2010年我国建材行业产值约为3.3万亿元，至2020年产值增至6.9万亿元。水泥价格保持平稳，玻璃价格持续攀升。据建材联合会统计，2020年重点建材企业水泥平均出厂价为414.2元/吨，比上年增长4.4%；平板玻璃平均出厂价为74.2元/重量箱，与上年基本持平。

商品混凝土自1903年在德国开始应用，发展至今已有一百多年的历史。2020

年我国商品混凝土累计产量为 28.99 亿 m³，同比增长 5.47%。混凝土产量 2.25 亿 m³，同比减少 12.56%。

聚氨酯（Polyurethane，PU）是聚氨基甲酸酯的简称，由多异氰酸酯和多羟基聚合物加聚而成，是在高分子主链上含有许多重复的氨基甲酸酯链段（—NHCOO—）的高分子化合物。聚氨酯是继聚乙烯、聚氯乙烯、聚丙烯、聚苯乙烯和 ABS 后第六大塑料，已广泛应用于 9 大行业领域，成为经济发展和人民生活不可缺少的新型保温材料。2019 年我国聚氨酯产量达 1366 万吨，占全球总产量比重的 45% 左右，聚氨酯产品消费量达 1185 万吨。我国目前已成为世界上最大的聚氨酯生产国，也是最大的聚氨酯市场之一。

二、我国建材工业能耗水平与世界先进水平的差距

传统的建材产品包括水泥、玻璃、陶瓷、钢材、砂石混凝土、黏土烧结砖等用于建筑物结构主体，使用方法成熟，质量指标控制技术配套，产品应用不存在很大技术障碍。但是，由于历史原因，建筑材料，尤其是墙体材料，材料单纯追求数量增长的粗放式发展模式尚未根本转变，单位能耗水平与世界先进水平存在明显差距。

1. 我国大型水泥企业新型干法工艺的热耗指标已接近世界先进水平，但水泥综合电耗指标还有较大差距，世界先进水平的水泥综合电耗只有 85kW·h/t 水泥，而我国还在 100kW·h/t 水泥左右。

2. 我国现有的平板玻璃生产工艺已与国际接轨，但在产品质量和能耗上与国际水平仍存在一定的差距，如我国浮法玻璃的平均能耗为 7800kJ/kg，要比国际平均水平 6500kJ/kg，高 20% 左右。

3. 虽然随着陶瓷工业技术进步，能源消耗水平在逐渐降低，但与国际先进水平相比，仍存在差距，如我国建筑陶瓷、卫生陶瓷大中型企业的烧成热耗分别是 2930～6279kJ/kg 和 5023～12558kJ/kg，而先进国家分别为 1255～4186kJ/kg 和 3350～8370kJ/kg，是先进国家的 1.5 倍左右。

4. 在发达国家，许多可燃废弃物，如废轮胎、塑料包装物、废机油、废油墨、废溶剂和生活垃圾等已经广泛用作水泥工业的代用燃料，不少国家水泥工业的燃料代用率已超过 40%，并在追求更高的水平，而我国在这方面还处于起步阶段。

5. 一些落后工艺生产的建材产品质量不稳定，也影响到建筑工程的寿命。由于诸多原因，与发达国家相比，我国每立方米同等级混凝土中的水泥用量要平均高出 20～30kg，这实质上就增加了我国建材工业的能耗总量。

三、传统建筑材料主要的任务是结构调整

传统的建材产品属于我国高能耗产业之一，行业工作的重点是提高产品附加值，降低单位产品能耗，淘汰落后工艺和产能。

淘汰落后工艺，实现单位产品能耗指标的大幅度降低有两个途径：强制淘汰和技术进步。两种手段都要兼顾，缺一不可。

对于钢材和水泥产业，短期耗能，要靠先进技术和新工艺创造的巨大利润带动高能耗、高成本工艺的自行淘汰。以水泥工业为例，新型的中空干法窑外预分解技术和余热发电技术，使水泥产量在原有湿法工艺的基础上产能提高了十多倍，煤耗降低了 50% 左右，由于市场原因，一大批小水泥在强制淘汰的政策引导下因技术落后成本过高迅速在市场上得到瓦解和淘汰。

而长期耗能的建筑业，要靠落实政策强制实施，保护行业健康发展。对于企业，只要根据具体情况，研究制定切实可行的政策措施，完善节能法规与标准体系，严格节能管理，建立监督管理体系，加强节能执法监察工作，就可以保证节能目标的实现。

四、传统建筑材料在资源综合利用方面采取的措施

（一）加快产业结构调整步伐，以先进生产工艺取代落后生产工艺

以水泥工业为例，20 年来，通过大力发展新型干法工艺，淘汰立窑等落后工艺，运用经济、法律等手段，形成市场退出机制。水泥行业科技创新取得显著进展，"第二代新型干法水泥"技术装备、新型粉磨（无介质粉磨）技术、高能效烧成技术（高效燃烧器、第四代冷却机、高固气比烧成、富氧燃烧等）、燃料替代技术、水泥窑氮氧化物减排等关键技术装备以及高性能保温耐火材料工艺技术装备取得重大突破并得到推广应用；水泥行业大型生产工艺技术装备基本实现国产化，为实现超越引领世界水泥工业发展奠定了基础。

（二）发展循环经济，进一步扩大对各类工业废弃物的利用量

1. 提高水泥熟料质量。如果使全国水泥混合材掺量在目前基础上增加 10%，将意味着每年相对减少上亿吨水泥熟料生产量，从而实现节约能源约 1000 万吨标准煤。

2. 利用煤矸石、粉煤灰制砖取代黏土砖，利用煤矸石制造泡沫陶瓷保温制品，

不仅有利于节约土地，同时还可节约大量能源。据测算，每增加使用 1 亿吨煤矸石和粉煤灰制砖就可实现节约能源 600 万吨左右标准煤，煤矸石制造泡沫陶瓷保温制品，一旦大规模使用，节能降碳潜力很大。

3. 建材产品大多通过工业炉窑来生产，余热利用已经成为建材工业发展循环经济的重要举措和普遍做法。

4. 配纯低温余热发电装置可使水泥生产外供电降低 30%。墙体材料、建筑卫生陶瓷、平板玻璃工业的熔窑余热都有很大的利用余地，如大型浮法玻璃熔窑的余热发电技术发展到了新的阶段。

（三）通过提高建材产品质量，延长产品使用寿命，从整体上降低能源消耗量

我国建筑物的寿命普遍低于世界发达国家，原因是多方面的，如建材产品质量方面的因素。从工程设计和材料使用环节入手，加强施工管理，提高施工质量，减少材料浪费，延长建筑物使用寿命，由此降低建材产品消费总量，降低能源消耗总量，具有巨大的节能潜力。如以单位体积混凝土水泥用量减少 10% 为例，我国每年将相对减少水泥消费量至少 1 亿吨，这就可节能 1000 万吨标准煤。

（四）建立材料性能科学评价体系，减少品质和资源的浪费

建筑材料，尤其是墙体材料，使用部位不同，功能要求不同。材料性能指标评价标准的科学化、合理化是建筑材料发展的关键环节。非承重墙体材料过度关注抗压强度，保温材料过度要求燃烧性能，不同程度阻碍了复合制品的创新和发展。减少材料容重，实现轻量化；降低资源消耗，实现可循环；材料就地取材，实现本土化；废弃物合理利用，实现生态化；提高产品耐久性，实现节约化；多措并举实现低碳化。

（五）继续开发节能新工艺、新技术和新装备

尤其要加大高效、节能水泥粉磨新技术、新工艺、新装备的开发推广和玻璃熔窑富氧、全氧燃烧技术的研究开发，使我国水泥综合电耗在目前基础上降低 10%，玻璃的节能技术措施得以逐步推广。

第二节　防水材料、保温材料和装饰材料发展情况

一、防水材料总量

至 2019 年，全国新型防水卷材产量达到 223561 万 m^2，市场占有率达到 50%，城镇永久性建筑采用新型防水材料达到 80%。主要沥青类防水材料销量情况和沥青用量见表 1-2。

主要沥青类防水材料销量情况和沥青用量　　　　　　　　表 1-2

防水材料 ＼ 年份	2016 年	2017 年	2018 年	2019 年
防水卷材（万 m^2）	116132	125781	139195	154344
改性沥青涂料（万 m^2）	51124	55567	61673	67980
玻纤胎沥青瓦（万 m^2）	1425	1477	1374	1237
总计（万 m^2）	168681	182825	202962	223561
沥青总量（万吨）	505	547	607	679

二、保温材料需求量

2019 年，全国保温隔热材料年需求量：岩（矿）棉超过 320 万吨，玻璃棉产量近 115 万吨，膨胀珍珠岩 40 万吨，硅酸铝纤维 100 万吨左右。全国矿棉吸声板需求量为 4000 万～5000 万 m^2，产品品种、质量和数量不但可以满足国内市场需求，而且将有部分产品出口。随着旧城改造，保温材料在既有建筑节能改造领域依然具有很大的市场份额。

三、装饰材料需求量

2010 年我国建筑装饰材料行业产值约为 1.29 万亿元，至 2020 年行业产值增至为 2.72 万亿元。近年来随着下游需求增速放缓，我国建筑装饰材料行业产值增速有所减慢。目前，全国装饰石膏年需求量约为 1400 万 m^2，全国建筑涂料需求量约 160 万吨，全国塑料异型材需求量约为 50 万～60 万吨，可组成塑料门窗 2500 万～3000 万 m^2。全国塑料地板需求量约为 1.5 亿～2 亿 m^2。各种塑料地板（包括

弹性卷材地板）和各种功能地板（抗静电、防腐蚀、防火、保健）的品种，档次将有显著的提高，可基本满足不同层次的需求。全国塑料管道需求量将近 100 万吨，其品种包括塑料给水管、电线导管、冷热水管、燃气管等。全国壁纸壁布需求量为 4 亿 m^2 以上，并有部分出口。全国化纤地毯需求量为 5000 万～8000 万 m^2，品种基本配套，可满足不同建筑物对抗静电、阴燃、防毒、防沾污、耐磨等特殊功能要求。

第三节　建材行业在国民经济发展中的地位

一、建材工业是我国重要的基础原材料工业

建筑材料产业是中国国民经济建设的重要基础原材料产业之一，在国民经济发展中具有重要的地位和作用。按照中国现行统计口径，建筑材料主要包括水泥、平板玻璃及加工、建筑卫生陶瓷、房建材料、非金属矿及其制品、无机非金属新材料等门类。目前，中国已成为全球最大的建材生产和消费国。2019 年建材工业年能源消耗量占中国能源消耗总量的 21.81%。建材工业生产既消耗能源，又有巨大的节能潜力，许多工业废弃物都可作为建材产品生产的替代原料和替代燃料；同时建材产品还可为建筑节能提供基础材料的支撑，一些新型建材产品可为新能源的发展提供基础材料和部件。我国经济社会发展提出的目标是：力争于 2030 年前达到碳峰值，努力争取 2060 年前实现碳中和，不断挖掘节能减排的潜力，不断提高资源能源利用效率和原燃材料替代率，是一项始终坚持的重要任务。建材工业作为中国国民经济的重要产业和高耗能产业，在节能减排及能源结构调整中大有可为，在中国建设节约型社会中将起重要作用。

改革开放以来特别是进入 21 世纪，中国建材工业得到了快速的发展，主要行业生产技术水平已达到或接近国际先进水平，产业体系配套、完整，门类众多，品种齐全，规模庞大，基本满足了国民经济建设和人民生活水平提高对建材产品的需求，中国已经成为全球最大的建材生产国。

二、建材工业和建筑业一并被列入中国国民经济发展的支柱产业

建材工业是中国国民经济的重要原材料工业，在国民经济发展中具有重要的地位和作用。

（一）建材行业经济运行中的积极变化

1. 建材产品市场结构多元化特征日益显现

当前建材行业产业体系，主要是伴随着我国经济发展和基础设施体系建设而发展形成，投资长期以来都是建材行业发展的主要驱动力。但近年来，随着我国国民经济结构调整以及产业链延伸和产业融合发展，建材市场呈现出明显的多元化发展。投资市场比重从 20 世纪末的 85% 左右降至 2020 年的 60%，在下游需求升级、行业技术进步以及产业融合发展共同作用下，建材细分市场快速发展，建材产品结构呈现多元化特征，并逐渐成为航空航天、国防科工、电子信息、新能源等领域的重要原材料，在国民经济的更多领域发挥着重要作用。

2. 建材行业产业结构持续优化

随着我国国民经济增速放缓以及固定资产投资增速回落，建材传统产业大规模扩张的阶段已经结束，国民经济结构调整加快了建材产业结构转变，在终端消费逐步升级以及产业发展规律共同作用下，建材产业链持续调整，下游加工制品业发展加快。目前建材内部各产业间产品转化形成的销售额占销售额的比重达到 25% 左右，2018 年规模以上建材加工制品业营业收入占比超过基础材料产业，2020 年达到 52.6%。产业链的延伸、产品结构多元化发展以及技术装备水平的提升，使建材产品质量和内在价值明显提升，智能化、高端化产品发展良好。优质陶瓷卫浴、技术玻璃、复合材料等产品出口价值已经与我国进口的高端产品相当。

3. 建材行业规模以上企业结构有所优化

受市场环境变化等因素影响，2018 年、2019 年规模以上建材企业数量连续下降。但随着建材行业产业结构调整步伐的加快，建材加工制品业得到较快速度的增长，由此带来了加工玻璃、复合材料、防水建材等行业规模以上企业数量的逐步增加，使 2020 年规模以上建材企业数量恢复增长至 3.4 万家（图 1-1）。

在建材各主要行业中，2020 年混凝土与水泥制品工业规模以上企业数量比 2019 年增加了 1500 余家，主要以商品混凝土企业为主，这也成为建材行业规模以上企业数量增长的最大原因。其他建材主要行业中，墙体屋面材料工业规模以上企业数量增加了 300 余家，黏土和砂石开采工业、石灰石膏工业等建材加工制品类行业规模以上企业数量增加了 100 余家，建筑卫生陶瓷工业、矿物纤维和复合材料工业等行业受市场因素影响规模以上企业数量减少，水泥工业规模以上企业增加了 60 余家。充分反映了面对国内外经济形势的变化，建材行业供给侧结构性改革不断加快，产业结构不断优化，适应市场的能力有所加强。

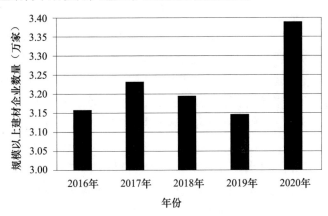

图 1-1　规模以上建材企业数量变化

4. 坚持科技创新，推进行业高水平发展成果

建材行业围绕转换发展动能、转变发展方式，加快实施产业基础再造和产业链提升，重点转向高端、高附加值、产业链发展，全面推进绿色低碳发展，布局新兴产业，不断增强科技实力水平，全方位推动建材高质量发展。目前，建材行业规模以上企业研发投入占营业收入的 0.76%，低于工业规模以上企业平均水平。根据普查数据，2018 年建材行业规模以上企业新产品开发项目数、新产品销售收入分别占规模以上工业企业的 0.30% 和 1.97%，规模以上企业申请发明专利 7704 件，有效发明专利数 20702 件，分别占规模以上工业企业的 2.07% 和 1.89%。

（二）当前建材行业经济运行中存在的主要问题

1. 行业经济运行恢复中仍以投资拉动为主，消费需求相对偏弱

疫情防控进入常态化以来，建材行业经济运行恢复明显。但终端消费市场恢复相对较慢，市场需求较为明显地依赖于启动较早且推动迅速的基建等领域的投资需求，这也导致建材行业经济运行表现出更加明显的受投资拉动的运行特征。根据国家统计局公布的数据，2020 年全国建筑安装工程固定资产投资同比增长 3.9%，房地产施工面积同比增长 3.7%，而房地产竣工面积同比下降 4.9%，降幅比上半年有所扩

大，限额以上建筑装潢材料类商品零售类值同比下降 2.8%。与之相对应的，水泥、混凝土与水泥制品、建筑玻璃、防水建材等受投资直接影响的行业生产和经济效益恢复较快，而建筑卫生陶瓷、石膏板等产品生产及行业经济效益恢复相对缓慢。

2. 建材产品出厂价格同比下降，加大了行业经济运行压力

疫情得到有效控制后，建材企业较早、较快地恢复生产，建材市场总体上持续呈现供大于求的供需关系，进一步加大了建材工业出厂价格持续下滑压力。2020年，建材工业出厂价格同比下降 0.4%，从 10 月份开始结束了 2017 年以来的持续上涨，进入下降区间，水泥、砖瓦和建筑砌块、轻质建材、石灰石膏、矿物纤维和复合材料、建筑卫生陶瓷、非金属矿采选和制品等行业出厂价格均比上年有所下降，其中水泥出厂价格下降了 4.4%，建材出厂价格下降态势趋于显现。近年来由于价格成为行业经济运行稳定的主要支撑，建材行业价格的走弱，已经对行业经济运行形成较大压力，对企业市场环境产生较大影响，部分区域、部分行业已经出现跨区域销售、降价促销等现象。

三、二氧化碳排放情况

我国建材工业 2005 年万元增加值综合能耗为 6.66 吨标准煤，二氧化碳排放量约为 16.65 吨 / 万元，到 2020 年建材工业万元增加值综合能耗约为 3.60 吨标准煤，二氧化碳排放 14.8 亿吨，比上年上升 2.7%。其中，水泥碳排放 12.3 亿吨，石灰石膏碳排放 1.2 亿吨，墙体材料碳排放 0.13 亿吨，建筑卫生陶瓷碳排放 0.38 亿吨，建筑技术玻璃工业碳排放 0.38 亿吨。建筑材料工业万元工业增加值二氧化碳排放比上年上升 0.2%，比 2005 年下降 73.8%。此外，建筑材料工业的电力消耗可间接折算约合 1.7 亿吨二氧化碳排放。可以看出，建材工业是我国碳减排的主力军，要坚持创新驱动，研发应用以减量、减排、高效为特征的减污降碳新工艺、新技术、新产品，提高原燃材料替代率，加强低劣质原料及废弃物利用，开发建筑材料产品循环利用等技术，开发碳吸附、碳捕捉、碳贮存等功能型技术，推动循环经济、低碳经济、生态经济在行业全流程的广泛应用，营造满足建筑材料工业低碳发展的政策环境、市场环境、社会环境。

本 章 小 结

本章对我国建筑材料的发展和应用现状进行了详细调查研究，主要从四个方

面展开研究：

（1）从近几年我国传统建材及保温板材总量增长变化、我国建材工业能耗水平与世界先进水平的差距、传统建筑材料结构调整需求和资源综合利用方面采取的措施等方面对我国传统建筑材料发展和应用情况进行了详细的分析研究。

（2）对近年来我国防水材料、保温材料和装饰材料需求量进行分析，总结了新型建材现状和发展趋势。

（3）从建材产品市场结构多元化、产业结构持续优化、规模以上企业结构有所优化的积极方面和当前建材行业经济运行中存在的主要问题两方面阐述了建筑材料工业是我国重要的基础原材料工业和中国国民经济发展的支柱产业。

（4）回顾了近几年建材行业的产值及增长，提出建材工业是我国碳减排的主力军，要解决当前困境应发展以减量、减排、高效为特征的减污降碳新工艺、新技术、新产品，提高原燃材料替代率，加强低劣质原料及废弃物利用，开发建筑材料产品循环利用等技术。

第二章　我国新型墙体材料基本情况

第一节　新型墙体材料发展历程

一、产品定义、属性

新型墙体材料是一个相对的概念，随着社会经济的发展及科学技术的不断进步，新材料不断涌现，不同时期新型墙体材料的含义不同，分四个阶段：

第一阶段：1988—2000 年

以节约土地、改善环境为目的，把除黏土实心砖以外的墙体材料称为新型墙体材料。主要政策基础是国家四部委颁发的《严格限制毁田烧砖积极推进墙体材料改革的意见》。

第二阶段：2001—2005 年

以《财政部、国家税务总局关于部分资源综合利用及其他产品增值税政策问题的通知》（财税〔2001〕198 号）、《享受税收优惠政策的新型墙材目录》为标志，新型墙体材料的概念应该指非黏土制品。西北地区，按照 2004 年 2 月 4 日财政部和国家税务总局的补充通知，在 2005 年 12 月 31 日之前，不限定企业的生产规模，黏土类制品均可享受新型墙体材料产品增值税减半征收的优惠政策。

第三阶段：2005—2015 年

以国务院办公厅批转的《关于进一步推进墙体材料革新和推广节能建筑的通知》（国办发〔2005〕33 号）为政策标志，对新型墙体材料又提出了新的要求。节能和可循环利用成为基本特征。新型墙体材料指那些具有节能、节地、节材、节水、利废、多功能等特点，有利于环境保护，符合可持续发展要求，能大幅度改善建筑功能的各类墙体材料。

国务院颁发的《国务院关于印发"十二五"节能减排综合性工作方案的通知》以及住房和城乡建设部颁发的《"十二五"建筑节能专项规划》为新型墙体材料

的发展确立了目标,到"十二五"末,建筑节能形成 1.16 亿吨标准煤节能能力,城镇新建建筑执行不低于 65% 的节能标准,并且开始实施农村建筑的节能改造试点。

第四阶段:2015 年至今

绿色建筑与装配式建筑成为建筑业发展的新阶段、新特征。75% 建筑节能标准在全国各大中城市陆续实施。"十四五"期间,逐步实施超低能耗和近零能耗标准。墙体材料的绿色化、装配化、节能与结构一体化成为产业发展的新要求,墙体材料行业的结构调整和质量水平整体提高成为新发展阶段的迫切任务。在住房和城乡建设部颁发的《建筑节能与绿色建筑"十三五"规划》指引下,到 2020 年城镇新建建筑能效水平比 2015 年提升了 20%,部分地区及建筑门窗等关键部位建筑节能标准达到或接近国际先进水平。城镇新建建筑中绿色建筑面积比重超过 50%,绿色建材应用比重超过 40%。

另外,我国装配式建筑仍处于起步阶段,在全国新建建筑中的比例不足 5%。对此住房和城乡建设部颁发了《中共中央国务院关于进一步加强城市规划建设管理工作的若干意见》,提出:我国要力争用 10 年左右时间,使装配式建筑占新建建筑的比例达 30%。这为我国建筑业未来发展指明了方向,也为新型墙体材料的发展提出了更高的要求。

墙体材料曾经是建筑材料工业中仅次于水泥的第二耗能行业和碳排放源。2015 年以后墙体材料行业产业结构调整步伐加快,砖瓦企业锐减到目前的 2.1 万家,砖产量只有高峰时期的 60%,使碳排放明显下降。目前墙材行业能耗、煤耗、二氧化碳排放只有高峰时期的 21%、8%、9%,通过产业结构调整,使墙材行业二氧化碳排放量从最高峰的 1.5 亿吨减少到目前的 1322 万吨,其主要原因正是由于"禁实限黏"、免烧结墙体材料发展等因素对产业结构产生的影响。

新型墙材的概念是随时代要求而不断变化的,经历了从"非黏土实心砖"到"非黏土制品",再到"节能型、可再生、多功能",最后到"绿色低碳化""装配化""建筑节能与结构一体化"四个发展阶段。新型墙体材料是指不以消耗耕地、破坏生态和污染环境为代价,具有"节能、减排、安全、便利和可循环"特征,适应建筑业绿色化、装配化等发展要求的,品种和功能处于增加、更新、完善状态的建筑墙体用所有材料、制品和构件。

二、产品发展历程

随着中国墙体材料的革新和节能建筑的推广，新型墙体材料获得了较快的发展。据作者 2010 年政策研究课题结论，从 1987 年新型墙体材料产量为 184.5 亿块标准砖，到 1997 年增长到 1849.88 亿块标准砖，增长了 10 倍，再到 2010 年增长到 3850 亿块标准砖，增长了 20 多倍，新型墙体材料在墙体材料总量中的比例也由 4.58% 上升到 46%。近十年，传统意义上的新型墙体材料总量提升不大，由于高层建筑的比例迅速增多，建筑物内外墙体均以钢筋混凝土剪力墙为主，尤其是外墙，剪力墙成为主要方式，砌筑量非常少。传统的砖、块、板比例迅速减少，保温材料成为主体。混凝土剪力墙、框架结构及框剪结构梁柱及填充部位，所有外围护结构必须进行外保温处理，才能达到节能设计标准要求。采取的办法就是利用模塑聚苯乙烯泡沫塑料板、挤塑聚苯乙烯泡沫塑料板及其两种产品的改性产品作为保温层，形成的粘锚构造薄抹灰体系，以及利用岩棉保温板及其改性产品作为保温层形成的粘锚构造薄抹灰体系，2000 年开始以前者为主，2015 年后以后者为主，这两种做法成为我国建筑节能围护墙体的主要保温方式，采用的两类材料成为主要的保温材料。其他的保温材料，包括无机的泡沫水泥、泡沫玻璃、泡沫陶瓷、膨胀珍珠岩板、各种专利产品等，有机的酚醛树脂板、聚氨酯保温板、各种专利产品等，形成的粘锚构造薄抹灰体系应用比例都很小，泡沫水泥因为有机保温材料的防火问题应运而生，问世不久就因为耐久性问题和质量问题很快被淘汰。

外墙外保温粘锚构造薄抹灰体系，即二次"穿棉袄"的方式，包括用保温材料和装饰材料通过工厂化复合形成的保温装饰一体化板二次粘锚上墙，成为建筑节能最普遍的做法，所用的保温材料、配套的聚合物砂浆等迅速成为墙体材料的主导。这种粘锚构造薄抹灰体系保温层"规定"寿命只有 25 年。着火和脱落成为常态，尤其是目前使用岩棉保温薄抹灰体系，由于质量控制难，开裂、脱落已经成为普遍状态，严重危害民众安全，严重影响建筑业形象。为此，推广建筑节能与结构一体化保温体系成为目前建筑保温正在强力推进的新体系。

建筑节能与结构一体化技术是指集保温隔热功能与围护结构功能于一体，墙体不需要另行采取保温措施即可满足现行建筑节能标准的建筑节能技术。包括钢筋混凝土剪力墙及梁柱部位一体化保温系统和填充墙体自保温系统。早在 2011 年 10 月，《山东省住房和城乡建设厅关于在全省积极发展应用建筑节能与结构一体化技术的通知》(鲁建节科字〔2011〕26 号)，2015 年 7 月，《河南省住房和城乡建设厅关于进一步做好推广应用建筑保温与结构一体化技术工作的通知》(豫建

〔2015〕88 号）先后发布实施。近几年河北、山西等北方省市均在鼓励发展建筑节能与结构一体化技术和体系。甘肃省住房和城乡建设厅于 2020 年 3 月 17 日发布了《甘肃省住房和城乡建设厅关于进一步做好建筑节能绿色建筑工作的通知》，其中一个重点工作是推广一体化。兰州市住建局于 2020 年 8 月发布了《关于设计推广应用建筑节能与结构一体化技术的通知》（兰建字〔2020〕296 号），明确推广建筑节能与结构一体化技术。但由于以上推广文件没有禁止限制老体系，文件并没有达到预期的效果。为此，从 2020 年开始，先后有上海、新疆、重庆、河北、湖北等地住建部门发文，明确禁止使用粘锚构造薄抹灰技术，推广建筑节能与结构一体化保温体系。

推广应用一体化技术，实现建筑节能与结构一体化，是有效解决传统外墙保温模式质量通病，确保建筑墙体保温耐久性和安全性的有效措施，是贯彻国家绿色发展理念、实现资源节约和建筑建造产业化的重要举措，符合国家节能减排发展方向和产业政策，符合广大民众对住房安全和舒适的基本要求，对于提高我国建筑节能和装配式建筑工作水平，落实建筑业供给侧结构性改革，解决建筑业发展瓶颈问题，促进建设领域可持续发展具有重要的意义。

我国新型墙体材料作为节约土地、改善环境、影响建筑节能和可持续发展水平的重点行业，20 多年来一直在国家和地方各级墙体材料革新与建筑节能工作领导小组的领导下开展工作，为我国国民经济可持续发展和绿色低碳发展做出了历史性贡献。新型墙体材料占传统墙体材料的比例和水平持续提高，早在"十一五"期间，全国新型墙体材料产量比重就达到了 55%，与 2005 年相比提高了 11 个百分点，建筑应用比例达到 65% 以上，其中应用新型墙体材料新建节能建筑面积 48 亿 m^2。到 2015 年，全国 30% 以上的城市实现"限黏"、50% 以上的县城实现"禁实"，全国实心黏土砖产量控制在 3000 亿块标准砖（折合）以下，新型墙体材料产量所占比重达 65% 以上，建筑应用比例达 75% 以上。到 2020 年，新型墙体材料产量在墙体总量中占比达 80% 以上。以装配式建筑、绿色建筑等试点示范工程为切入点，引导建筑业和消费者科学选材，促进全国统一、开放、有序的绿色建材市场建设，便利绿色新型墙材的消费，推动新型墙材产业向生产规模化、管理现代化、装备自动化、产品标准化发展。我国以新型墙体材料替代实心黏土砖等传统墙体材料，走资源节约型、污染最低型、质量效益型、科技先导型的发展道路，是建材工业的一个长期发展趋势。

第二节　新型墙体材料产业链现状

一、产业链构成简述

（一）上游原材料发展情况

新型墙体材料可以以粉煤灰、煤矸石、石粉等废料为主要原料，是固废利用的重点行业。早在 2000 年，工业废渣 50% 左右的份额靠建材工业来消耗，其中近25% 的份额通过墙体材料来实现。近十年，随着保温材料的份额加大，墙材利废的比例有所降低。我国是世界上燃煤发电第一大国，粉煤灰的产量很大，通常每消耗 2 吨煤就会产生 1 吨粉煤灰，2009 年我国粉煤产量为 3.75 亿吨，2017 年粉煤灰产量为 6.86 亿吨，2018 年为 7.15 亿吨，2019 年为 7.48 亿吨，2020 年为 7.81 亿吨，2024 年预计将达到 9.25 亿吨，产量高居世界第一。因此，粉煤灰随着排放量逐年增加，成为我国当前排量较大的工业废渣之一。随着热力发电及锅炉行业的技术进步，粉煤灰品质得到大幅度提高，为粉煤灰的科学利用，提供了有力的保证。

表 2-1 为我国工业固体废物生产和处理的总体情况。从表中可以看出，近几年来，我国的一般工业固体废物生产量、综合利用量、处置量、贮存量及倾倒丢弃量皆有一定起伏，而从 2017 年的情况来看，我国的工业固体废物的产量为 33.2 亿吨左右，其中综合利用量 18.1 亿吨，处置量 7.98 亿吨，贮存量 7.84 亿吨，工业固体废物综合利用量占利用处理总量的 54.6%，处理、贮存分别占 24% 和 23.6%。

2011—2017 年我国一般工业固体废物生产和处理的
总体情况　单位:（万吨）　　　　　　　　　　　表2-1

年份	产量	综合利用量	处置量	贮存量	倾倒丢弃量
2011 年	322772.00	195215.00	70465.00	60424.00	43.00
2012 年	329044.26	202461.92	70744.80	59786.32	144.21
2013 年	327701.94	205916.33	82969.49	42634.16	129.28
2014 年	325620.02	204330.25	80387.54	45033.19	59.38
2015 年	327079.00	198807.00	73034.00	58365.00	56.00
2016 年	309210.00	184096.00	65522.00	62599.00	32.23

续表

年份	产量	综合利用量	处置量	贮存量	倾倒丢弃量
2017 年	331592.00	181187.00	79798.00	78397.00	73.04

数据来源：和碳视角

我国是世界上粉煤灰排放量最大的国家。据数据统计，2019 年我国重点调查工业企业的粉煤灰综合利用率达到了 74.7%。粉煤灰产生量最大的行业是电力、热力生产和供应业，其产生量为 4.7 亿吨，综合利用率为 75.2%；其次是化学原料和化学制品制造业，有色金属冶炼和压延加工业，石油、煤炭及其他燃料加工业，造纸和纸制品业，其产量分别为 2312.2 万吨、1363.9 万吨、993.5 万吨和 656.7 万吨，综合利用率分别为 64.2%、63.0%、70.2% 和 76.6%。目前，粉煤灰综合利用主要方式有生产水泥、混凝土及其他建材产品，在建筑工程，用于改良土壤、回填、生产生物复合肥，提取物质实现高值化利用等。用粉煤灰制造墙体材料潜力很大。

（二）下游工业与民用建筑行业发展

2020 年，全社会建筑业增加值为 72996 亿元，比上年增长 3.5%。全国具有资质等级的总承包和专业承包建筑业企业利润为 8303 亿元，比上年增长 0.3%，其中国有控股企业利润为 2871 亿元，增长 4.7%。2020 年，建筑业增加值占国内生产总值的比重达到 7.2%，为全社会提供了超过 5000 万个就业岗位。工程设计建造水平显著提高，港珠澳大桥、北京大兴国际机场等一批世界级标志性重大工程相继建成。"中国建造"展现了我国强大综合国力，为经济社会发展和民生改善做出了重要贡献。2016—2020 年建筑业增加值及其增长速度如图 2-1 所示。

图 2-1　2016—2020 年建筑业增加值及其增长速度

新型墙体材料，广泛用于工业与民用建筑，可作承重及非承重墙体使用，保温材料用于建筑物围护墙体节能使用。

2019 年，全国完成房地产开发投资 132194 亿元，比上年增长 9.9%。其中，商品住宅完成投资 97071 亿元，增长 13.9%，占房地产开发投资的比重为 73.4%。

2019 年，全国房地产开发企业房屋施工面积 89.38 亿 m²，比上年增长 8.7%；房屋新开工面积 22.71 亿 m²，增长 8.5%；房屋竣工面积 9.59 亿 m²，增长 2.6%，其中，住宅竣工面积 6.80 亿 m²，增长 3.0%。

工业与民用建筑行业发展依然是我国节能减碳的重点方向。

二、新型墙体材料产品作为利费产品在产业链中的地位

新型墙体材料产品作为利费产品，在产业链中的地位如图 2-2 所示。

图 2-2　新型墙体材料产品在产业链中的地位示意图

三、新型墙材产品类别及品种分析

（一）产品类别

1. 传统概念的新型墙材产品按产品规格分为砖、砌块、板材三大类。

1）砖

主要包括烧结砖、灰砂砖、尾矿砂实心砖、空心灰砂砖、粉煤灰空心砖和装饰砖等。

2）砌块

主要包括烧结空心砌块、普通混凝土小型空心砌块、轻集料混凝土小型空心砌块、装饰混凝土小型空心砌块、蒸压加气混凝土砌块、石膏砌块、微孔混凝土断热节能复合砌块、各种轻质混凝土多功能复合砌块等。

3）板材

板材主要指各类轻质墙板和复合墙板。

（1）轻质墙板主要有纤维增强水泥轻质隔墙板、石膏空心条板、纸面石膏板、工业灰渣混凝土空心隔墙条板、纤维水泥平板、纤维增强硅钙板、蒸压加气混凝土板、轻集料混凝土配筋墙板、轻集料混凝土多孔墙板、竹胶合板、木质板材等。

（2）复合墙板主要有 GRC 复合外墙板、金属面夹芯板、石膏板复合墙板、钢丝网架水泥夹芯板、水泥聚苯外保温板、GRC 岩棉外墙挂板、LSP 水平自锁拼装板、装配式建筑外墙复合大板等。

2. 随着高层建筑比例的提升，保温绝热材料不仅是墙体材料不可分割的组成部分，并且后来居上，成为主流。

一般将密度小于 350kg/m^2、导热系数小于 0.2W/（m·K）的材料，称为保温材料。

按化学性质分为无机、有机、金属三类；按状态分为纤维状、微孔状、气泡状、层状四大类。

目前，建筑用量最大的品种是聚苯乙烯发泡板、聚苯乙烯挤塑板、岩棉板、泡沫玻璃、泡沫陶瓷等，硬质聚氨酯、憎水珍珠岩保温板作为过渡产品，用量很少，其他各类复合制品等占比极少。

3. 其他配套材料：干混砂浆、粉刷石膏、墙面涂料等。

（二）品种分析

以《财政部国家税务总局关于新型墙体材料增值税政策的通知》（财税〔2015〕73 号）为阶段性引导文件，通过享受税收优惠政策确定新型墙体材料产品并形成目录。比如，财税〔2015〕73 号文件确定的目录如下：

1. 砖类：

（1）非黏土烧结多孔砖（符合《烧结多孔砖和多孔砌块》GB 13544—2011 技术要求）和非黏土烧结空心砖（符合《烧结空心砖和空心砌块》GB/T 13545—2014 技术要求）。

（2）承重混凝土多孔砖（符合《承重混凝土多孔砖》GB 25779—2010 技术要求）和非承重混凝土空心砖（符合《非承重混凝土空心砖》GB/T 24492—2009 技术要求）。

（3）蒸压粉煤灰多孔砖（符合《蒸压粉煤灰多孔砖》GB 26541—2011 技术要求）和蒸压泡沫混凝土砖（符合《蒸压泡沫混凝土砖和砌块》GB/T 29062—2012 技术要求）。

（4）烧结多孔砖（仅限西部地区，符合《烧结多孔砖和多孔砌块》GB

13544—2011 技术要求）和烧结空心砖（仅限西部地区，符合《烧结空心砖和空心砌块》GB/T 13545—2014 技术要求）。

2. 砌块类：

（1）普通混凝土小型空心砌块（符合《普通混凝土小型砌块》GB/T 8239—2014 技术要求）。

（2）轻集料混凝土小型空心砌块（符合《轻集料混凝土小型空心砌块》GB/T 15229—2011 技术要求）。

（3）烧结空心砌块（以煤矸石、江河湖淤泥、建筑垃圾、页岩为原料，符合《烧结空心砖和空心砌块》GB/T 13545—2014 技术要求）和烧结多孔砌块（以页岩、煤矸石、粉煤灰、江河湖淤泥及其他固体废弃物为原料，符合《烧结多孔砖和多孔砌块》GB 13544—2011 技术要求）。

（4）蒸压加气混凝土砌块（符合《蒸压加气混凝土砌块》GB/T 11968—2020 技术要求）和蒸压泡沫混凝土砌块（符合《蒸压泡沫混凝土砖和砌块》GB/T 29062—2012 技术要求）。

（5）石膏砌块（以脱硫石膏、磷石膏等化学石膏为原料，符合《石膏砌块》JC/T 698—2010 技术要求）。

（6）粉煤灰混凝土小型空心砌块（符合《粉煤灰混凝土小型空心砌块》JC/T 862—2008 技术要求）。

3. 板材类：

（1）蒸压加气混凝土板（符合《蒸压加气混凝土板》GB/T 15762—2020 技术要求）。

（2）建筑用轻质隔墙条板（符合《建筑用轻质隔墙条板》GB/T 23451—2009 技术要求）和建筑隔墙用保温条板（符合《建筑隔墙用保温条板》GB/T 23450—2009 技术要求）。

（3）外墙外保温系统用钢丝网架模塑聚苯乙烯板（符合《外墙外保温系统用钢丝网架模塑聚苯乙烯板》GB 26540—2011 技术要求）。

（4）石膏空心条板（符合《石膏空心条板》JC/T 829—2010 技术要求）。

（5）玻璃纤维增强水泥轻质多孔隔墙条板（简称 GRC 板，符合《玻璃纤维增强水泥轻质多孔隔墙条板》GB/T 19631—2005 技术要求）。

（6）建筑用金属面绝热夹芯板。（符合《建筑用金属面绝热夹芯板》GB/T 23932—2009 技术要求）。

（7）建筑平板。包括：纸面石膏板（符合《纸面石膏板》GB/T 9775—2008

技术要求）；纤维增强硅酸钙板（符合《纤维增强硅酸钙板 第 1 部分：无石棉硅酸钙板》JC/T 564.1—2018、《纤维增强硅酸钙板 第 2 部分：温石棉硅酸钙板》JC/T 564.2—2018 技术要求）；纤维增强低碱度水泥建筑平板（符合《纤维增强低碱度水泥建筑平板》JC/T 626—2008 技术要求）；维纶纤维增强水泥平板（符合《维纶纤维增强水泥平板》JC/T 671—2008 技术要求）；纤维水泥平板（符合《纤维水泥平板 第 1 部分：无石棉纤维水泥平板》JC/T 412.1—2018、《纤维水泥平板 第 2 部分：温石棉纤维水泥平板》JC/T 412.2—2018 技术要求）。

4. 符合国家标准、行业标准和地方标准的混凝土砖、烧结保温砖（砌块）（以页岩、煤矸石、粉煤灰、江河湖淤泥及其他固体废弃物为原料，加入成孔材料焙烧而成）、中空钢网内模隔墙、复合保温砖（砌块）、预制复合墙板（体），聚氨酯硬泡复合板及以专用聚氨酯为材料的建筑墙体等。

该目录为新型墙材的发展发挥了历史性的作用。目前上述目录的标准大部分得到了更新。

第三节　新型墙体材料行业特点

一、新型墙材地域性强

其生产和应用与当地原料资源、气候条件、建筑体系、经济发展水平关系密切，必须因地制宜。墙体材料属于建筑材料，附加值低，运输半径不宜过大。

二、新型墙材是一个新兴产业

新型墙材是伴随着我国建筑业迅猛发展，土地和能源等不可再生资源的严重超负荷开发而发展起来的一门新兴产业。发展历史短，社会需求急，技术沉淀少，行业水平低，科技创新潜力巨大。

三、新型墙材成为建筑业绿色发展的关键环节和物质基础

建筑是一个社会政治、经济、技术水平的物化形式。20 年来，我国城镇化建设的加快发展为墙体材料产业带来了新的机遇和广阔的市场前景。发展绿色建筑是我国建筑业的新要求，逐渐实现装配化，是建造技术发展的新特征。

新型墙体材料产业作为建筑业的物质基础，其发展应当满足建筑业对墙体材料的要求；科学合理、最大限度地利用固体废弃物，实现资源综合利用，助力绿色

建筑和低碳发展；改善性能，开发配套辅材，实现建筑功能，保证安全可靠。

在我国城市建筑推行的 **75%** 建筑节能标准、超低能耗建筑和近零能耗建筑的背景下，建筑节能与结构一体化，实现与建筑物同寿命、防火性与主体同等级、墙体装配化和绿色化的新型墙体制品及围护体系的推广和技术革新，成为墙体材料发展的基本要求。

第四节　墙体材料革新工作机构的历史沿革

为进一步加强对墙改工作的领导，我国于 20 世纪 90 年代依托各级政府，成立了国家、省、市（地）、县各级墙体材料革新与建筑节能工作领导小组，负责综合协调领导墙体材料革新与建筑节能工作。依托领导小组成立了各级墙体革新与建筑节能工作领导小组办公室（简称墙改办或墙改节能办）。有些地区墙改办和节能办分头设置，有些地区合并设置，墙改办有些由于业务挂靠建设部门，归建设主管部门管理，有些因为墙体材料的建材属性，墙改办隶属于各级建材局成立，随着国家建材局及各下属建材局的撤并，归建材工业协会管理，由于建材工业协会归经济委员会管理，随后又归经济委员会管理，经济委员会变为工信委，主管部门继续移交工信委。这样，就形成了全国墙改办有些设在住建部门，有些设在工信部门的缘由。建筑节能办公室一般挂靠于建设主管部门。

墙改节能办公室的主要职责是贯彻执行国家墙体材料革新与建筑节能方面的法规、规章和政策，编制并组织实施新型墙体材料开发利用和建筑节能发展规划，组织协调新型墙体材料的科研、生产和推广应用，征收、管理和使用新型墙体材料专项基金，协调解决新型墙体材料的开发利用和推广节能建筑工作中出现的问题，对新型墙体材料和建筑节能产品进行登记确认，负责新型墙体材料和建筑节能建设项目的审查和预验收，实施墙改建筑节能执法监察。

本 章 小 结

本章对新型墙体材料发展历程、产业链现状、行业特点和革新工作机构的历史沿革进行了分析研究。

（1）新型墙体材料是指不以消耗耕地、破坏生态和污染环境为代价，具有"节能、减排、安全、便利和可循环"特征，适应建筑业绿色化、装配化等发展要求的，品种和功能处于增加、更新、完善状态的建筑墙体用所有材料、制品和构件。

进入新阶段，新型墙体材料产量在墙体材料总量中的占比要逐步达到100%。

（2）从产业链构成简述、产业链中的地位、产品类别及品种分析对新型墙体产业链现状进行了系统阐述。

（3）新型墙体材料地域性强，历史较短，依然是一个新兴产业，成为建筑业绿色发展的关键环节和物质基础。对新型墙体的行业特点进行系统分析，在我国城市建筑推行的75%建筑节能标准和超低能耗建筑的背景下，建筑节能与结构一体化，实现与建筑物同寿命、防火性与主体同等级、墙体装配化和绿色化的新型墙体制品及围护体系的推广和技术革新，成为墙体材料发展的基本要求。

（4）介绍了墙改节能办公室的主要职责和历史沿革。主要职责是贯彻执行国家墙体材料革新与建筑节能方面的法规、规章和政策，编制并组织实施新型墙体材料开发利用和建筑节能发展规划，组织协调新型墙体材料的科研、生产和推广应用，征收、管理和使用新型墙体材料专项基金，协调解决新型墙体材料的开发利用和推广节能建筑工作中出现的问题。

第三章 我国新型墙体材料发展现状

第一节 新型墙体材料产品发展现状

我国墙体材料在产品构成、总体工艺水平、产品质量与使用功能等方面均大大落后于工业发达国家。但十多年来，伴随着建筑业的高速发展，我国新型墙材产量快速增长，经济和社会效益显著提升，新型墙材的技术设备水平和产品质量也上了一个新的台阶。

十几年前引进并建成的一批当时具有国际先进水平的新型墙体材料生产线，包括压制成型空心制品生产线、小型混凝土空心砌块生产线、轻型板材生产线等都已经逐渐退出历史舞台。主要原因是建筑结构形式发生了变化，由多层框架为主变成了以高层剪力墙和框剪结构为主，剪力墙的比例迅速提升，墙体材料砖、块使用比例迅速下降，保温材料比例增加。内隔墙也是以国内自主研发设备为主，数量大，制造成本低，市场竞争力强。通过资源综合利用，实现了制砖不用土、烧砖不用煤，国产技术装备水平迈上了新台阶。

尽管如此，由于历史原因，与其他行业相比，我国墙体材料行业技术水平、发展现状总体依然不够理想，表现在以下几个方面：

第一，作为新兴产业，技术沉淀和积累不多，产业技术水平普遍偏低。

第二，材性研究与设备研究统一程度不足，材性研究滞后。

第三，缺乏因地制宜，对关键指标把握的准确度不高。

第四，没有摆脱传统工艺思路的束缚，在工艺方面突破较少。

第五，研究产品性能和生产工艺的少，制造装备的多，低水平生产线的重复建设和低价竞争造成行业发展水平低、效益差。

就具体产品而言：

十多年来，产品类别多达几十种，非黏土烧结多孔砖或空心砌块（包括页岩等烧结制品）应用量一度时间仍然最大。主要是使用习惯，价格低廉，体积稳定性好，风险小。但是，其生产过程资源与能源消耗量高，环境代价大，保温隔热效果差。生产单位并没有为其环境代价定量"买单"。严寒和寒冷地区施工完毕以后必须对墙体进行外保温粘锚结合施工。

加气混凝土应用量仅次于非黏土烧结多孔砖或空心砌块。虽然整体生产技术水平提升很大，生产工艺控制技术大踏步提高，产品精品化、包装化、可控化的比例大幅度提高，但由于该产品生产过程中对原材料控制和工艺参数要求高，质量稳定控制难度大，制品容重超标依然比较普遍。随着装配式"三板"体系需求的提高，钢网增强加气混凝土板材生产线纷纷上马，但由于其保温隔热性能无法满足严寒寒冷地区建筑节能设计要求，在北方地区推广具有局限性。产品吸水率、干缩、柔韧性、抹灰粘结性等方面存在自身难以克服的缺陷，需要持续进行创新和改进。

其余类型的各类墙材，经过十多年的发展，"散""乱""弱"的情况有所改观，但创出品牌、形成气候、特色明显的墙材不多，建筑设计部门选择理想的墙体材料依然有很大难度，新型墙材行业依然处于"新而不强"的尴尬局面。

随着高层建筑从中心城市向小型城镇发展，剪力墙结构体系和框剪结构体系成为主流。建筑物外墙以钢筋混凝土剪力墙为主，保温材料包括配套使用的聚合物抹面砂浆、粘接砂浆，成为墙体材料的主流。外墙保温粘锚结合建筑节能检测与评价相对滞后，一大批节能建筑比例比起前两年有大幅度提高，但真实情况仍然不容乐观，是发展本身比较困难，真正的节能墙材举步维艰。

市场上推广应用的外墙外保温薄抹灰系统、胶粉聚苯颗粒保温浆料外保温系统、EPS 板现浇混凝土外保温系统、EPS 钢丝网架板现浇混凝土外保温系统、胶粉聚苯颗粒浆料贴砌 EPS 板外保温系统、现场喷涂硬泡聚氨酯外保温系统等，经过十多年的应用、淘汰和更新，以各类聚苯板和岩棉为主要保温材料的外墙外保温薄抹灰系统成为主流。但是，这种"外墙外保温粘锚构造薄抹灰体系"随着时间的推移，因为设计寿命只有 25 年，耐久性问题、有机板材的防火安全问题、无机板材（岩棉）的开裂脱落风险，以及该体系施工过程中质量控制难的问题，使其在为建筑节能事业做出巨大贡献的同时，也对建筑业的可持续发展造成了难以愈合的质量伤痛。2020 年以来，先后有上海、新疆、重庆、河北等地陆续叫停建筑外保温粘锚结合二次保温薄抹灰体系，全国陆续叫停成为趋势。

目前，我国城市建筑正在推行 75% 建筑节能标准和超低能耗建筑。但是，墙体保温及节能技术严重滞后，尤其是北方地区建筑保温与结构一体化（"墙体自保温"）问题没有得到解决，以及装配式建筑"三板"问题没有较好地解决，使墙体自保温问题更加突出。因此，建筑节能与结构一体化，实现与建筑物同寿命、防火性与主体同等级、墙体装配化和绿色化的新型墙体制品及围护体系的推广以及技术革新，成为墙体材料发展的唯一出路。

第二节　新型墙体材料行业发展现状

一、行业发展周期

新型墙体材料是伴随我国建筑业的飞速发展和资源能源的严重紧缺，在我国可持续发展战略的逐步提出和实施过程中逐步成为国民经济重要组成部分的新兴产业。新型墙体材料行业的发展态势良好，但由于该行业的地域性特点、发展历史短，技术沉淀少，一直处于企业数量多、业内竞争大、供给侧结构改革欠账大的状态，质量发展、结构调整任重而道远。

和传统墙体材料相比，新型墙体材料发展相对缓慢的重要原因主要有四个方面：一是墙体材料主管部门边缘化，建设部门关注的是工程，工信部门关注的是传统建材，墙体材料企业主管部门不明确；二是建设行业对墙体保温隔热耐久抗震等综合性能重视程度不够；三是缺乏技术储备和人才；四是墙体质量保证的政策力度不够。我国城乡区域发展不平衡，空间开发粗放低下，资源约束趋紧，生态环境恶化趋势尚未得到根本扭转，以消耗自然资源为代价制造重质墙材成本极低，使得多功能先进墙体材料在价格上无法与之竞争。新型墙材配套技术缺乏，研究队伍不足，政策鼓励不够，奖罚不够分明，任务十分艰巨。

二、行业集中度

企业规模小，生产技术落后，集约化程度不高。我国大多数新型墙材企业规模偏小，工艺简陋，生产设备与工艺技术不配套，技术含量低，产品在建筑应用上受到多方面的限制，难以适应创新发展和绿色发展的要求，难以实现产能规模化、管理现代化、装备自动化、生产清洁化等先进制造产业的国家发展战略目标。尽管近些年，我国各地积极引进一批国外先进的生产设备以及国内自主开发具有国外先进水平的装备技术，建成一批新型墙体材料示范线，但是，这种示范线总产值只有墙材总量的 10% 不到，新型墙体材料行业中上规模、具有知识产权和名牌产品，起到龙头骨干作用的企业还是比较少。新型墙材产业结构很不合理，90% 的生产量靠的是不到 40% 的企业来完成，产品种类的 20% 承担了 90% 的产量。

三、墙体材料发展存在的问题

（一）产业结构欠合理，发展不平衡

全国气候区域跨度大，墙体材料发展不平衡，种类齐全但规模不大，历史较长但基础薄弱。新型墙材产品种类大致有三大类三十多种，而加气混凝土、烧结空心制品、各类轻质板材、聚苯乙烯类及岩棉类保温板材占据了新型墙体材料80%以上的市场份额。由于高层建筑的快速发展，砌体结构和框架结构建筑物比例减少，砖和砌块类建筑需求量迅速下降，加气混凝土砌块、烧结制品的行业达产率普遍下降，以甘肃省为例，到2020年底，全省加气混凝土平均达产率不到50%，企业效益普遍不好。加气混凝土板材比例增加，但因为在北方地区无法满足墙体自保温要求，推广应用情况并不乐观。

长期以来，建筑业飞速发展，墙体材料一直被迫跟进，产业结构调整和优化欠账太多。科技含量低，龙头企业少。出现这种情况的客观原因是我国新型建材尤其是墙体材料专业人才培养不足。从2000年开始，我国建材与制品类专业每年毕业的大学生总数不到4000人，与每年不少于15万人的土木工程本科专业毕业人数的比例极不协调。

（二）综合实力普遍不强

我国墙材行业发展水平不能很好地满足新阶段建筑业发展的新要求。主要表现在：产品结构失衡，产品功能单一，产品品质不高，技术创新不够，标准体系不全，龙头企业太少，装备水平偏低，技术力量不足。

墙体围护体系保温层的耐久性问题、防火安全问题、开裂脱落问题，成为影响建筑业低碳发展的短板问题。装配式建筑"三板"问题到现在没有很好解决。墙体材料功能单一，围护、保温、防火、隔音等功能全靠工程现场不同材料的叠加来完成。墙体材料评价指标粗放单一，缺乏科学性。墙体材料作为建筑业乙方的乙方，缺乏话语权，未得到全社会足够重视。

（三）墙体材料产品单一，配套化程度不高

目前，我国墙体材料产品大致分为四大类，即：烧结砖（块）类、建筑砌块类、板材类、复合墙体类。其中以烧结砖类、建筑砌块类新型墙体材料应用占主体，多数产品仍然是过渡产品，如黏土多孔砖、烧结粉煤灰砖、灰砂砖、蒸养粉煤

灰砖、混凝土多孔砖、普通混凝土砖等。由于受到生产工艺及装备技术落后的制约，品种单一，规格较少，产品系列化、配套化程度不高，墙体的系列功能都是通过普通墙材和保温材料、装饰材料现场叠加施工完成。材料不一致、质量监管难、过程因素多、热裂渗漏问题、保温层脱落问题、防火安全问题，成为建筑业的通病。集围护、隔热保温、防水、防火、装修要求于一体的高档次、高技术含量、高性能的新型墙体材料非常少。

（四）墙体材料的应用缺乏适合当地情况和制品特点的施工规范和标准图集

墙体材料要有与建筑节能和建筑结构相配套的特殊性能。而新型墙材在这一方面与现实要求差距太大。编制规程、图集的不熟悉产品，生产产品的不熟悉建筑业的需求，产品功能与建筑业要求差距大。

（五）墙体材料性能评价缺乏科学性，指标单一粗放

墙体材料的科学评价问题已经成为影响复合墙体制品健康发展的关键问题。现有相关标准及传统技术思维对墙体材料产品的评价不够完全和充分，直接影响建筑节能与结构一体化围护体系的技术进步。作为非承重保温墙体材料，应该重点关注产品的耐久性和体积稳定性，而不仅仅是产品的强度。对于产品强度的评价，应该以抗折强度和抗冲击强度为主，而不应单纯以抗压强度为主。我国现有墙体材料产品的标准，均立足于单一材料和传统材料，过度强调抗压强度，忽视抗折强度和抗冲击强度，忽视吸水率、软化系数、收缩变形和产品的柔韧性。抗压强度试验强调用整块产品直接去做，而不考虑复合产品容重减少对保温性、耐火性及抗震性的正面贡献，抗压强度试验做法不科学，不利于大尺寸薄壁制品和复合制品的发展，不能科学反映非承重墙体材料的实际功能。

墙体材料复合制品和构件应该以《建筑构件耐火试验方法》GB/T 9978系列标准的规定为主，采用"耐火极限"评定，而不能简单地用适合于单一材料评价的《建筑材料及制品燃烧性能分级》GB 8624—2012进行评价。墙体材料的防火性能是为建筑物墙体的最终耐火极限提供保证的，过度追求材料全无机或"A级防火"，已经对有机发泡绝热材料的科学利用和建筑物耐久性、保温性和室外安全性产生了不利的影响。近年来过度追求"A级"防火，对建筑保温材料的科学应用和复合保温制品的发展产生了消极影响，这种状况必须加以改变。

（六）中国农村和边远地区新型墙体材料生产市场亟待规范

为适应农村建材市场的需要，一批新型墙体材料生产企业应运而生。在满足农村建设需要的同时，也存在一些亟待规范的问题。其一是这些新型墙体材料生产企业大多散布于广大农村，建设、技术监督、工商等部门多头管理，对产品质量管理越位、错位和不到位的现象时有发生，造成管理失控。其二是生产设备简陋，大多生产企业的生产设备是由生产实心黏土砖的设备改造而来或者是从一些中小生产企业购进，生产过程和手段相对滞后。其三是生产新型墙体材料的用料缺乏科学配比。农村新型墙体产品的耐压、耐酸碱度都远远低于实心黏土砖的标准，因此大力加强对农村新型墙体材料生产市场的管理是当务之急。

四、墙体材料发展面临的形势

（一）碳达峰、碳中和新目标给建筑业提出了全新的要求，建筑节能的标准和要求迅速提高，墙体材料的功能要求发生了实质性的变化。

低碳发展、质量发展、绿色发展的物质基础是新型建筑材料，尤其是墙体材料。节能减碳一半以上的要素落脚于围护体系保温隔热和建筑材料的使用。墙体材料和其他建筑材料的轻量化、耐久化、一体化、本土化、节约化、生态化是建筑业节能减碳的基本保证。

减少建筑运行碳排放量，最可能实现的措施就是建筑节能，75%建筑节能标准和超低能耗建筑的强制推动进程迅速加快。"十四五"期间，我国将分步强制推行超低能耗建筑，超低能耗建筑的能耗水平比目前建筑要减少50%以上。建筑物实现超低能耗的主要技术措施有两点：一是减少耗能，要最大限度地减少运行能耗，而减少运行能耗的关键点就是围护结构的保温隔热，并且保温体系要全寿命服役。二是供能来源要尽可能地利用可再生能源，包括太阳能、风能和地热，减少化石能源。通过两个方向的努力，让建筑物在保证舒适度的前提下不消耗碳、不排放碳，成为零能耗建筑。

低碳发展、质量发展和结构调整是建筑业发展的新阶段。发展绿色建筑，是建筑业发展的新要求。逐步实现装配化，是建造方式的新特征。墙材行业必须抓住机遇，勇于创新，大胆推进，实现围护保温与建筑物同寿命，保温材料在建筑物全寿命周期内不再更换，要实现这一目标，建筑节能与结构一体化是唯一出路，别无选择。要开发保温模板免支撑现浇体系，在保证实现节能要求的前提下，墙体浇筑不再需要模板、不再需要支撑系统、不再需要穿墙螺栓。按照目前的人工和砌筑成本，框架结构建筑形式都有可能被取代，要争取建筑物结构主体和内外保温直接一体化现浇完成。

（二）建筑业建造方式和传统建筑结构形式将发生根本改变，墙体材料的外观形状、技术指标、使用方式必然发生彻底变化。

以装配式建筑和绿色建筑为代表的新型建造方式已经成为新时期建设工程的新特征。作为建筑业供给侧结构性改革的一个重要分支和建筑业发展的重要物质基础，墙体材料发展必须在结构调整、提质升级、创新驱动、技术进步方面下功夫，满足建造方式创新和建筑发展的新要求。

装配式建筑发展的速度迅速加快，砌体结构很快退出历史舞台，传统框架结构建筑将逐步被装配式建筑取代，高层和超高层建筑数量迅速减少。这对墙体材料工作自然提出了新的要求，那就是加强墙体材料结构调整，提高墙体材料行业水平，建筑墙体实现节能与结构一体化、装配化，墙体材料必须是绿色建材。

（三）乡村振兴战略为村镇建筑提供了新的要求、新的机遇和新的挑战。墙体材料装配化、生态化、本土化成为基本要求。

村镇建筑发展的新阶段对住房品质的要求迅速提高，低能耗是首要目标。城镇建筑靠数量发展的阶段已经接近尾声，农村广大地区将成为新型建筑发展的主战场。装配式建筑将在乡村振兴战略中迎来迅猛发展，新墙材推广应用应从城市向乡镇和农村扩展延伸。

随着人工成本的快速增加和新型建造技术的发展，传统建造方式无论从建筑物品质上，还是从建造成本上，与新型装配式建筑和节能建筑相比，逐渐失去竞争优势。这种历史性的转折和变化在村镇建筑的建造中体现得更加明显。随着形势的改变，本质安全、节能环保、轻质中强、价格适中、用户欢迎的节能型装配化自保温墙材在农村的应用将大有可为。

（四）墙材革新工作的新定位要不断满足人民群众对建筑功能的新需求。

新阶段提出了新要求，墙材行业的工作重点是技术创新、体系创新、质量发展和结构调整。墙体材料发展的新定位就是要不断满足人民群众对保温、隔音、防火、耐久等建筑功能的新需求。

墙体材料产品种类，从砖、板、块向复合制品和构件的方向发展，保温材料、围护结构材料，包括砂浆混凝土及构件成为墙体复合制品的原材料和物质支撑。用砖、板、块的墙越来越少，框架-剪力墙成为主流，装配式是最终落脚点。

五、墙体材料发展肩负的历史使命

墙体材料"禁实限黏"的历史使命已经基本完成，节能降碳是建筑业发展的新要求，也是墙体材料发展的新使命。城市是温室气体排放的主要来源，二氧化碳排放占全国70%以上；根据中国建筑节能协会发布的《中国建筑能耗研究报告（2020）》显示，国内建筑行业全过程碳排放总量占全国碳排放的比重超过51%，其中建材（钢铁、水泥、铝材等）占28%，施工阶段占1%，建筑运行阶段占22%。影响运行能耗的关键点之一在于围护墙体的保温隔热。当我国逐步推行装配式建筑以后，围护墙体制品、部品部件以及梁板柱等构件对我国碳排放的影响应该在20%左右。绿色建筑要实现"双碳目标"，必须要围绕绿色建材全产业链生产方式的拓新来开展。建筑业要实现低碳发展，离不开建筑材料，尤其是墙体材料。

第三节　新型墙体材料市场供给现状

一、市场总体情况

十多年来，由于国家鼓励使用新型墙体材料而出台了限期禁止使用实心黏土砖和对新型墙体材料实行税收优惠等政策，我国新型墙体材料得以迅速发展。新型墙体材料产能总体能满足市场需求，黏土砖生产能力得到有效遏制。除过承重砖、砌块及结构墙（包括剪力墙）以外，绝大部分新型墙体材料都是非承重材料，具有轻质、中强、保温、节能、节土、装饰等特性。采用新型墙体材料不但使房屋功能大大改善，还可以使建筑物内外更具有现代气息，满足人们的审美要求；可以显著减轻建筑物的自重，为推广轻型建筑物结构创造了条件，推动了建筑施工技术现代化，加快了建房速度和行业发展速度。

墙体材料发展迅速，非黏土类砌块、板材等各类新型墙体正呈现快速发展的趋势。据不完全统计，全国墙体材料年产量约10200亿标准砖，墙体材料制造业工业年总产值约5000亿元。砖类产品（包括烧结和非烧结制品）9665.1亿标准砖，占总量的88.4%；砌块类（包括烧结和非烧结制品）约1045.5亿标准砖，占总量的9.6%；墙板类产品约224.32亿标准砖，占墙材总量的2.1%左右。其中，蒸压加气混凝土砌块年产量约5650万 m^3，石膏板年产量180000万 m^2（其中，约30%作为墙体材料使用，大约54000万 m^2），建筑隔墙板年产量约8000万 m^2。烧结空心制品年产量约2700亿块标准砖，掺废渣约30%以上的各种烧结废渣砖、煤矸石砖年产量约 2500 亿块标准砖,蒸压粉煤灰砖年产量约 300 亿块标准砖,蒸压灰砂砖年产量约 200 亿块标准砖。同时,新型墙体材料的技术水平显著提高。形成了砖、块、板多品种、多规格的新型墙体材料产品体系,基本满足了建筑市场的需求。但市场的总体趋势是新型墙体材料将逐渐取代实心黏土砖,市场需求空间较大。

二、新型墙体材料产品产量增长情况

2015—2020 年我国墙体材料总产量及同比增长情况见表 3-1。

我国墙体材料总产量及同比增长统计表　　　表3-1

年份	墙体材料总产量(亿块标准砖)	同比增长(%)
2015 年	9009	1.31
2016 年	9297	3.19
2017 年	9576	3.01
2018 年	10076	5.22
2019 年	10957	8.74
2020 年	11358	3.66

数据来源:国家统计局资料整理。

2015—2020 年我国新型墙体材料产品产量及同比增长情况见表 3-2。

我国新型墙体材料产品产量及同比增长统计表　　　表3-2

年份	新型墙体材料产品产量(亿块标准砖)	同比增长(%)
2015 年	5928	8.69
2016 年	6552	10.52
2017 年	7287	11.23
2018 年	7840	7.58
2019 年	8570	9.31
2020 年	9116	6.38

数据来源:国家统计局资料整理。

三、新型墙体材料产品生产地区分布

2020 年新型墙体材料生产地区分布统计如图 3-1 所示。

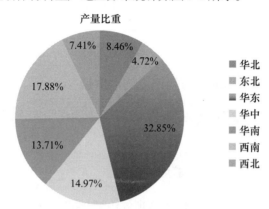

产量比重

■ 华北
■ 东北
■ 华东
■ 华中
■ 华南
■ 西南
■ 西北

图 3-1 2020 年新型墙体材料生产地区分布统计图

（数据来源：国家统计局资料整理）

第四节 新型墙体材料市场需求现状

一、新型墙体材料产品主要应用行业分析

（一）建筑业增长情况

2014—2020 年建筑业产值及同比增长情况见表 3-3。建筑行业产值逐年上升，到后期同比增长放缓，渐趋于稳定。

建筑业产值及同比增长统计表   表3-3

年份	产值（亿元）	同比增长（%）
2014 年	44880	—
2015 年	47761	7.3
2016 年	51499	7.7
2017 年	57906	3.9
2018 年	65493	4.8

续表

年份	产值（亿元）	同比增长（%）
2019 年	70648	5.2
2020 年	72996	3.5

数据来源：国家统计公报。

（二）建筑业对新型墙体材料产品的需求量

新型墙体材料主要应用于建筑业，在建筑业的应用比例达到总体需求量的99% 以上。

二、新型墙体材料产品需求地区分布

2020 年新型墙体材料需求地区分布情况如图 3-2 所示。

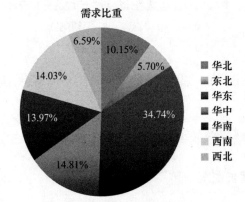

图 3-2 2020 年新型墙体材料需求地区分布统计图

（数据来源：国家统计局资料整理）

由图 3-2 看出新型墙体广泛应用到经济发达的华东地区，华中地区次之，东北、西北经济欠发达地区新型墙体材料应用未能普及，推广应用前景广阔。

第五节 新型墙体材料发展技术导向

一、承重墙体材料的技术导向

承重墙体材料，主要用于多层建筑，根据建筑节能及建筑功能要求，其技术

导向是："三高""三防""一饰"。

"三高"指高强度（MU > 10MPa）、高利废（废渣掺量 ≥ 30%）、高精度（外观尺寸准确，离散性小）。

"三防"指制品要防火、防水、防腐蚀。

"一饰"指除了具有其他功能以外，制品外露部分直接带有装饰面，具有装饰功能，免去二次装饰。

二、非承重墙体材料的技术导向

非承重墙体材料主要用于框架结构、框剪结构、板柱结构等结构体系的填充外墙或分室分户隔断墙，其总的技术导向是："三高""二防""一体化""生态化""轻量化""本土化"。

1. "三高"指高体积稳定性（收缩及变形小）、高隔声（隔声系数 ≥ 45dB）、高热阻（单一制品成墙符合建筑节能设计标准要求）。

体积稳定、变形小，是实现墙体材料使用功能和耐久性的主要因素。非承重墙体材料不需要很高的抗压强度，更期望的是要求有较高的抗折强度、抗冲击性，较好的柔韧性。隔声系数 ≥ 45dB，是建筑分户墙和建筑外墙最基本的要求。对于非承重墙体材料，由于材料容重低，按照质量定律（即材料的隔声系数与材料质量成正比），在追求低容重、高保温的同时，一定要注意，对于普通匀质材料而言，质量定律成立，而对于复合材料，质量定律则不一定完全适用。所以，通过对复合材料的合理选择和特殊工艺的合理应用，完全可以实现既轻质，又隔音。

2. "二防"指防火、防水渗透性。

传统墙体材料的热、裂、渗、漏问题长期困扰建筑业的质量发展。减少吸水率，改善砌体灰缝薄弱点，实现墙体整体性，抵抗雨水和湿空气的侵入，是保证墙体耐久性的关键。降低吸水率、含水率、防潮湿，是墙体材料生产必须考虑的关键控制指标。

3. "一体化"就是指建筑节能与结构一体化。

"一体化"也就是指集建筑节能与围护结构两种功能于一体，不需要另外采取保温措施，就可满足现行建筑节能标准的要求，实现保温功能与建筑物主体功能同寿命的墙体保温系统。简称"墙体自保温"，免去"外墙二次穿棉袄"的工序。国内目前理想的一体化产品，尤其是能够解决严寒寒冷地区一体化，实现自保温的产品很少，大部分都是以某一种产品为主体编制一体化技术规程。能够同时解决建筑围护墙体不同部位一体化问题的系列产品和体系不多。

4. "生态化"包括工业废渣、建筑垃圾和农作物废弃物等资源的综合利用。

实现制品各种性能的最佳搭配和组合，赋予产品独特的性能和特点。只有在材料性能、成型工艺及复合方式三个方面进行新的技术创新，新型墙体材料的行业水平才能摆脱现在固有的几种工艺模式，出现实质性的提高和发展。

除此以外，还要追求湿作业量的减少，实现现场干作业。这样，既减少浪费，又有利于施工环境的改善，同时可缩短施工周期，消除季节影响。

既然是非承重墙，没有必要高强，因为高强势必影响容重、保温、废渣掺量等指标。所以，按照综合指标的相互影响规律和实际使用范围，科学评价，定位在"中强"即可。制品在结构允许的情况下，砌筑的墙材越薄越好。在满足使用功能的情况下，墙体变薄，可以节约建筑面积，降低楼体自重，减少综合造价，提高抗震性能，安装运输方便。

5. "轻量化"是指墙体材料在满足使用功能的前提下，容重尽量轻，材料消耗尽量少，运输成本尽量低。

"轻量化"是实现低碳发展的基本要求和发展思路。

6. "本土化"是指墙体材料地域性特点，每个地区气候特点不同、发展水平不同，对墙体材料性能要求不同。

墙体材料属于大宗材料，运输距离不宜过大，原材料资源必须就地供应，充分利用当地资源。墙体材料属于传统产业，适合建筑物使用，不宜价格过高，要用普通材料解决建筑业功能要求和难点问题。

三、新型墙体材料总的技术方向

通过墙体制品自身复合代替墙体施工现场的施工复合是基本技术路线。

大力发展能够实现与建筑物主体同寿命的外墙保温材料，开发建筑节能与结构一体化墙体保温系统是本行业发展的基本技术导向。

推广应用一体化技术，实现建筑节能与结构一体化，是有效解决传统外墙保温模式质量通病，确保建筑墙体保温耐久性和安全性的有效措施，是贯彻国家绿色发展理念、实现资源节约和建筑建造产业的重要举措，符合国家节能减排发展方向和产业政策，符合广大民众对住房安全和舒适的基本要求，对于提高我国建筑节能和装配式建筑工作水平，落实建筑业供给侧结构性改革，解决建筑业发展瓶颈问题，促进建设领域可持续发展具有重要意义。

本 章 小 结

本章从产品、行业、市场供给、需求和发展技术导向对新型墙体材料发展现状进行了深入研究。

（1）墙体材料发展的基本现状是：第一，作为新兴产业，技术沉淀和积累不多，产业技术水平普遍偏低。第二，材性研究与设备研究统一程度不足，材性研究滞后。第三，缺乏因地制宜，对关键指标把握的准确度不高。第四，没有摆脱传统工艺思路的束缚，在工艺方面突破较少。第五，新型墙体材料企业规模较小，生产技术落后，集约化程度不高。第六，新型墙体材料产业结构很不合理，缺乏技术储备和人才，对于新型墙体材料行业的政策力度不够等。

（2）从行业发展周期、集中度、存在的问题、面临的形势、肩负的历史使命等方面阐述了新型墙体材料行业发展现状，指出墙体材料和其他建筑材料的轻量化、耐久化、一体化、本土化、节约化、生态化是建筑业节能减碳的基本保证。

（3）从市场总体情况、产量增长情况和生产地区分布阐述了新型墙体材料的市场供给现状，指出我国新型墙体材料得以迅速发展，新型墙体材料产能总体能满足市场需求，黏土砖生产能力得到有效遏制。新型墙体材料都是非承重材料，具有轻质、中强、保温、节能、节土、装饰等特性。采用新型墙体材料不但使房屋功能大大改善，还可以使建筑物内外更具有现代气息，满足人们的审美要求；可以显著减轻建筑物的自重，为推广轻型建筑物结构创造了条件，推动了建筑施工技术现代化，加快了建房速度和行业发展速度。

（4）从主要应用行业分析、需求量增长和需求地区分布三方面对新型墙体产品市场需求现状进行分析研究。指出近年来建筑行业产值逐年上升，到后期同比增长放缓，渐趋于稳定。新型墙体材料主要应用于建筑业，在建筑业的应用比例达到总体需求量的99%以上，新型墙体材料产品需求量也逐年上升，同比增长随机性较强，新型墙体广泛应用到经济发达的华东地区，华中地区次之，东北、西北经济欠发达地区新型墙体材料应用未能普及，推广应用前景广阔。

（5）承重墙体材料技术导向是："三高""三防""一饰"。非承重墙体材料的技术导向是："三高""二防""一体化""生态化""轻量化""本土化"。开发能够与建筑物主体同寿命，具有围护、保温和装饰多种功能的复合制品是墙体材料行业发展的基本要求。

第四章 建筑业对我国能源消耗和碳排放的影响

第一节 我国碳排放一半与"房子"有关

炎炎夏日不用费电吹空调，严寒冬日无须外界供暖气，这样的建筑能实现吗？能！就在 10 月，这样的建筑已经在北京通州城市副中心投入使用了，建筑名为智慧能源服务保障中心。据说，这是国内首个"近零能耗"建筑，相比于传统建筑，其综合能耗降低超过 70%，使用的能源中大约 60% 是可再生的。据统计，截至 2020 年底，全国累计绿色建筑面积达 66.45 亿 m²。但目前建筑领域资源消耗大、排放高等问题仍然比较突出，推动建筑业绿色低碳发展迫在眉睫。2021 年 10 月 24 日，《中共中央 国务院关于完整准确全面贯彻新发展理念做好碳达峰碳中和工作的意见》（以下简称《工作意见》）、《国务院关于印发 2030 年前碳达峰行动方案的通知》（国发〔2021〕23 号）（以下简称《方案》）同时发布，10 月 25 日，中共中央办公厅、国务院办公厅印发《关于推动城乡建设绿色发展的意见》（以下简称《发展意见》），这些系列政策文件，对建筑业绿色发展提出了具体要求。在国新办举行的《发展意见》发布会上，住房和城乡建设部副部长张小宏表示，城乡建设领域是碳排放大户，随着城镇化过程的推进和人民生活不断改善，碳排放占比预计还将呈上升趋势。根据中国建筑节能协会发布的《中国建筑能耗研究报告（2020）》显示，国内建筑行业全过程碳排放总量占全国碳排放的比重超过 51%，其中建材（钢铁、水泥、铝材等）占 28%，施工阶段占 1%，建筑运行阶段占 22%。建筑全过程包括建材的生产、建筑的施工以及建筑的运行三个阶段。可以说，建筑全过程碳排放占全国碳排放总量的"半壁江山"。中国建筑节能协会武涌会长表示，有效降低建筑领域碳排放将是实现碳达峰碳中和过程中极为重要的一环。

一、建筑全过程能耗和碳排放测算

（一）建筑全过程能耗和碳排放测算方法体系

建筑全过程能耗和碳排放测算方法体系如图 4-1 所示。

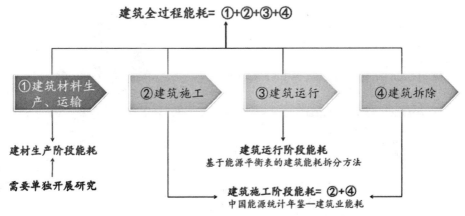

图 4-1　建筑全过程能耗和碳排放测算方法体系图

（二）建材生产能耗和碳排放测算方法——实物消耗测算法

该方法的基本思路是根据当年建筑业主要建材消耗量及其单位产品的能耗强度、碳排放因子测算，如图 4-2 所示。

数据来源：《中国建筑统计年鉴》—建材消耗
　　　　　《中国能源统计年鉴》—主要高耗能产品单位能耗中外比较
图 4-2　建材生产能耗和碳排放测算方法——实物消耗测算法示意图

二、建筑全过程能耗和碳排放数据分析

（一）2018 年全国建筑全过程能耗总量

2018 年全国建筑全过程能耗总量如图 4-3 所示。

2018年全国建筑全过程**能耗**总量为**21.47亿tce**，占全国能源消费总量比重为**46.5%**。其中：

- 建材生产阶段能耗**11亿tce**，占全国能源消费总量的比重为46.8%。
- 建筑施工阶段能耗**0.47亿tce**，占全国能源消费总量的比重为2.2%。
- 建筑运行阶段能耗**10亿tce**，占全国能源消费总量的比重为21.7%。

注：建筑全过程能耗包括建筑业（含基础设施）消耗主要建材的生产能耗，建筑业施工能耗，以及存量建筑运行能耗。

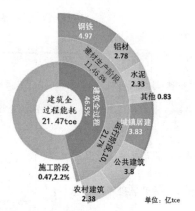

图 4-3　2018 年全国建筑全过程能耗总量示意图

（二）2018 年全国建筑全过程碳排放总量

2018 年全国建筑全过程碳排放总量如图 4-4 所示。

2018年全国建筑全过程**碳排放**总量为**49.3亿tCO$_2$**，占全国碳排放的比重为**51.3%**。其中：

- 建材生产阶段碳排放**27.2亿tCO$_2$**，占全国碳排放的比重为28.3%。
- 建筑施工阶段碳排放**1亿tCO$_2$**，占全国碳排放的比重为1%。
- 建筑运行阶段碳排放**21.1亿tCO$_2$**，占全国碳排放的比重为21.9%。

注：建筑全过程碳排放包括建筑业（含基础设施）消耗主要建材的生产碳排放，建筑业施工碳排放，以及存量建筑运行碳排放。

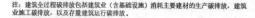
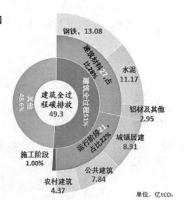

图 4-4　2018 年全国建筑全过程碳排放总量示意图

（三）2018 年全国建材生产阶段能耗和碳排放

2018 年全国建材生产阶段能耗和碳排放如图 4-5 所示。

- 能耗：11亿tce，占全国的比重为23.8%。
- 碳排放：27.2亿tCO_2，占全国的比重为28.3%。
- 钢材、水泥和铝材能耗与碳排放占比超过90%。

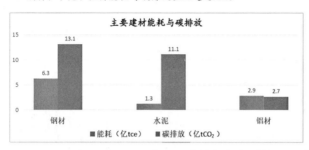

图4-5 2018年全国建材生产阶段能耗和碳排放示意图

（四）2018年全国建筑施工阶段能耗与碳排放

2018年全国建筑施工阶段能耗与碳排放情况如图4-6所示。

全国建筑施工能源消耗总量：0.47亿tce   全国建筑施工碳排放总量：0.95亿tCO_2
全国建筑全过程综合能耗强度：   全国建筑全过程综合碳排放强度：
264.31 kgce/m²   658.75 kgCO_2/m²

图4-6 2018年全国建筑施工阶段能耗与碳排放情况示意图

（五）2018年全国建筑运行阶段能耗与碳排放

2018年全国建筑运行阶段能耗与碳排放情况如图4-7所示。

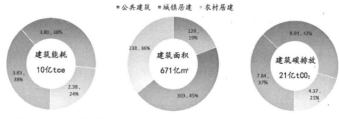

建筑能耗占全国能源消费比重   全国城镇人均居住建筑面积   建筑碳排放占全国能源碳排放
21.7%   **37m²**   **21.9%**

图4-7 2018年全国建筑运行阶段能耗与碳排放情况示意图

（六）全国建筑全过程能耗变化趋势

全国建筑全过程能耗变化趋势如图 4-8 所示。

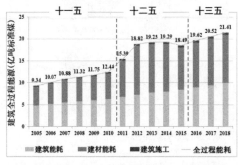

- "十一五"期间：平稳增长，年均增速5.9%。
- "十二五"期间：2011年和2012出现异常值，异常值来源于建材能耗。
- "十三五"期间：增速明显放缓，年均增速3.6%。

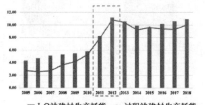

全国建筑全过程能耗变动趋势（2005—2018年）　　全国建筑建材能耗变动趋势（2005—2018年）

图 4-8　全国建筑全过程能耗变化趋势示意图

（七）全国建筑全过程碳排放

全国建筑全过程碳排放变化情况如图 4-9 所示。

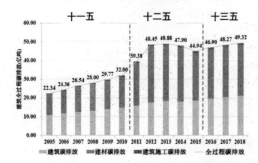

碳排放变化的阶段性特点与能耗一致，但增速略小于能耗。

- "十一五"期间：平稳增长，年均增速7.4%。
- "十二五"期间：2011年和2012年出现异常值，年均增速7%。
- "十三五"期间：增速明显放缓，年均增速3.1%。

图 4-9　全国建筑全过程碳排放变化趋势示意图

（八）建筑全过程能耗及碳排放占全国总量的比重变化趋势

建筑全过程能耗及碳排放占全国总量的比重变化趋势如图 4-10 所示。

● **总体上看，全过程能耗比重呈现上升趋势，碳排放比重呈现下降趋势。**

图4-10 建筑全过程能耗及碳排放占全国总量的比重变化趋势图

三、碳中和目标下建筑碳排放情景

（一）建筑部门实现碳中和的四大途径

建筑部门实现碳中和的四大途径如图4-11所示。

图4-11 建筑部门实现碳中和的四大途径示意图

（二）建筑碳排放情景分析结果

建筑碳排放情景分析结果如图4-12所示。

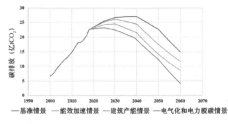

	2060年 (亿tCO₂)	峰值 (亿tCO₂)	达峰时间	十四五末 (亿tCO₂)
基准情景	14.99	27.01	2040	25.50
节能情景	11.69	26.08	2030	25.18
产能情景	8.7	24.46	2030	24.23
脱碳情景	4.21	23.15	2025	23.14

● 基准情景下，建筑碳达峰时间为2040年，2060年碳排放15亿tCO₂，将严重制约全国碳达峰和碳中和目标的实现。
● 节能情景和产能情景下，2030年可实现建筑碳达峰目标。
● 脱碳情景下，"十四五"末可实现建筑碳达峰，2060年碳排放4.2亿吨，比基准情景下降72%。

图4-12 建筑碳排放情景分析结果示意图

（三）"十四五"建筑节能与碳排放总量控制目标

"十四五"建筑节能与碳排放总量控制目标如图 4-13 所示。

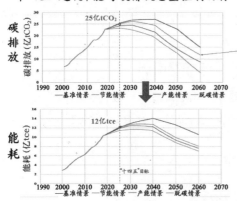

	2060 （亿tCO₂）	峰值 （亿tCO₂）	达峰时间	十四五末 （亿tCO₂）
基准情景	14.99	27.01	2040	25.50
节能情景	11.69	26.08	2030	25.18
产能情景	8.7	24.46	2030	24.23
脱碳情景	4.21	23.15	2025	23.14

要实现2030年建筑碳排放达峰：

• "十四五"期末建筑碳排放总量应控制在25亿tCO₂，年均增速需要控制在1.50%。

• "十四五"期末建筑能耗总量应控制在12亿tce，年均增速需要控制在2.20%。

图 4-13 "十四五"建筑节能与碳排放总量控制目标示意图

（四）2018 年全国建筑全过程能耗和碳排放

2018 年全国建筑全过程能耗和碳排放情况如图 4-14 所示。

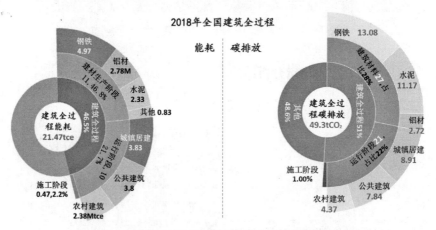

图 4-14 2018 年全国建筑全过程能耗和碳排放示意图

（五）我国碳中和目标下建筑碳排放情景分析

我国碳中和目标下建筑碳排放情景分析如图 4-15 所示。

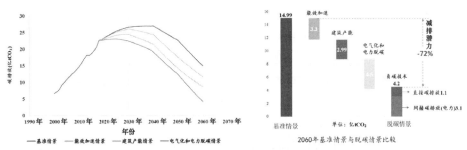

● 建筑部门是实现碳中和目标的关键领域，基准情景下15亿tCO₂难以实现中和。
● 到2060年建筑部门可减排72%，剩余28%约4亿吨碳排放需要通过负碳技术予以中和。
● 碳达峰目标下，"十四五"建筑能耗总量应控制在12亿tce，碳排放应控制在25亿吨，碳排放年均增速控制在1.5%。

图 4-15　我国碳中和目标下建筑碳排放情景分析图

第二节　建筑节能状况

一、我国建筑节能现状

　　我国公共建筑的高能耗问题相对比较突出。"公共建筑约占建筑总面积的19%，其能耗却占38%，成为建筑领域的排放大户。"为什么它的能耗这么高？中国建筑节能协会武涌会长解释，"因为它的服务水平高。例如，自家居住建筑夏天有时候不一定开空调，但公共建筑一般都会全面开启，而且很多温度设定得过低甚至造成不舒适。未来我们推进建筑节能，要重点考虑在保障建筑合理用能的情况下把公共建筑的能耗降下来。"要严格管控高能耗公共建筑建设。

　　在建筑节能领域，我国的建筑分为三类：城镇居住建筑、农村居住建筑和公共建筑。资料显示，从 20 世纪 80 年代开始，我国将建筑设计标准从节能 30% 逐渐提升到 50%，后又提升到了如今普遍执行的 65%。而节能设计标准覆盖了所有的公共建筑和城镇建筑，但农村还没有实现覆盖。在不少农村地区，农房节能改造成了"被忽视的角落"，很多农民自建房屋，根本就没什么节能概念，围护结构未采取保温层等节能措施。

　　武涌会长介绍，从能耗曲线看，我国农村居住建筑的单位面积能耗是在增长的，2018 年由 2000 年的 3.5 千克标准煤每平方米上升到了 9.9 千克标准煤每平方米；而城镇居住建筑的单位面积能耗在 2012 年达峰值后呈缓慢下降趋势。2000 年，我国城镇居住建筑的采暖能耗达到最高，采暖地区每平方米采暖能耗为 33.4 千克标准煤，而如今，这个数字已经降到了 14.5 千克标准煤。"单位面积能耗逐年下降，这也是我们建筑节能工作成效的直接体现。假如没有开展建筑节能，其总能耗至少比旧时翻一倍还多，后果不可想象。"

近年来，空调、电采暖器等家用电器的应用量在大幅增长。但从电耗来看，城镇居住建筑的单位耗电量大体持平。"在这样的情况下，单位耗电量依然持平，一方面是家用电器的能效在提升，另一方面是建筑本体能耗在下降。"武涌表示，随着这些年技术的进步和建材产业的发展，尤其是高性能的节能门窗、保温材料等建材的发展，让建筑本体的性能得到了改善，能耗也随之降低。

二、推进墙体材料革新和推广节能建筑的意义

（一）推进墙体材料革新和推广节能建筑是保护耕地和节约能源的迫切需要

我国耕地面积仅占国土面积的 10%，不到世界平均水平的一半。我国房屋建筑材料中 70% 是墙体材料，过去黏土砖占据主导地位，生产黏土砖每年耗用黏土资源达 10 多亿 m^3，约相当于毁田 50 万亩，同时，我国每年生产黏土制品消耗 7000 多万吨标准煤。如果黏土制品产量继续增长，不仅增加墙体材料的生产能耗，而且导致新建建筑的采暖和空调能耗大幅度增加，将严重加剧能源供需矛盾。

（二）推进墙体材料革新和推广节能建筑是改善建筑功能、提高资源利用率和保护环境的重要措施

采用优质新型墙体材料建造房屋，建筑功能将得到有效改善，舒适度显著上升，可以提高建筑的质量和居住条件，满足经济社会发展和人民生活水平提高的需要。另一方面，我国每年产生大量各类工业固体废物，不仅占用了大量土地，其中所含的有害物质严重污染着周围的土壤、水体和大气环境。加快发展以煤矸石、粉煤灰、建筑渣土、冶金和化工废渣等固体废物为原料的新型墙体材料，是提高资源利用率、改善环境、促进循环经济发展的重要途径。

三、影响建筑节能工作的因素

建筑节能工作的影响因素有两个方面，一个是材料，一个是政策。

材料支持方面：主要包括墙体材料、外窗与户门、屋面地面材料等。一栋独立住宅的能量损失：屋顶约 15%，不附加绝热层的外墙约 50%，附加绝热层的外墙约 10%～15%，地下室的地板和墙壁约 10%，窗户和门约 25%。实现建筑节能，

关键是围护结构的保温隔热，最终要落实到墙体材料和构件。

建筑物墙体是伴随建筑物全寿命服役的。门窗可以换，装修可以变。墙体是建筑物的主体，更换和维修，都得付出资源代价、环境代价和时间代价。这种对能耗的影响是终身的。所以，墙体材料对建筑节能的影响是持续的，终身的。建筑物的寿命至少50年，一旦建成高能耗建筑，耗能周期自然也是50年，中途改造，浪费太大。

节能建筑广泛采用新型墙体材料和保温材料，节能门窗以及各种节能型采暖供热设备必将促进我国工业和建筑业的发展，使用新型墙体材料，平均生产能耗每万块0.7吨标准煤，比实心黏土块1.32吨低40%，另一方面又可使每平方米建筑采暖能耗从31.5kg降到15.8~22.1kg，节能利用率在30%~50%。使用新型墙体材料可提高建筑物围护结构传热阻的损失，可避免室内温度过低、墙体结露、室内潮湿等现象，从而改善室内热环境，做到冬暖夏凉，节约采暖和空调能耗，改善居住环境，提高生活水平，迈向居住小康。综上所述，新型墙体材料已成为建筑业发展的重点之一，对国家经济、能源、社会、环境等的可持续发展将发挥重要作用。

《关于"十四五"大宗固体废弃物综合利用的指导意见》中指出："十四五"期间，未来我国大宗固体废弃物仍将面临产生强度高、利用不充分、综合利用产品附加值低的严峻挑战。目前，大宗固废累计堆存量约600亿吨，年新增堆存量近30亿吨，占用大量土地资源，存在较大的生态环境安全隐患。利用工业和城市固体废弃物制作墙体材料，不仅解决了我国城市化过程中建房所需要的大量原材料，而且也保护了环境、节约了土地，具有环保利废的功效。并且据统计，大量的工业和城市固体废弃物是被制作成墙体材料而消化的，因此如何利用好固体废弃物将是建筑节能的重要一环。

四、做好建筑节能"新三步走"，发展"超低能耗"建筑

未来我国向零能耗建筑、零碳建筑转变，这个进程即将开始，要建设集光伏发电、储能、直流配电、柔性用电于一体的"光储直柔"建筑。到2025年，城镇建筑可再生能源替代率达到8%，新建公共机构建筑、新建厂房屋顶光伏覆盖率力争达到50%。何为"光储直柔"？"光"即太阳能光伏技术，"储"即储能技术，"直"即直流技术，"柔"即柔性用电技术，指建筑能够主动改变从市政电网取电功率的能力。武涌表示，"光储直柔"可使建筑用电节约10%左右交直流转换损失，使建筑实现柔性用电。

除了绿色改造、智慧建造，文件中还反复提到低碳建筑、零碳建筑。其中，

要大力发展节能低碳建筑，持续提高新建建筑节能标准，加快推进超低能耗、近零能耗、低碳建筑规模化发展。大力推广超低能耗、近零能耗建筑，发展零碳建筑。

我们要努力做好建筑节能"新三步走"。第一步，推动建筑节能标准向超低能耗标准迈进；第二步，通过应用节能材料等手段，实现建筑近零能耗；第三步，在使建筑保温隔热性能高度提升、对能源需求大幅度下降的基础上，普遍使用太阳能、风能、地热能等可再生能源并配以高性能储能装置，使建筑产生的能量等于或超过其自身运行所需要的能量，实现零能耗建筑，甚至产能建筑。

据统计，我国已建成超低能耗建筑超过 1000 万 m²。近零能耗建筑、零能耗建筑、产能建筑的示范项目也已在多地上马。一方面通过应用建筑节能技术，将能耗需求降至当地公共建筑平均能耗的 1/3；另一方面通过使用水源热泵、光伏等可再生能源实现建筑用能自给，以每年每平方米 28 度电的产能满足了建筑本身每年每平方米 25 度电的能耗。这样一来，该试点既是用电单位，也是供电单位，化身产能建筑。中国建筑节能协会会长武涌在接受记者采访时说，"我们正在设定新的建筑能效标准，2030 年要实现新建建筑和节能改造建筑在采暖空调能耗方面小于或等于 15kW·h。""发展零能耗建筑是时代所需，也是未来趋势。我们将不断打造零碳建筑示范项目，推动建筑产业转型升级，助力零碳中国目标早日实现。"

第三节　建筑业在双碳目标实现中的作为

一、我国碳中和、碳达峰目标的提出对建筑业提出的新机遇

2020—2021 年，中央出台三个重要文件，对建筑业影响深远，分别是《中共中央 国务院关于完整准确全面贯彻新发展理念做好碳达峰碳中和工作的意见》、《国务院关于印发 2030 年前碳达峰行动方案的通知》以及中共中央办公厅、国务院办公厅印发《关于推动城乡建设绿色发展的意见》。提出的主要目标是：绿色低碳循环发展的经济体系初步形成，重点行业能源利用效率大幅提升，单位国内生产总值能耗比 2020 年下降 13.5%；单位国内生产总值二氧化碳排放比 2020 年下降 18%；非化石能源消费比重达到 20% 左右；森林覆盖率达到 24.1%，森林蓄积量达到 180 亿 m³，为实现碳达峰、碳中和奠定坚实基础。到 2020 年，经济社会发展全面绿色转型取得显著成效，重点耗能行业能源利用效率达到国际先进水平。单位国内生产总值能耗大幅下降；单位国内生产总值二氧化碳排放比 2005 年下降 65% 以

上；非化石能源消费比重达到 25% 左右，风电、太阳能发电总装机容量达到 12 亿 kW 以上；森林覆盖率达到 25% 左右，森林蓄积量达到 190 亿 m^3，二氧化碳排放量达到峰值并实现稳中有降。到 2060 年，绿色低碳循环发展的经济体系和清洁低碳安全高效的能源体系全面建立，能源利用效率达到国际先进水平，非化石能源消费比重达到 80% 以上，碳中和目标顺利实现，生态文明建设取得丰硕成果，开创人与自然和谐共生新境界。

《工作意见》提出：第一，推进城乡建设和管理模式低碳转型。在城乡规划建设管理各环节全面落实绿色低碳要求。推动城市组团式发展，建设城市生态和通风廊道，提升城市绿化水平。合理规划城镇建筑面积发展目标，严格管控高能耗公共建筑建设。实施工程建设全过程绿色建造，健全建筑拆除管理制度，杜绝大拆大建。加快推进绿色社区建设。结合实施乡村建设行动，推进县城和农村绿色低碳发展。第二，大力发展节能低碳建筑。持续提高新建建筑节能标准，加快推进超低能耗、近零能耗、低碳建筑规模化发展。大力推进城镇既有建筑和市政基础设施节能改造，提升建筑节能低碳水平。逐步开展建筑能耗限额管理，推行建筑能效测评标识，开展建筑领域低碳发展绩效评估。全面推广绿色低碳建材，推动建筑材料循环利用。发展绿色农房。第三，加快优化建筑用能结构。深化可再生能源建筑应用，加快推动建筑用能电气化和低碳化。开展建筑屋顶光伏行动，大幅提高建筑采暖、生活热水、炊事等电气化普及率。在北方城镇加快推进热电联产集中供暖，加快工业余热供暖规模化发展，积极稳妥推进核电余热供暖，因地制宜推进热泵、燃气、生物质能、地热能等清洁低碳供暖。

《方案》提出：第一，推进城乡建设绿色低碳转型。推动城市组团式发展，科学确定建设规模，控制新增建设用地过快增长。倡导绿色低碳规划设计理念，增强城乡气候韧性，建设海绵城市。推广绿色低碳建材和绿色建造方式，加快推进新型建筑工业化，大力发展装配式建筑，推广钢结构住宅，推动建材循环利用，强化绿色设计和绿色施工管理。加强县城绿色低碳建设。推动建立以绿色低碳为导向的城乡规划建设管理机制，制定建筑拆除管理办法，杜绝大拆大建。建设绿色城镇、绿色社区。第二，加快提升建筑能效水平。加快更新建筑节能、市政基础设施等标准，提高节能降碳要求。加强适用于不同气候区、不同建筑类型的节能低碳技术研发和推广，推动超低能耗建筑、低碳建筑规模化发展。加快推进居住建筑和公共建筑节能改造，持续推动老旧供热管网等市政基础设施节能降碳改造。提升城镇建筑和基础设施运行管理智能化水平，加快推广供热计量收费和合同能源管理，逐步开展公共建筑能耗限额管理。到 2025 年，城镇新建建筑全面执行绿色建筑标准。第三，加快优化建筑用能结构。深化可再生能源建筑应用，推广光伏发电与建筑一体化应用。积极推动严寒、寒冷地区清洁取暖，推进热电联产集中供暖，加快工业余热供暖规模化应用，积极稳妥开展核能供热示范，因地制宜推行热泵、生物质能、地热能、太阳能等清洁低碳供暖。引导夏热冬冷地区科学取暖，因地制宜采用清洁高效取暖方式。提高建筑终端电气化水平，建设集光伏发电、储能、直流配电、柔性用电于一体的"光储直柔"建筑。到 2025 年，城镇建筑可再生能源替代率达到8%，新建公共机构建筑、新建厂房屋顶光伏覆盖率力争达到 50%。第四，推进农村建设和用能低碳转型。推进绿色农房建设，加快农房节能改造。持续推进农村地区清洁取暖，因地制宜选择适宜取暖方式。发展节能低碳农业大棚。推广节能环保灶具、电动农用车辆、节能环保农机和渔船。加快生物质能、太阳能等可再生能源在农业生产和农村生活中的应用。加强农村电网建设，提升农村用能电气化水平。

《发展意见》提出：实施建筑领域碳达峰、碳中和行动；开展绿色建筑、节约型机关、绿色学校、绿色医院创建行动；大力推广超低能耗、近零能耗建筑，发展零碳建筑；实施绿色建筑统一标识制度；大力推动可再生能源应用，鼓励智能光伏与绿色建筑融合创新发展；加快推行工程总承包，推广全过程工程咨询，推进民用建筑工程建筑师负责制；加快推进工程造价改革；改革建筑劳动用工制度，大力发展专业作业企业等。

实现碳中和的路径主要有五个方面。一是源头减量。即减少碳排放主要行业的能源消耗，例如钢铁、电建铝、水泥等行业都面临着进一步压缩低效产能的要求。二是能源替代。即用清洁能源和可再生能源代替传统煤炭、石油等能源。根据统计年鉴，2019 年我国能源消费总量为 48.7 亿吨标煤，其中煤炭、石油、天然气、一次电力及其他能源占比分别为 57.7%、18.9%、8.1%、15.3%。其中，石油主要用于终端消费（交通、工业），煤炭主要用于中间消费（火力发电），天然气主要用于终端消费（交通、工业、居民生活）。三是回收利用。即发展废钢利用、再生铝、塑料回收等循环经济，减少初次生产的碳排放。四是节能提效。即通过工艺的改进、节能技术的应用减少工业、居民生活的碳排放。五是碳捕集。即发展碳捕集、利用与封存技术（CCUS）、生物质能碳捕集与封存技术（BECCS）、植树造林等吸收二氧化碳，实现负排放。

二、建筑业在"双碳"目标完成过程中面临的挑战

在国新办举行的《发展意见》发布会上，住房和城乡建设部副部长张小宏表

示，城乡建设领域是碳排放大户，随着城镇化过程的推进和人民生活不断改善，碳排放占比预计还将呈上升趋势。据统计，截至 2020 年，我国城镇化率大约达到了64%。当一个国家的城镇化水平达到 70% 左右时，会从高速增长期转入平缓期发展。可以预测，大约 2030 年会达到 70% 左右。而从目前的 64% 到 70%，城镇化还有一定的增长空间，这些增长必然会带来建筑能耗刚性增长趋势。

武涌会长表示，建筑存在"碳锁定效应""长尾效应"及"路径依赖"。所谓"碳锁定效应"，是指建材生产或建筑建造过程中，一旦成型，碳即被锁定其中，再进行碳减排则比较困难，必须对建筑进行改造；所谓"长尾效应"指的是碳排放达到峰值后，往下降之前会出现一个较长的平台期。例如，想要使既有建筑峰值往下降，就需要进行规模化改造，而改造过程就形成平台期；而所谓"路径依赖"，如许多城市的供暖已经从过去的依赖烧煤发展到现在的使用天然气，已经初步完成了清洁采暖的目标，下一步如何从依赖天然气转变成绿色能源，这个过程便存在路径依赖的问题，实现起来会有很大困难。"所以，建筑领域要实现碳达峰碳中和，挑战确实比较大，而促进城乡建设领域绿色低碳转型是未来几十年需要下功夫去做的事情。"

三、我国建筑行业当前节能状况

你是否有过这种感受，酷热夏日走入满是空调的商场里本想"凉快一把"，却被冻得瑟瑟发抖，这样的"高水平"服务让人难以享受，这里提醒你，你身处的这所建筑可能存在着高能耗现象。

公共建筑的高能耗问题相对比较突出。"公共建筑约占建筑总面积的 19%，其能耗却占 38%，成为建筑领域的排放大户。"为什么它的能耗这么高？武涌会长解释，"因为它的服务水平高。例如，自家居住建筑夏天有时候不一定开空调，但公共建筑一般都会全面开启，而且很多温度设定得过低甚至造成不舒适。未来我们推进建筑节能，要重点考虑在保障建筑合理用能的情况下把公共建筑的能耗降下来。"《工作意见》中对此也做了要求，要严格管控高能耗公共建筑建设。

四、建筑节能和建筑碳排放强制要求

住房和城乡建设部发布批准《建筑节能与可再生能源利用通用规范》为国家标准，编号为 GB 55015，自 2022 年 4 月 1 日起实施。本规范为强制性工程建设规范，全部条文必须严格执行。现行工程建设标准相关强制性条文同时废止。

1. 对建筑碳排放计算做出强制性要求

新建居住和公共建筑碳排放强度应分别在 2016 年节能设计标准的基础上平均降低 40%，碳排放强度平均降低 7kgCO/（m^2·a）以上。

2. 可再生能源利用和建筑节能研究细化

新建、扩建和改建建筑以及既有建筑节能改造均应进行建筑节能设计。建设项目可行性研究报告、建设方案和初步设计文件应包含建筑能耗、可再生能源利用及建筑碳排放分析报告。

3. 新建建筑节能设计水平进一步提升

《建筑节能与可再生能源利用通用规范》GB 55015 提高了居住建筑、公共建筑的热工性能限值要求，与大部分地区现行节能标准不同，平均设计能耗水平在现行节能设计国家标准和行业标准的基础上分别降低 30% 和 20%。严寒和寒冷地区居住建筑平均节能率应为 75%；其他气候区居住建筑平均节能率应为 65%；公共建筑平均节能率应为 72%。

4. 新增温和地区工业建筑节能设计指标要求

相比于《工业建筑节能设计统一标准》GB 51245—2017，《建筑节能与可再生能源利用通用规范》GB 55015 新增温和 A 区设置供暖空调系统的工业建筑节能设计指标，拓展了工业标准适用范围，温和地区工业建筑须严格执行。

5. 暖通空调系统效率和照明要求全面提高

2022 年 4 月 1 日，《建筑节能与可再生能源利用通用规范》GB 55015 开始实施，除了新建筑要进行节能设计外，不少进行改造的旧建筑也将绿色节能作为重要部分。建筑成本上升的同时，绿色改造带来的收益让投资者获得更大的利益。不少机构的调查数据均显示，在区位、楼龄等因素相似的情况下，绿色认证物业的租售溢价、收益率、租户满意度都明显更高。绿色设计可以带来"真金白银"。

五、建筑业在实现"双碳"目标中的作为

根据国际能源署和联合国环境规划署发布的《2019 年全球建筑和建筑业状况报告》，建筑业占全球能源和过程相关二氧化碳排放的近 40%。2017 年至 2018 年，

全球建筑业排放量增长了 2%，达到历史最高水平。到 2060 年，全球人口有望达到 100 亿，其中三分之二的人口将生活在城市中。要容纳这些城市人口，要新增建筑面积 2300 亿 m²，需将现有建筑存量翻倍。如此巨大的建筑需求，加上城镇化程度的不断提高，意味着建筑业温室气体排放量将持续上升。

中国建筑业规模位居世界第一，现有城镇总建筑存量约 650 亿 m²，这些建筑在使用过程中排放了约 21 亿吨二氧化碳，约占中国碳排放总量的 21.9%，也占全球建筑总排放量的 20% 左右。中国每年新增建筑面积约 20 亿 m²，相当于全球新增建筑总量的近三分之一，建设活动每年产生的碳排放约占全球总排放量的 11%，主要来源于钢铁、水泥、玻璃等建筑材料的生产运输以及现场施工。另根据中国建筑节能协会能耗统计专委会发布的《中国建筑能耗研究报告 2020》，2018 年全国建筑全过程能耗总量占全国能源消费总量比重为 46.5%，2018 年全国建筑全过程碳排放总量占全国碳排放的比重为 51.3%。

近期生态环境部应对气候司正式委托中国建筑材料联合会开展建材行业纳入全国碳市场相关工作，包括建材行业配额分配、碳市场运行测试、碳市场监控等各项服务。建筑产业链节能减排政策持续落地，绿色建筑发展趋势明确。

本 章 小 结

本章主要围绕建筑行业对我国能源消耗和碳排放的影响展开，从碳排放与建筑的关系、建筑节能状况和建筑在双碳目标实施中的作为方面进行分析工作。

（1）围绕国家出台的双碳目标《工作意见》《发展意见》贯彻落实具体要求，借鉴国内权威协会和专家公开发表的数据，从建筑全过程能耗和碳排放测算入手，提出了建筑全过程能耗和碳排放测算体系、建材生产能耗和碳排放测算方法，并对建筑全过程能耗和碳排放数据分析进行了研究。

（2）从建筑能效提升、建筑产能增强、能源系统脱碳、碳汇／碳固/CCUS 等途径对碳排放情景进行示意分析，对"十四五"建筑节能与碳排放总量的控制目标和 2018 年全国建筑全过程能耗和碳排放情况进行了分析，并对我国碳中和目标下建筑碳排放情景进行了展望。

（3）从我国建筑节能现状、推进墙材革新和推广节能建筑的意义、影响建筑节能工作的因素对我国建筑节能现状进行总结分析，围绕《国务院关于印发 2030 年前碳达峰行动方案的通知》（国发〔2021〕23 号）提出如何做好建筑节能今后发展的"新三步走"及发展"超低能耗"建筑构想。

（4）围绕《中共中央 国务院关于完整准确全面贯彻新发展理念做好碳达峰碳中和工作的意见》《国务院关于印发 2030 年前碳达峰行动方案的通知》以及中共中央办公厅、国务院办公厅印发《关于推动城乡建设绿色发展的意见》提出的实施建筑领域碳达峰、碳中和行动，参考国内外相关研究动态和专家意见、我国碳中和碳达峰目标的提出对建筑业提出的新机遇、建筑业在"双碳"目标完成过程中面临的挑战、住房和城乡建设部《建筑节能与可再生能源利用通用规范》GB 55015 对建筑节能和建筑碳排放强制要求等提出了建筑业在实现"双碳"目标中的作为。

第五章 新型墙体材料与建筑节能的关系分析

第一节 新型墙体材料是实现建筑节能的物质保证

一、建筑节能的概念

建筑节能就是在建筑中合理使用和有效利用能源，不断提高能源利用率，把建筑使用能耗大幅度降下来，节约采暖和空调运行费用，节约能源，改善环境，造福人类。从可持续发展战略的高度出发，从维护国家的整体利益和人民的长远利益出发，建筑节能问题非进行政府干预不可。

根据国务院新闻办公室发布的《新时代的中国能源发展》白皮书，截至 2019 年底，我国累计建成节能建筑面积 198 亿 m^2，占城镇既有建筑面积比例超过 56%。推动既有居住建筑节能改造，提升公共建筑能效水平，是建筑领域节能的重要途径。在居民制冷、取暖领域，热泵技术可以有效利用空气热能，较现有的壁挂炉、电加热等方式更节能。

"十三五"时期，建筑节能与绿色建筑发展的总体目标是：建筑节能标准加快提升，城镇新建建筑中绿色建筑推广比例大幅提高，既有建筑节能改造有序推进，可再生能源建筑应用规模逐步扩大，农村建筑节能实现新突破，使我国建筑总体能耗强度持续下降，建筑能源消费结构逐步改善，建筑领域绿色发展水平明显提高。

具体目标是：到 2020 年，城镇新建建筑能效水平比 2015 年提升 20%，部分地区及建筑门窗等关键部位建筑节能标准达到或接近国际现阶段先进水平。城镇新建建筑中绿色建筑面积比重超过 50%，绿色建材应用比重超过 40%。完成既有居住建筑节能改造面积 5 亿 m^2 以上，公共建筑节能改造 1 亿 m^2，全国城镇既有居住建筑中节能建筑所占比例超过 60%。城镇可再生能源替代民用建筑常规能源消耗比重超过 6%。经济发达地区及重点发展区域农村建筑节能取得突破，采用节能措施比例超过 10%。

目前，根据地区发展水平的不同和建筑节能发展阶段的不同，我国新建建筑严格按照国家"十三五"建筑节能主要目标的标准进行设计、施工和验收。除此以外，我国人均国内生产总值超过 70892 元，消费快速提升，对居住热环境要求越来越高，采暖空调日益普及，如果建筑围护结构节能效果依然保持低水平，则节能压力会越来越大。

全国城镇新建民用建筑节能设计标准全部修订完成并颁布实施，节能性能进一步提高。城镇新建建筑执行节能强制性标准比例基本达到 100%，累计增加节能建筑面积 70 亿 m²，节能建筑占城镇民用建筑面积比重超过 40%。北京、天津、河北、山东、新疆等地开始在城镇新建居住建筑中实施节能 75% 强制性标准。

为贯彻落实绿色发展理念，推进绿色建筑高质量发展，节约资源，保护环境，满足人民日益增长的美好生活需要，我国制定了《绿色建筑评价标准》GB/T 50378—2019。在此标准颁布实施后，我国的绿色建筑得到了一定的发展。截至 2018 年年底，我国城镇建设绿色面积累计超过 25 亿 m²，绿色建筑占城镇新建民用建筑比例超过 40%，获得绿色建筑评价标识的项目达到了 10139 个。

二、我国建筑节能潜力与重点

建筑节能是减少建筑业碳排放的主要因素。建筑节能的发展主要取决于企业对于节能减排的需求和新能源技术带来的经济效应。近年来国家对于高能耗企业的调控政策日益趋严，激发了下游行业对节能减排市场的需求。房地产业是我国重要的支柱产业，随着城镇化的进一步推进，我国建筑业及房地产业还将持续不断发展，下游建筑行业及房地产业，尤其是公共建筑、商业建筑投资的增长，将提升新型建筑节能材料需求。我国正采取多种措施加大建筑的节能减排投入，增加了建筑节能材料的需求。并且随着经济发展方式不断转变，需求结构不断升级，传统建材产品需求量保持基本平稳或略有下降的态势，其中，水泥需求量会出现下降，绿色建材和先进无机非金属材料、复合材料等需求量继续增长。

从总体上看，我国建筑节能潜力很大。到 2019 年底，全国房屋建筑面积为 1604 亿 m²，2019 年全国居民人均住房建筑面积为 40.8m²，其中城镇人均建筑面积将达到 39.8m²，农村人均建筑面积将达到 48.9m²。我国每年城乡新建房屋建筑面积近 20 亿 m²，其中城镇每年新建建筑面积为 9 亿 m² 至 10 亿 m²。建筑节能已成为节能减排的重点对象。从以上态势可以看出我国建筑节能挑战和机遇同在。

我国建筑节能的重点是北方地区采暖用能和大型公共建筑耗电两部分。

第一，2017 年，我国北方城镇采暖能耗统计：我国北方城镇采暖能耗占全国建筑总能耗的 21%，占建筑能源消耗的 1/5。单位面积采暖平均能耗为 14kgce/m² （吨标准煤／平方米），为北欧等同纬度条件下建筑采暖能耗的 2～4 倍。

第二，大型公共建筑耗电：据调查，一般公共建筑的单位能耗为 20～60 度电，是城镇住宅的 2 倍；大型公共建筑的单位能耗为 70～300 度电，是城镇住宅的 10～20 倍。大型公共建筑节能是我国建筑节能的重点，只需进行部分设备改造就可节能 30% 至 50%，大规模改造新建筑的全面节能措施，可以节能 50% 至 70%。

因此，建筑节能是我国实现可持续发展战略的一个重要组成部分。国家出台一系列政策，从建筑设计、建筑施工到最终工程验收各个环节，强制推行节能 65% （第三步）的目标，以及部分地区逐步执行 75% 的节能目标。

三、我国目前建筑节能墙体发展现状及墙体材料使用情况

（一）建筑保温节能墙体的发展过程

一直以来我国的建筑能耗问题都十分严重，因此为了实现建筑保温节能的目的，先后形成了外墙外保温、外墙内保温、外墙夹芯保温等多种类型。其中内保温外墙由主体结构与保温结构两部分构成，这样在承受建筑重量的同时，还能有效提高外墙的保温能力，这种保温方式在执行第一步 30% 建筑节能目标的阶段有应用，随着建筑节能标准要求的提高，这种保温方式很快就被外墙外保温所取代。

外墙外保温体系的主要原理就是在建筑结构的外墙体的外侧上粘贴或者涂抹一层高效的隔热保温材料，达到阻隔室内外热量通过墙体材料传递的效果。外保温主要就是在主体结构外侧中保护主体结构，达到延长建筑结构寿命的目的，可以有效减少建筑结构产生的热桥，并不会占用建筑结构的空间结构，也可以有效地控制冷凝问题，避免结露，在根本上提升了居住的安全性与舒适度，成为目前最普遍使用的建筑节能做法。

我国因地域辽阔，不同的地区保温措施有所差距，如南方主要是防潮保温，而北方则是御寒保温。在我国北方的建筑保温节能工作初期，对技术要求相对较低的内保温占据了保温建筑行业的主要地位，之后节能要求不断增加，如今在北方的严寒地区，外保温技术已经成为墙体保温的主要形式，且经过长期的发展与改进，应用也最为广泛。

2010 年之前，模塑聚苯乙烯、挤塑聚苯乙烯等有机高效保温材料应用最广泛，

近十年，由于外墙外保温所用材料质量控制难度大，标准执行不严格，很多燃烧性能不达标的产品在施工过程或服役过程中外墙保温着火的事故屡屡发生，给建筑业的健康发展造成巨大的负面影响。目前，北方地区大部分建筑都是应用岩棉制品进行外墙外保温施工。由于保温材料和构造抗裂性能不良，保温层开裂、脱落等现象越来越普遍。

建筑节能是我国实现可持续发展战略的一个重要组成部分。国家出台一系列政策，从设计、施工、监理、验收各个环节，强制推行节能 75% 建筑节能目标，鼓励发展超低能耗建筑和近零能耗建筑。而外墙外保温薄抹灰系统，包括装饰保温一体化系统，作为外保温粘锚结合技术，设计寿命都是 25 年，25 年以后怎么办？这个问题越来越严峻地摆到了建设者的面前。实际情况是，绝大部分使用年限达不到 10 年。建筑物墙体，是伴随建筑物全寿命服役的。门窗可以换，装修可以变，但是墙体是建筑物的主体部分，更换和维修都是要付出资源代价、环境代价和时间代价。因此，新型墙体材料必须要适应建筑业发展的新要求，必须向围护保温一体化、生产自动化、功能复合化、使用装配化的方向发展，成为建筑节能的"主力军"。结构与保温一体化取代外墙外保温薄抹灰粘锚技术，将会是市场发展的必然趋势。

（二）我国近 20 年实现建筑节能的主要技术措施

1. 外墙外保温

主要有六种做法：

（1）粘贴锚固保温板（或保温装饰板）方式。

（2）钢制外模板内置 EPS 保温板现浇墙体方式，包括：① EPS 板现浇混凝土外墙外保温系统（无网现浇系统）；② EPS 钢丝网架板现浇混凝土外墙外保温系统（有网现浇系统）。

（3）机械固定 EPS 钢丝网架板外墙外保温系统（机械固定系统）。

（4）外喷涂聚氨酯保温层方式（喷涂保温薄抹灰系统）。

（5）浆料复合保温板方式（浆料复合保温系统），包括：① 单一浆料保温系统；② 粘贴保温板复合浆料厚抹灰保温系统；③ 贴砌保温板复合浆料厚抹灰保温系统；④ 无网聚苯板复合浆料现浇墙体厚抹灰保温系统；⑤ 有网聚苯板复合浆料现浇墙体厚抹灰保温系统；⑥ 现场喷涂聚氨酯复合浆料厚抹灰系统。

（6）保温层复合幕墙保温方式。

2. 外墙内保温（夏热冬冷地区）

（1）内粘贴保温板无空腔复合墙体构造。

（2）内抹保温浆料无空腔复合墙体构造。

（3）内喷涂硬泡聚氨酯无空腔复合墙体构造。

（4）龙骨机械固定内保温层复合墙体构造。

3. 外墙夹芯保温施工

（1）复合砌体类夹芯墙。

（2）现浇墙体类钢丝网架保温板夹芯墙。特点是：内、外叶墙均采用钢筋混凝土材料，同时为了增加保温层与两侧钢筋混凝土墙体的拉结锚固，采用斜腹丝钢丝网架穿插保温板方式与两侧现浇墙体复合在一起共同组成复合墙体保温构造。在结构设计中，一般不考虑外侧 50mm 厚辅墙的刚度作用和贡献，仅考虑其自重而作为内部现浇基层墙体的辅助配套材料。

（3）装配式轻钢骨架复合保温墙体。

（三）目前普遍采用的外墙保温技术

《外墙外保温工程技术标准》JGJ 144—2019 的 6 种外保温系统：贴保温板薄抹灰外保温系统、胶粉聚苯颗粒保温浆料外保温系统、EPS 板现浇混凝土外保温系统、EPS 钢丝网架板现浇混凝土外保温系统、胶粉聚苯颗粒浆料贴砌 EPS 板外保温系统、现场喷涂硬泡聚氨酯外保温系统。这 6 种外保温系统虽然各具优势，在没有更好的保温体系情况下，依然在普遍推广应用。最终用量比例最高的是外墙外保温聚苯板粘锚结合技术体系和外墙外保温岩棉板粘锚结合聚苯板薄抹灰体系，但由于耐久性问题、防火安全问题以及过程控制难以保证产生的脱落开裂问题，注定其走到了尽头，实现围护、节能、防火、隔音、防水、耐久等功能，实现装配化是大势所趋。

（四）建筑节能与结构一体化体系

建筑节能与围护结构一体化技术，要求建筑满足 3 方面条件：（1）建筑墙体保温与结构同步施工，保温层外侧应有足够厚度的混凝土或其他无机材料防护层；（2）施工后结构保温墙体无需再做保温即能满足现行节能标准要求；（3）能实现建筑保温与墙体同寿命。

节能与结构一体化技术不仅能够满足建筑结构的可靠性要求，还能达到建筑节能标准，并且在建筑防火性、耐久性方面得到加强。保温与结构一体化技术可减少施工程序，提高施工效率，避免外墙外保温粘锚结合薄抹灰体系无法杜绝的开裂、脱落等质量问题，可降低工程成本，提高建筑工程质量。我国正在大力提倡减少资源消耗，推广节能建筑和发展绿色建筑，加快节能与结构一体化技术的发展进程，逐步淘汰传统围护结构外墙外保温粘锚结合技术势在必行。

　　以甘肃省为例，虽然经济发展水平远远落后于全国经济发展水平，但新型墙体材料的研究开发一直顺应我国建筑发展的新要求，进行新型墙体材料的技术创新，加大自保温、耐火、防火、隔音等与建筑同寿命、多功能一体化围护结构体系研发力度，开发适用于绿色建筑和装配式建筑，特别是开发超低能耗被动式建筑围护结构的新产品，加强内外墙板、叠合楼板、楼梯阳台、建筑装饰部件的通用化、标准化、模块化、系列化技术研发力度。积极推广"建筑节能与结构一体化装配式墙体围护体系"，其中包括：适合框架结构填充墙体的微孔轻质混凝土断热节能复合砌块、适合钢筋混凝土剪力墙和框架结构梁柱部位使用的 HF 复合保温模板、适合钢结构建筑墙体使用的 LSP 微孔混凝土水平自锁拼装板及其内嵌轻钢龙骨装配式墙体系统和微孔混凝土装配式墙体复合大板等产品。这些产品很好地解决了十多年来外墙保温工程存在的问题：一是保温层与建筑物主体不能同寿命的问题；二是有机保温材料存在的防火安全问题；三是严寒寒冷地区自保温无法实现的问题；四是钢结构及装配式建筑"三板"产品短缺的问题。

　　作者团队经过 25 年的合作开发，形成的系列产品及其建筑节能与结构一体化体系成为我国目前比较成熟的新体系。作者团队编制的《建筑节能与结构一体化墙体保温系统应用技术规程》DB62/T 3176—2019（见附录 C），包括 HF 永久性复合保温模板现浇混凝土墙体保温系统和断热节能复合砌块墙体保温系统，解决了钢筋混凝土框架结构和框剪结构建筑物围护体系梁柱和填充部位的一体化问题；编制的《LSP 板内嵌轻钢龙骨装配式墙体系统技术规程》DB62/T 25-3120—2016（见附录 D）和《装配式微孔混凝土复合外墙大板应用技术规程》DB62/T 3162—2019（见附录 E），包括 LSP 水平自锁拼装版和外墙复合大板两种产品及其保温体系，共同解决了装配式建筑的围护体系一体化问题和墙体装配化问题。《断热节能复合砌块墙体保温体系技术规程》DB62/T 25-3068—2013、《HF 永久性复合保温模板现浇混凝土建筑保温体系技术规程》DB62/T 3083—2017、《HF 永久性复合保温模板现浇混凝土建筑保温体系构造》DBJT25-141—2014、《LSP 板内嵌轻钢龙骨装配式墙体建筑构造》DBJT25-148—2016 以及《严寒和寒冷地区居住建筑节能（75%）设计标准》DB62/T 3151—2018 等规程和标准设计图集，形成了完整的一体化体系，解决了我国目前各种类型建筑物的一体化问题。

第二节　新型墙体材料发展对我国碳排放的影响

一、建筑业对碳中和目标的影响

根据国际能源署和联合国环境规划署发布的《2019 年全球建筑和建筑业状况报告》，建筑业占全球能源和过程相关二氧化碳排放的近 40%。2017 年至 2018 年，全球建筑业排放量增长了 2%，达到历史最高水平。到 2060 年，全球人口有望达到 100 亿，其中三分之二的人口将生活在城市中。要容纳这些城市人口，要新增建筑面积 2300 亿 m^2，需将现有建筑存量翻倍。如此巨大的建筑需求，加上城镇化程度的不断提高，意味着建筑业温室气体排放量将持续上升。

中国建筑业规模位居世界第一，现有城镇总建筑存量约 650 亿 m^2，这些建筑在使用过程中排放了约 21 亿吨二氧化碳，约占中国碳排放总量的 20%，也占全球建筑总排放量的 20%。中国每年新增建筑面积约 20 亿 m^2，相当于全球新增建筑总量的近三分之一，建设活动每年产生的碳排放约占全球总排放量的 11%，主要来源于钢铁、水泥、玻璃等建筑材料的生产运输以及现场施工。

另根据中国建筑节能协会能耗统计专委会发布的《中国建筑能耗研究报告2020》，2018 年全国建筑全过程能耗总量占全国能源消费总量比重为 46.5%；2018年全国建筑全过程碳排放总量占全国碳排放的比重为 51.3%。近期生态环境部应对气候司正式委托中国建筑材料联合会开展建材行业纳入全国碳市场相关工作，包括建材行业配额分配、碳市场运行测试、碳市场监控等各项服务。建筑产业链节能减排政策持续落地，绿色建筑发展趋势明确。建筑产业链碳排放量占全国 40%。

二、建筑业减碳措施

影响建筑业碳排放的三个方面，分别是建筑运行能耗，占全国 20%，其余20% 由建筑物建造方式和建筑材料的使用构成。而建筑运行能耗最大的份额是建筑外墙围护体系，也就是墙体材料的保温隔热。按照常规理解，建筑节能的主要内容体现在运行过程的节能。所以，建筑业低碳措施，一是建筑运行能耗的节约，也就是建筑节能。"十四五"期间，各地都在陆续强制执行第三步 75% 建筑节能目标，强力推行超低能耗和近零能耗建筑。推广建筑节能与结构一体化墙体围护体系，推广节能门窗，全寿命解决建筑物节能保温。二是建筑业的建造方式需要彻底改革，以装配式建筑为新的建造模式，以绿色建筑为基本的标准。2020 年 7 月，住房和城乡建设部、国家发展改革委、工业和信息化部等 13 个部门联合印发《关于推动智能建造与建筑工业化协同发展的指导意见》，明确要求实行工程建设项目全生命周期内的绿色建造，推动建立建筑业绿色供应链，提高建筑垃圾的综合利用水平，促进建筑业绿色改造升级。同一时间，由住房和城乡建设部、国家发展改革委等 7 部门印发的《绿色建筑创建行动方案》明确指出，到 2022 年城镇新建建筑中绿色建筑面积占比达到 70%，既有建筑能效水平不断提高，装配化建造方式占比稳步提升，绿色建材应用进一步扩大。2021 年 1 月，住房和城乡建设部决定在湖南省、广东省深圳市、江苏省常州市开展绿色建造试点，促进建筑业转型升级和城乡建设绿色发展。三是建筑材料包括墙体材料的应用，必须进行绿色建材的评价，推进绿色建材的发展。

三、墙体材料对我国碳排放的影响

有效降低建筑领域碳排放将是实现碳达峰碳中和过程中极为重要的一环。而建筑运行能耗 50% 以上的影响部位是墙体，所以，墙体材料对建筑碳排放影响比例据推算应该在 40% 左右，以此类推，墙体材料对我国碳排放的影响率应该在 20% 左右。

墙材统计统一折合成标准砖数。$1m^3$ 砌块 = 684 块标砖，60mm 厚板材 $1m^2$ = 32 块标砖，90mm 厚板材 $1m^2$ = 64 块标砖，120mm 厚板材 $1m^2$ = 190 块标砖。

常规经验计算：每使用 1 亿块新型墙材，可节约土地约 165 亩（以每亩控深 2m 为准），节约生产能耗 0.62 万吨左右（使用新型墙体材料，平均生产能耗为每万块 0.7 吨标准煤，比实心黏土砖每万块 1.32 吨标准煤低 40%；另一方面又可使每平方米建筑采暖能耗从目前的 31.5kg 降到 15.8～22.1kg，节能利用率在 30%～50%），减少 SO_2 排放 142 吨，减少 CO_2 排放 0.28 万吨，利用废渣 1 万～10 万吨不等。

四、节能墙材的轻量化和资源综合利用对减碳贡献大

节能墙材与不节能墙材相比，材料用量少，建筑物重量轻，资源消耗少。

1. 以目前在西北地区大面积推广的专利产品断热节能复合砌块、加气混凝土砌块和黏土砖为例，分析节能潜力。

1）三种材料生产能耗对比

（1）断热节能复合砌块生产能耗

根据专利产品断热节能复合砌块的原材料配方可知，每立方米砌块消耗粉煤灰、矿渣等废料 470kg，水泥 168kg，膨胀珍珠岩 17kg，电 12.6kW·h，蒸汽 0.079m³（0.023t），水 1.89t，参照有关原材料生产能耗指标计算其能耗约为：39.43kg/m³ 标煤。

根据表 5-1，工序能耗计算结果为 165.82MJ/m³。折标煤：165820/（4.1868×7000）= 5.66kg 标煤。

能源消耗计算表

表5-1

序号	项目	单位	单位消耗量	折算系数	总能耗（MJ/m³）
1	电	kW·h/m³	12.595	11.826MJ/（kW·h）	148.948
2	蒸汽	m³/m³	0.079	3.513MJ/m³	0.278
3	水	m³/m³	1.89	8.778MJ/m³	16.59
合计					165.82

每立方米原材料能耗：水泥综合生产能耗按照 201kg 标煤／吨计算，折标煤 201×0.168 = 33.768kg。

两项总计：本产品生产能耗为 39.43kg 标煤 /m³。

（2）加气混凝土生产线能耗

加气混凝土生产线能耗为 73kg 标煤 /m³ 左右。

（3）黏土砖生产能耗

黏土砖生产能耗为 107.20kg 标煤 /m³。

加气混凝土与黏土砖相比，每方减少能耗 34.2kg 标煤，而断热节能复合砌块比加气混凝土每方减少 33.57kg 标煤，所以，与黏土砖相比，减少 67.77kg 标煤。

在建筑节能要求相同的情况下，每立方米断热节能复合砌块可砌墙 5m²（墙厚 200mm 就可达标），而加气混凝土只能砌筑 3.33m²（300mm 厚加上 5mm 厚聚苯保温层才可达标），黏土空心砌块只能砌筑 3.33m²（300mm 厚加上 7mm 厚聚苯保温层才可达标）。所以，新型墙材与传统墙材相比，节能潜力非常大。

2）建造能耗和采暖能耗

20cm 加气混凝土墙每平方耗能与 37cm 黏土砖墙相比，节能率为 49.5%，采暖能耗与砖墙相比节能率为 35%，而断热节能复合砌块容重是加气混凝土的 70%，导热系数是加气混凝土的 1/3，其节能率更高，可达 50% 以上。

3）使用断热节能复合砌块产品，直接节能量计算

使用断热节能复合砌块产品，可以直接达到国家第三步 65% 建筑节能目标，这也就意味着寒冷地区的建筑物使用本产品，每平方米采暖能耗可降低 27W。

以兰州市为例，使用本产品 20 万 m^3，每个采暖期节约标煤保守估算为 21017 吨。

计算如下：年产 20 万 m^3 断热节能复合砌块，可以修建 200 万 m^2 节能建筑，按照寒冷地区节能设计标准，第三步节能目标实现以后每平方米建筑物每小时可节能 27W，总节能 54000kW。折合千卡数为：每小时节能 $54000×860 = 46440000$ 千卡，标煤热值按照 7000 千卡 /kg 计算，折标煤 6634kg。采暖期按 132 天计算，总节煤量 21017 吨。

以兰州市为例，一条年产 20 万 m^3 断热节能复合砌块生产线，满负荷生产并全部用于建筑工程，每个采暖期节约能源 2.1017 万吨标煤。每年消耗粉煤灰、矿渣等废料 9.4 万吨。项目生产过程无废气废水排放。使用该类产品可节约外墙保温资金 2.6 亿元。减少二氧化碳排放量 5.24 万吨。减少二氧化硫排放 0.1576 万吨。减少氮氧化物排放 0.0788 万吨。

2. 与黏土砖相比，在南方及北方地区使用的加气混凝土能耗潜力分析。

1）生产能耗

参照有关原材料生产能耗指标计算，加气混凝土生产能耗一般在 73kg 标煤 /m^3 左右，年产 10 万 m^3 加气混凝土砌块比相同产量的实心黏土砖，节约能源折合标煤约 3420 吨标煤 / 年。

2）建造能耗

参照有关指标数据计算，加气混凝土砌块每平方米墙面（24cm 墙）比使用黏土实心砖墙节约能源 7kg 标煤 / m^2。

3）采暖运行能耗

目前，北方采暖地区室内设计温度为 18℃，采暖期为 90 天，每平方米建筑面积每年采暖能耗在 15.8～22.1kg 标煤 /m^2·年（以煤取暖）；而南方地区，如果采用空调防暑降温，每年耗散能源将是北方采暖地区（以煤取暖）能耗的 2～3 倍左右，即 30～60kg 标煤 /m^2·年。

如果采用同一方式进行采暖，以导热系数仅为黏土砖 1/3 的加气混凝土砌块代替普通实心黏土砖作围护结构，则每年每平方米建筑面积采暖能耗大约可节省

16kg 标煤 /m²·年。年产 10 万 m³ 加气混凝土可建住宅约 30 万 m²，每年仅采暖这一项即可节约能源消耗 4800 吨标煤 / 年。

4）使用两种产品的节能效果及评价

加气混凝土每立方米生产能耗，与普通实心黏土砖相比，节能率在 30% 左右。采用加气混凝土建造工业与民用建筑比采用普通实心黏土砖降低了建造能耗，节约率在 20% 左右。采用加气混凝土取代普通实心黏土砖作为围护结构，减少了采暖能耗，节能率大约在 60% 左右。另外，在加气混凝土生产线工艺设计中，通过采取保温措施，减少了能源的生产流失。

综上所述，加气混凝土与传统墙体材料黏土砖相比，平均节能率达 38%。

本 章 小 结

本章主要从新型墙体材料是实现建筑节能的物质保证和对碳排放量的影响两方面展开。

（1）对建筑节能的概念、我国建筑节能潜力与重点和目前建筑节能墙体发展现状及墙体材料使用情况进行了系统分析，论述了新型墙体与建筑节能的关系，重点介绍了作者团队经过 25 年的合作开发，形成的系列产品及其建筑节能与结构一体化体系成为我国目前比较成熟的新体系。作者团队编制的《建筑节能与结构一体化墙体保温系统应用技术规程》DB62/T 3176—2019，包括 HF 永久性复合保温模板现浇混凝土墙体保温系统和断热节能复合砌块墙体保温系统，解决了钢筋混凝土框架结构和框剪结构建筑物围护体系梁柱和填充部位的一体化问题。《LSP 板内嵌轻钢龙骨装配式墙体系统技术规程》DB62/T 25-3120—2016 和《装配式微孔混凝土复合外墙大板应用技术规程》DB62/T 3162—2019，包括 LSP 水平自锁拼装版和外墙复合大板两种产品及其保温体系，共同解决了装配式建筑的围护体系一体化问题和墙体装配化问题。

（2）分别从建筑业对碳中和目标的影响、建筑业减碳措施、墙体材料对我国碳排放的影响、节能墙材的轻量化和资源综合利用对减碳贡献大几方面，指出新型墙体材料发展对我国碳排放的影响。

（3）新型墙体材料发展在我国节能减排工作中蕴藏着巨大的潜力。墙体材料是建筑物的主体组成部分，无法更换，维修复杂，对能耗的影响是持续的、终身的。节能墙材与不节能墙材相比，材料用量少，建筑物重量轻，资源消耗少。

（4）新型墙体材料与建筑节能之间的关系：一是推进墙体材料革新和推进节

能建筑是保护耕地和节约能源的迫切需要；二是推进墙体材料革新和推进节能建筑是改善建筑功能、提高资源利用率和保护环境的重要措施。而影响建筑节能工作的因素主要有材料和政策两方面。

第六章　新型墙体材料与装配式建筑的关系

第一节　装配式建筑发展情况

一、装配式建筑的定义

装配式建筑，就是指把传统建造方式中的大量现场作业工作转移到工厂进行，在工厂加工制作建筑用构件和配件（如楼板、墙板、楼梯、阳台等），运输到建筑施工现场通过可靠的连接方式在现场装配安装而成的建筑，使建筑物建造方式实现标准化设计、工厂化制造、装配化施工、信息化管理、智能化应用。装配式建筑主要包括钢筋混凝土装配式建筑（PC 装配式）、钢结构装配式建筑和 PC-钢结构混合装配式建筑三类。装配式建筑技术要求高、人工用量少、质量易控制、产业门槛高，是建筑业发展的必然结果。

二、装配式建筑发展基本情况

PC 装配化，需要大量的预制混凝土构件制造基地、强有力的预制混凝土制造技术大军以及巨大的运输量，更需要三板系统的预制化及建筑节能与结构一体化，其发展任重而道远。尤其是城市分布比较分散，对节能要求很高的西北地区及欠发达地区要走的路比较长，发达地区如江苏"十三五"末装配式建筑占新建建筑面积的 30.8%，上海 2020 年新开工装配式建筑地上建筑面积约占新开工建筑地上建筑面积的 91.7%，深圳截至 2021 年三季度，装配式建筑总规模为 4731m²，新开工装配式建筑占新建建筑面积比例达 44.8%。北京装配式发展目标是 2022 年达到 40%，而西部很多省份几乎处于起步阶段。因此装配式建筑发展需要因地制宜，稳步推进。

相比于 PC 装配化，钢结构建筑的特点是建造速度快、抗震好、耗材少、可循环，具有储钢、环保等特点。对结构制造的要求要比预制混凝土构件低，对现场安装的要求也远低于 PC 构件，建筑物总重量也要少得多，运输量比较小。但是，其装配化的关键问题在于"三板"的装配化。上海 2019—2020 年新开工的钢结构和钢混结构装配式公共建筑在新开工装配式公共建筑中的占比约为 37.2%。

三、发展装配式建筑的意义及产业链构成

发展装配式建筑是建造方式的重大变革，是推进供给侧结构性改革和新型城镇化发展的重要举措，有利于节约资源、减少施工污染、提升劳动生产效率和质量安全水平，有利于促进建筑业与信息化工业化深度融合、培育新产业新动能、推进化解过剩产能。近年来，我国积极探索发展装配式建筑，但建造方式大多仍以现场浇筑为主，装配式建筑比例和规模化程度从全国来看，比例很低，标准跟不上，最大的问题是工厂化制造缺乏专业技术人才队伍，缺乏混凝土及预制构件生产应用技术人才，与发展绿色建筑的有关要求以及先进建造方式相比还有很大差距。

装配式建筑所处的产业链上游主要是水泥、钢铁等原材料的供应商，以及装配式建筑所需的相关设备供应商。中游主要为建筑项目设计公司、预制构件的制造商、现场装配施工的承包商和装饰装修公司。而产业链的下游主要是装配式建筑的项目开发以及相应的运营和维护，装配式建筑的运营与维护一般由物业公司来完成。

四、发展装配式建筑的政策、市场、企业、前景等现状分析

政策规划：多层面政策出台，产业发展加速。在制造业转型升级的大背景下，中央层面持续出台相关政策推进装配式建筑行业的发展。2016 年 9 月国务院办公厅发布《关于大力发展装配式建筑的指导意见》中指出要多层面、多角度的发展装配式建筑行业。近几年，一系列政策的颁布，加快了我国装配式建筑行业的发展。《"十三五"装配式建筑行动方案》明确提出，到 2020 年全国装配式建筑占新建建筑的比例达到 15% 以上，其中重点推进地区达到 20% 以上，积极推进地区达到 15% 以上，鼓励推进地区达到 10% 以上。各省市陆续出台政策规划来促进装配式建筑行业的发展。根据"到 2020 年提出的装配式建筑占比目标"可将这些省市划分为三类：积极型（明确提出到 2020 年实现装配式建筑占比达到 30% 以上的目标）、稳健型（到 2020 年实现装配式建筑占比达到 15%～20% 以上）、迟缓型（没有明确目标或详细目标，或目标不超过 15%）。其中北京、上海、天津、江西、江苏、浙江、山东、四川八个省市表现积极。上海更是要求"十三五"期间全市装配

式建筑的单体预制率达到 40% 以上或装配率达到 60% 以上。新建装配式建筑面积不断扩大，占比逐步提高。据住房和城乡建设部数据显示，2016—2019 年我国新建装配式建筑面积逐年增长，2019 年全国新开工装配式建筑 4.18 亿 m^2，同比增长 44.6%，近 4 年年均增长率为 55%，占新建建筑面积的 13.4%。

市场结构：从结构形势看，主要以装配式混凝土结构为主。2019 年中国装配式建筑依然以装配式混凝土结构为主，在装配式混凝土住宅建筑中以剪力墙结构形式为主。2019 年，新开工装配式混凝土结构建筑 2.7 亿 m^2，占新开工装配式建筑的比例为 65.4%；装配式钢结构建筑 1.3 亿 m^2，占新开工装配式建筑的比例为 30.4%；装配式木结构建筑 242 万 m^2，其他混合结构形式装配式建筑 1512 万 m^2。从建筑应用看，商品住房居多。近年来，装配式建筑在商品房中的应用逐步增多。2019 年新开工装配式建筑中，商品住房为 1.7 亿 m^2，保障性住房 0.6 亿 m^2，公共建筑 0.9 亿 m^2，分别占新开工装配式建筑的 40.7%、14% 和 21%。在各地政策支持引领下，特别是将装配式建筑建设要求列入控制性详细规划和土地出让条件，有效推动了装配式建筑的发展。

市场格局：重点地区引领发展，区域竞争：三大城市群引领全国行业发展。根据文件划分，京津冀、长三角、珠三角三大城市群为重点推进地区，常住人口超过 300 万的其他城市为积极推进地区，其余城市为鼓励推进地区。从 2017—2019 年的统计情况上来看，重点推进地区新开工装配式建筑面积分别为 7511 万 m^2、13538 万 m^2、19678 万 m^2，占全国的比例分别为 47.2%、46.8%、47.1%。装配式建筑在东部发达地区继续引领全国的发展，同时，其他一些省市也逐渐呈规模化发展局面。

企业竞争：构件加工以民营企业为主，国企占据建筑装配市场领导地位。装配式建筑产业链的重点环节在于预制件的生产制造和建筑施工安装部分，从市场参与主体来看，主要包括构件加工企业和建筑安装施工企业。其中预制构件加工主体主要为民营企业，例如钢构件制造的精工钢构、杭萧钢构等上市民营企业，但是在建筑施工领域以中国建筑集团为首的和地方国企凭借资源优势牢牢占据行业领导地位，万科、碧桂园等房地产开发企业虽然也在加强拓展装配式建筑业务，但短时间难以与国企抗衡。

发展前景：万亿市场，前景广阔。根据住房和城乡建设部数据显示，近年来，我国新建建筑面积不断增长，根据往年新增建筑面积的增长速度，前瞻产业研究院预计，到 2025 年全国新增建筑面积超过 35 亿 m^2。结合我国新建建筑面积的现状和未来走势，以及我国关于装配式建筑的建设规划，预计 2025 年我国的新开工装配式建筑面积在 10.54 亿 m² 左右。随着技术的发展、成本的降低，未来装配式建筑的成本会持续下降，以每平方米造价 1950 元测算，2025 年我国新开工装配式建筑规模将达到两万亿元。

与发达国家相比，与绿色发展要求相比，目前还有很大的差距和不足。一是高消耗。仅房屋建筑年消耗的水泥玻璃钢材就占了全球总消耗量的 40% 左右，北方地区供暖单位面积能耗是德国的两倍。二是高排放。仅建筑垃圾年排放就达 20 多亿吨，为整个城市固体废弃物总量的 40%，建筑碳排放更是逐年快速增长。三是低效率。据有关统计，建筑劳动生产率仅是发达国家的 2/3 左右，建筑业的机械化、信息化、智能化程度还不高。四是低品质。总体来看，建筑施工还不够精细，房屋漏水隔音等问题仍然突出。因此，必须大力发展装配式建筑，切实解决存在问题，使建筑业在科技创新、提高效率、提升质量、减少污染与排放等方面有巨大的发展空间，不仅能提高建筑质量，还将提升群众生活品质，因此装配式建筑在我国将迎来大发展的春天。

五、装配式建筑存在短板问题

（一）"三板"问题是装配式建筑的短板问题

建筑物实现装配，墙体的装配化是关键。墙体围护结构与节能、防火一体化问题和装配化问题以及楼板屋面板的装配化问题，即"三板"问题是装配式建筑的短板问题。

装配式建筑不允许墙体再以砌筑为主，更不能允许墙体保温二次施工。墙体的围护保温防火防水抗震隔音等功能必须一次性完成。墙体的装配，除点对点的大板吊装以外，应该有以点对面的中型制品装配完成。墙体材料要变为墙体构件，以多种方式装配完成。

装配式建筑是我国建造方式的重大革新，但是装配式建筑"三板（内外墙板和楼板）"问题没有较好的解决，墙体自保温问题更加突出。就全国而言，缺乏能够实现保温与结构一体化的复合外墙材料。复合型墙体材料和制品的严重缺乏成为我国钢结构和装配式建筑发展的短板。钢结构和装配式建筑关于"三板"问题的产品选择、解决方案，尤其是墙体板块，依然缺乏理想的产品。目前通行的解决方案只有两种：一是继续使用加气混凝土作为填充材料，装饰复合保温板作为外保温进行外墙处理；二是使用重混凝土夹芯保温大板整体组装。但是，这两种方案只是权宜之计。

（二）墙体围护体系同寿命、一体化和装配化是解决装配式建筑发展问题的关键

墙体材料是建筑物永久组成部分，是建筑物功能实现的最关键部位。对于墙体材料性价比的评价要树立全寿命理念、低碳环保概念、资源节约理念和科学发展理念，不能以价格作为唯一评价标准。只有这样，才能与装配式建筑发展的意图和目标一致，才能使优质材料、先进技术有用武之地，才能实现行业整体水平的提高。墙体材料必须向着制品构件化、生产自动化、规模现代化、功能复合化、废物资源化、使用装配化的方向发展。实现保温与结构一体化是最紧迫的任务。新型墙体材料必须适应建筑业发展的新要求，绿色墙体材料要成为绿色建筑的拉动器，墙体材料产业作为建筑业"供给侧"改革的主战场，要在技术进步、创新驱动、结构调整、提质升级方面下功夫，更加切实地解决目前我国装配式建筑的短板问题。

第二节　新型墙体材料和装配式建筑相互影响

一、装配式建筑加速了墙体材料行业的自我革命

进入 21 世纪后，伴随着我国城镇化和城市现代化进程的快速发展，能源与资源不足的矛盾越发突出，生态建设和环境保护的形势日益严峻，原来建立在我国劳动力价格相对低廉基础上的建筑行业，随着人口红利的消失，人工费不断增高，建设成本持续上涨，传统建筑方式在建筑品质、成本及速度方面日益无法满足现代社会发展的需求，逐渐成为制约我国建筑业进一步发展的瓶颈。因而建筑行业必须进行产业化升级，逐步从传统的粗放型施工向集约精细的工业化生产转变，减少对劳动力的需求数量，改善劳动工作的环境，降低对劳动力手工作业的要求。顺应时代发展的需要，装配式建筑的概念被提出。建筑产业化、建筑工业化等模糊概念，直接被"装配式建筑"所取代，更形象、更直观、更明确、更好理解。

建筑 20 多年的飞速发展，催生了一大批传统墙体材料生产企业，企业技术力量缺乏，创新活力不足，很多企业对建筑业的基本要求不清楚，只管生产，不管应用。产品功能单一，性能不高，品质不优，为了生存，低价竞争，造成恶性循环，内墙材料外观质量不好，外墙材料功能不全，保温材料质量不稳定，着火脱落经常

发生，全国外墙外保温薄抹灰体系能保质保量达到 25 年设计使用寿命的比例极低，尤其是二三线城市情况更加严重。推广建筑节能与结构一体化，由于传统产业的利益驱动，利益链无法打开，先进技术和产品推广受到全方位抵制和围剿。装配式建筑对围护结构的新要求，是任何传统的单一材料都不可能解决的，这种从最终归宿断掉传统材料生存空间的新体系，彻底实现了多功能一体化墙体材料和制品的推广应用，彻底实现了墙体材料行业的结构调整和重新洗牌，行业技术进步迅速提升，墙材行业将发生质的飞跃。

　　装配式建筑最大的转变是将传统建造方式中的大量现场作业转移到工厂进行，在工厂对建筑用构件和配件进行加工，建筑墙体的围护、保温、隔热、隔音、防火、抗震、防水、装饰等功能不可能再允许到施工现场一层一层去完成，墙体材料必须以中型以上制品或者大板构件的形式出现，并且所有功能都要一次完成。所以，装配式建筑是对墙体材料行业一次最彻底的革命。加速了现有外墙外保温退出历史舞台的进程。对墙体材料的复合性能、施工性能、力学性能、耐久性能提出了全新的要求。目前，人们对装配式建筑内墙、外墙、楼板、屋面等部位的装配化，普遍理解为大板。号称"三板"，其存在的问题叫"三板"问题。目前，我国装配式建筑最难解决的依然是"三板"问题。对于装配式"三板"中的内墙板、外墙板，点对点的大板并不是唯一选择，以点对面的装配式多功能中型板块及部件也能实现装配式建筑的功能和施工要求，实现推广装配式建筑的意图，也是解决装配式"三板"问题的有效途径。

二、墙体的装配化、一体化是装配式建筑的基本要求和物质基础

　　施工装配化、装修一体化是装配式建筑发展的新要求。墙体材料包括内外墙体所用材料和制品构件，都必须在工厂一体化制作完成，迅速提高了墙体材料的功能要求，必须实现功能集成、制造精良、性能复合、质量保证，才能满足住宅产业化的要求，才能满足装配式建筑和全装修房的要求。所谓的好房子，就是长寿命、好性能、绿色低碳的房子。而新型墙体材料正是解决这一挑战的关键所在，新型墙体材料必须具有围护、节能、隔音、防水、防火、抗震、安全、环保、装饰等复合特性。新型墙体材料和制品，不但使房屋功能改善，实现装配化，还要保证建筑物环保、安全、舒适，与人和谐共生，墙体材料制品必须长寿命、容重小、耗材少、可循环、体积稳定、安装便利、功能多样、安全环保，满足低碳要求，这些功能，作为单一材料，难以实现，但是，作为复合制品和构件，只要评价标准和体系创新，不阻碍，不制约，通过技术创新完全可以低价实现。

装配式建筑需要的是高科技含量的材料和部件，墙体部位是功能要求最高的建筑部位，墙体材料和制品的基本要求是多种功能复合，通过一体化实现多功能，并且墙体材料本身要便于装配化，墙体材料从根本上已经不是单一材料了，而是部品部件和复合预制构件了。装配式建筑需要各种部品部件和预制构件的配套供应，制品构件要实现系列化、通用化、集约化、标准化。墙体材料的基本要求就是适应装配式建筑的发展，补短板，促发展，服务建筑业新发展阶段的新要求，墙体制品通过技术创新、标准变化，实现装配化和多功能化，这符合我国经济社会高质量发展的要求，符合人民对美好生活和住宅品质提出的新要求。

墙体材料是建筑物基本的物质基础，装配式对墙体材料无论从数量、质量、品种、规格上都将提出新的更高的要求。为了提高构配件的装配能力和施工质量速度，墙体材料制品必须提高工厂生产精度，必须具有轻质、耐久、易加工、保温、防水、隔音等优良效果，要保证实现装配式建筑和建筑保温与结构一体化完美结合。通过技术创新，调整产业结构和产品结构，提高墙体材料生产的技术与管理水平，提高产品质量与技术含量，由粗制产品向精细加工的半成品、成品方向发展。在行业内部形成一些新兴的或独立的行业或专业，促使墙体材料生产向专业化分工更细、协作化要求更强方向发展。除此之外，一些生产新型墙体材料的企业可能在装配式建筑过程中领先迈出更大步伐，即以本身的材料生产为基础，向装配式建筑设计和施工延伸，成立设计、构配件生产、施工一体化的装配式建筑产业集团，从而为建材行业的发展找到一条有潜力的新路。

三、装配式建筑为墙体材料低碳发展注入了活力

在 2020 年住房和城乡建设部等部门发布《关于加快新型建筑工业化发展的若干意见》中指出，新型建筑工业化是通过新一代信息技术驱动，以工程全寿命期系统化集成设计、精益化生产施工为主要手段，整合工程全产业链、价值链和创新链，实现工程建设高效益、高质量、低消耗、低排放的建筑工业化。装配式建筑正是新型建筑工业化的主要代表。其中也明确指出推广应用绿色建材，发展安全健康、环境友好、性能优良的新型建材，推进绿色建材认证和推广应用，推动装配式建筑等新型建筑工业化项目率先采用绿色建材，逐步提高城镇新建建筑中绿色建材的应用比例。随着城镇化的进一步推进，我国建筑业及房地产业还将不断地发展，下游建筑行业及房地产行业，尤其是公共建筑、商业建筑投资的增长，将提升新型建筑材料的需求。因此，装配式建筑将极大地推动新型墙材业的发展。

本 章 小 结

本章主要围绕新型墙体材料与装配式建筑之间的发展关系展开分析。

（1）对装配式建筑的概念、发展情况、发展装配式建筑的意义及产业链构成、发展装配式建筑的政策、市场、企业、前景等现状分析进行了总结。针对装配式建筑存在的"三板"问题，提出实现墙体围护体系与建筑物同寿命，实现墙体的一体化和装配化是解决装配式建筑发展问题的关键。

（2）新型墙体材料和装配式建筑相互影响。装配式建筑加速了墙体材料行业的自我革命，装配式建筑对围护结构的新要求，是任何传统的单一材料都不可能解决的，这种从最终归宿断掉传统材料生存空间的新体系，彻底实现了多功能一体化墙体材料和制品的推广应用，彻底实现了墙体材料行业的结构调整和重新洗牌，行业技术进步迅速提升，墙材行业将发生质的飞跃。

（3）墙体的装配化、一体化是装配式建筑的基本要求和物质基础。施工装配化、装修一体化迅速提高了墙体材料的功能要求，必须实现功能集成，才能满足装配式建筑和全装修房的要求，才能实现住宅真正的产业化。通过一体化实现多功能，因为只有墙体材料实现系列化、通用化、集约化、标准化，装配式建筑才能实现真正装配化。

（4）装配式建筑为墙体材料低碳发展注入了活力。装配式建筑是新型建筑工业化的主要代表，推动装配式建筑等新型建筑工业化项目率先采用绿色建材，逐步提高城镇新建建筑中绿色建材的应用比例，将极大地推动新型墙材行业的发展。

第七章　新型墙体材料与资源综合利用的关系

传统意义上，建材行业是能源、资源消耗型行业，建设循环经济为建材行业赋予了新的生机，建材行业是利用各类废弃物最多、潜力最大的行业。据2010年作者完成的政策研究课题《我国建筑材料的应用现状及未来需求研究》形成的结论，2009年我国建材工业总的利废量约5亿~5.7亿吨，占整个工业领域总利废量11亿~12.3亿吨的45.46%~46.34%。而新型墙材利废量约2.2亿~3.05亿吨，占整个建材行业利废量的44%~53.61%以上，占工业领域总利废量的20%~24.85%。这一数据说明，当年工业固废约一半靠建材工业消纳。约四分之一的量靠墙材消纳，建材工业是我国消纳工业固体废弃物的主要途径。

我国建材工业消纳了大量的工业和建筑废弃物，如利用煤炭行业的煤矸石烧砖，用煤矸石烧发泡陶瓷保温材料，用电力行业的粉煤灰作为水泥的生产原料与混合材，生产粉煤灰砖和纤维水泥外墙板，脱硫石膏生产石膏产品，用冶金产业的各种高炉矿渣生产矿渣水泥、制成墙材制品等。同时建材产业还处理了相当部分的城市垃圾，甚至部分有毒有害废弃物都可以在水泥回转窑等建材工业窑炉中得到有效的消纳和利用。随着建筑业发展和建筑量增多，以及砂石自然资源的短缺，建筑物再生骨料和微粉的综合利用研究迅速回温，产业化水平迅猛发展。这是我国提倡建设资源节约型社会和生态环境保护以来，出现的历史性变化。大宗固体废弃物量大面广、环境影响突出、利用前景广阔，是资源综合利用的核心领域。推进大宗固废综合利用对提高资源利用效率、改善环境质量、促进经济社会低碳发展和绿色转型具有重要意义。

第一节　我国工业固废处理行业发展现状

工业固体废物是指在工业生产活动中产生的固体废物。固体废物的一类，简称工业废物，是工业生产过程中排入环境的各种废渣、粉尘及其他废物。通过原料回收、加工再用、转化利用、废物交换等方式，从工业固体废物中提取或使其转化为可利用的资源、能源和其他原材料的活动，如回收金属、再生建材或农业废料、再生筑路材料等。

"十三五"时期，我国绿色工业发展继续推进，工业和信息化部发布《工业绿色发展规划（2016—2020年）》，对工业固废相关源头管理和治理效率提出了新的目标和规划，在国家绿色经济发展目标及相关政策的促进下，我国工业固体废物的产量较为稳定，2019年产量约为35.43亿吨，处理量和综合利用量分别为8.78亿吨和19.49亿吨，综合利用率约为55.02%，整体看我国工业固体废物的综合利用率有待提升。

一、2019年我国工业固体废弃物产量小幅增加

工业固体废物是工业生产过程中排入环境的各种废渣、粉尘及其他废物。可分为一般工业废物（如高炉渣、钢渣、赤泥、有色金属渣、粉煤灰、煤渣、硫酸渣、废石膏、脱硫灰、电石渣、盐泥等）和工业有害固体废物，即危险固体废物。从图7-1数据可以看出，2012—2019年，我国工业固体废物产量呈波动变化，2012—2016年产量波动下滑，2017年以后产量小幅增长。

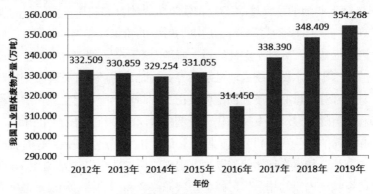

图7-1　2012—2019年我国工业固体废弃物产量统计情况

（数据来源：前瞻产业研究院）

二、我国工业固废处理能力及规模提升情况

受我国绿色经济发展的促进，为了减少工业废物对生态环境的破坏，节约资源，我国对于工业固体废物的处理取得了一定的成绩，但与发达国家之间相比还存在一定的差距。2012—2019年我国工业固体废物的处理量呈现"V"形的发展特征，

2017 年以来工业固废的处理能力明显增加，主要依托焚烧、固化处理、快速碳酸化、等离子气化等方式进行处置，其中焚烧是危险固体废物的重要处理技术。我国工业固体废物行业处理规模统计情况如图 7-2 所示。

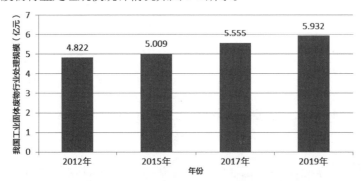

图 7-2　2012—2019 年我国工业固体废物行业处理规模统计情况

（数据来源：前瞻产业研究院）

三、我国工业固体废物综合利用率有待提高

从图 7-3、图 7-4 数据可以看出 2012—2019 年我国工业固体废物综合利用量波动变化，整体表现为 2012—2017 年工业固体废物的综合利用量波动下滑，2018—2019 年工业固体废物的综合利用量小幅上升。2019 年，全国工业固体废物综合利用量为 19.49 亿吨，同比增长 0.73%，工业固体废物的综合利用率为 55.63%。综合来看，我国工业固体废物的综合利用率还有明显的提升空间。固体废物总量降低，与高层建筑发展，商品混凝土发展，装配式建筑发展，砌体结构数量减少，砖、砌块、加气混凝土砌块、石膏砌块等消耗废渣量大的传统墙体材料数量减少有关。

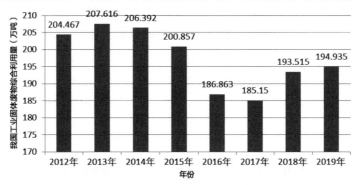

图 7-3　2012—2019 年我国工业固体废物综合利用量变化情况

（数据来源：国家统计局、生态环境部、前瞻产业研究院）

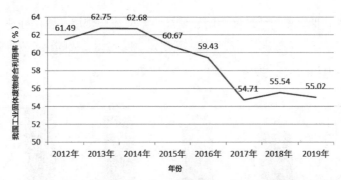

图 7-4　2012—2019 年我国工业固体废物综合利用率变化情况

（数据来源：国家统计局、生态环境部、前瞻产业研究院）

四、我国工业固体废物产业将进入高质量、高速度、可持续发展的新阶段

为促进我国工业固体废物产业的健康、快速发展，近年来，政府及相关部门组织不断推出政策予以引导和支持。比如：2016 年 9 月工业和信息化部颁发的《建材工业发展规划（2016—2020 年）》中指出：鼓励合理利用劣质原料和工业固废，推进生产环节固废"近零排放"。推广无铬耐火材料，开发低毒、无毒木材防腐剂，逐渐替代并减少使用铜铬砷（CCA）类高毒木材防腐剂，开发、推广和使用无毒高效脱硝催化材料，防治重金属污染。开展赤泥、铬渣等大宗工业有害固废的无害化处置和综合利用，开展尾矿、粉煤灰、煤矸石、副产石膏、矿渣、电石渣等大宗工业固废的综合利用，发展基于生活垃圾等固废的绿色生态和低碳水泥。2018年 5 月工业和信息化部颁发的《国家工业固体废物资源综合利用产品目录（征求意见稿）》界定了包括粉煤灰等六大类工业固体废物种类，80 余种综合利用产品大类。其中，在粉煤灰综合利用产品中对粉煤灰超细粉、矿物掺合料、水泥、水泥熟料、砖瓦、砌块、陶粒制品、板材、管材（管桩）、混凝土、砂浆、井盖、防火材料、耐火材料（镁铬砖除外）、保温材料、微晶材料氧化铁、氧化铝等产品都详细阐述展示了相关产品合规标准法规目录，为综合利用产品提供了更有力的市场发展依据。

第二节　新型墙体材料对我国工业固废资源综合利用的贡献

在"十三五"时期，全面深化改革取得重大突破，规划目标任务已经完成，

"十四五"规划又将展开新的篇章。在我国发展过程中，发展不平衡不充分问题仍然比较突出，重点领域关键环节改革任务依然艰巨，创新能力不适应高质量发展要求，生态环保任重道远。

一、"十三五"工业固废综合利用状况

根据 2021 年国家发展和改革委员会、住房和城乡建设部、科学技术部等 10 部门联合印发《关于"十四五"大宗固体废弃物综合利用的指导意见》中指出：党的十八大以来，我国把资源综合利用纳入生态文明建设总体布局，不断完善法规政策、强化科技支撑、健全标准规范，推动资源综合利用产业发展壮大，各项工作取得积极进展。2019 年，大宗固废综合利用率为 55%，比 2015 年提高了 5 个百分点；其中，煤矸石、粉煤灰、工业副产石膏、秸秆的综合利用率分别达到了 70%、78%、70%、86%。"十三五"期间累计综合利用各类大宗固废约 130 亿吨，减少占用土地超过 100 亩，提供了大量资源综合利用产品，促进了煤炭、化工、电力、钢铁、建材等行业高质量发展，资源环境和经济效益显著，对缓解我国部分原材料紧缺、改善生态环境质量发挥了重要作用。

二、"十四五"工业固废行业上升到国家战略层面

在"十四五"指导方针中，坚持把发展经济着力点放在实体经济上，坚定不移建设制造强国、质量强国、网络强国、数字中国，推进产业基础高级化、产业链现代化，提高经济质量效益和核心竞争力。在环保问题上，坚持发展绿色环保战略性新兴产业，加快补齐生态环保等短板，推进重点行业和重要领域绿色化改造，持续改善环境质量，积极参与和引领应对气候变化等生态环保国际合作，这标志着工业固废行业已然上升到国家战略层面，在我国环保领域处于较为重要的地位。

三、"十四五"工业固废综合利用目标

"十四五"时期，我国将开启全面建设社会主义现代化国家新征程，围绕推动高质量发展主题，全面提高资源利用效率的任务更加迫切。受资源禀赋、能源结构、发展阶段等因素影响，未来我国大宗固废仍将面临产生强度高、利用不充分、综合利用产品附加值低的严峻挑战。目前，大宗固废累计堆存量约 600 亿吨，年新增堆存量近 30 亿吨，固废利用率仍较低，占用大量土地资源，存在较大的生态环境安全隐患。要深入贯彻落实《中华人民共和国固体废物污染环境防治法》等法律法规，大力推进大宗固废源头减量、资源化利用和无害化处置，强化全链条治理，

着力解决突出矛盾和问题，推动资源综合利用产业实现新发展。

四、各种工业固体废渣和建筑垃圾再生骨料合理利用

对于煤矸石和粉煤灰，应持续提高煤矸石和粉煤灰综合利用水平，有序引导利用煤矸石、粉煤灰生产新型墙体材料、装饰装修材料等绿色建材等方面要求。对于工业副产石膏，应继续拓宽磷石膏利用途径，继续推广磷石膏在生产水泥和新型建筑材料等领域的利用，在确保环境安全的前提下，探索磷石膏在土壤改良、井下充填、路基材料等领域的应用。支持利用脱硫石膏、柠檬酸石膏制备绿色建材、石膏制品、石膏晶须等新产品新材料，扩大工业副产石膏高值化利用规模。积极探索钛石膏、氟石膏等复杂难用工业副石膏的资源化利用途径。对于建筑垃圾，应加强建筑垃圾分类处理和回收利用，规范建筑垃圾堆存、中转和资源化利用场所建设和运营，推动建筑垃圾综合利用产品应用。鼓励建筑垃圾再生骨料及制品在建筑工程和道路工程中的应用，以及将建筑垃圾用于土方平衡、林业用土、环境治理、烧结制品及回填等，不断提高利用质量、扩大资源化利用规模。

五、固废利用加快墙材革新

从千年前的秦砖汉瓦到各地力推的新型墙材，作为一种重要的建筑材料，墙材的革新并非一朝一夕。可喜的是，经历了过去几十年的发展，新型墙体材料的产品结构不断优化、科技创新机制逐步形成、机械设备技术含量大幅度提升、新型墙体材料在新建建筑中的比重不断攀升。

特别是通过使用煤矸石、粉煤灰、工业副产石膏、尾矿、废渣、建筑垃圾、淤泥等为原料，各式各样的新型建材不仅变废为宝，延长了产业链，提高了产品附加值，同时有效减少了固体废弃物堆放对土地的占用和对环境的破坏，有力促进了节能减排。

以煤炭大省山西为例，过去，山西省小煤窑遍地开花，严重污染环境。如今，随着山西的发展方式越来越精细化和科学化，曾经被任意丢弃的工业固废物摇身一变，在墙材革新中大放光彩。比如煤矸石是山西省最大数量的固废物，全省堆存量高达 8 亿吨左右。如今，这些黑色石头已经变废为宝，可以被用来制作新型的墙体材料。

利用建筑垃圾生产各种透水砖、行道砖和大型墙体构部件，是河南省在新型墙材发展中的一大创新举措。2017 年 4 月，河南省被列为全国建筑垃圾管理和资源化利用试点省，7 月河南省政府出台了《关于加强城市建筑垃圾管理促进资源化

利用的意见》，9 月河南省住房和城乡建设厅制定了《河南省建筑垃圾管理和资源化利用试点省工作实施方案》，促使建筑垃圾资源化利用走上了政府主导、市场运作的快车道。

可以说，结合绿色建筑、轨道交通和地下综合管廊建设，吸纳轨道渣土、建筑垃圾制作绿色墙材，变低级填埋为综合利用，实现了"从建筑中来，到建筑中去"。而利废建材的不断涌现，真正推动了绿色墙材、绿色建材、绿色墙体、智慧墙体、生态墙体等的发展，各地推动利废建材的步伐也在不断加快。

本 章 小 结

本章从我国工业固废处理行业发展现状和新型墙材对我国工业固废资源综合利用的贡献两个方面分析研究了新型墙体材料与资源综合利用之间的关系。

（1）从我国工业固废产量变化、处理能力及规模提升、综合利用率有待提高等方面指出，我国工业固废产业将进入高质量、高速度、可持续发展的新阶段。提出开展资源综合利用是我国深入实施可持续发展的重要内容，推进大宗固废综合利用对提高资源利用效率、改善环境质量、促进经济社会发展、全面绿色转型具有重要意义。为促进我国工业固废产业的健康、快速发展，近年来，政府及相关部门组织不断推出政策予以引导和支持。如 2016 年 9 月工业和信息化部颁发的《建材工业发展规划（2016—2020 年）》中指出：鼓励合理利用劣质原料和工业固废，推进生产环节固废"近零排放"。

（2）从"十三五"工业固废综合利用状况、"十四五"工业固废行业上升到国家战略层面、"十四五"工业固废综合利用目标、各种工业固体废渣和建筑垃圾再生骨料合理利用、固废利用加快墙材革新等方面，指出我国将大力推进大宗固废源头减量、资源化利用和无害化处置，强化全链条治理，着力解决突出矛盾和问题，推进资源综合利用产业实现新发展。

第八章　不同地区新型墙体材料发展情况

第一节　我国建筑节能气候分区

《民用建筑热工设计规范》GB 50176—2016 把我国分为严寒地区、寒冷地区、夏热冬冷地区、夏热冬暖地区以及温和地区 5 个气候分区，分别规定了建筑热工设计的基本控制参数，作为各地建筑节能设计、施工、监理、验收的基本技术依据。建筑热工设计区划分为两级。建筑热工设计一级区划指标及设计原则应符合表 8-1 的规定，建筑热工设计二级区划指标及设计要求应符合表 8-2 的规定，保证了建筑节能工作有章可循和有效实施。作为外墙围护用墙体材料必须与当地气候条件对外墙的要求相适应。严寒寒冷地区更多关注保温，热带地区更多关注隔热，东部沿海地区更多关注防水，西部高寒地区更多关注干寒开裂。耐久抗火隔音等功能是共同的要求。

建筑热工设计一级区划指标及设计原则　　　　　　　　　表 8-1

一级区划名称	区划指标		设计原则
	主要指标	辅助指标	
严寒地区（1）	$t_{\min \cdot m} \leqslant -10℃$	$145 \leqslant d_{\leqslant 5}$	必须充分满足冬季保温要求，一般可以不考虑夏季防热
寒冷地区（2）	$-10℃ < t_{\min \cdot m} \leqslant 0℃$	$90 \leqslant d_{\leqslant 5} < 145$	应满足冬季保温要求，部分地区兼顾夏季防热
夏热冬冷地区（3）	$0℃ < t_{\min \cdot m} \leqslant 10℃$ $25℃ < t_{\min \cdot m} \leqslant 30℃$	$0 \leqslant d_{\leqslant 5} < 90$ $40 \leqslant d_{\geqslant 25} \leqslant 110$	必须满足夏季防热要求，适当兼顾冬季保温
夏热冬暖地区（4）	$10℃ < t_{\min \cdot m}$ $25℃ < t_{\min \cdot m} \leqslant 29℃$	$100 \leqslant d_{\geqslant 25} < 200$	必须充分满足夏季防热要求，一般可不考虑冬季保温
温和地区（5）	$0℃ < t_{\min \cdot m} \leqslant 13℃$ $18℃ < t_{\min \cdot m} \leqslant 25℃$	$0 \leqslant d_{\leqslant 5} < 90$	部分地区应考虑冬季保温，一般可不考虑夏季防热

建筑热工设计二级区划指标及设计要求

表8-2

二级区划名称	区划指标		设计要求
严寒地区A区（1A）	$6000 \leqslant HDD18$		冬季保温要求极高，必须满足保温设计要求，不考虑防热设计
严寒地区B区（1B）	$5000 < HDD18 \leqslant 6000$		冬季保温要求非常高，必须满足保温设计要求，不考虑防热设计
严寒地区C区（1C）	$3800 < HDD18 \leqslant 5000$		必须满足保温设计要求，可不考虑防热设计
寒冷地区A区（2A）	$2000 \leqslant HDD18 < 3800$	$CDD26 \leqslant 90$	应满足保温设计要求，可不考虑防热设计
寒冷地区B区（2B）		$CDD26 > 90$	应满足保温设计要求，宜满足隔热设计要求，兼顾自然通风、遮阳设计
夏热冬冷地区A区（3A）	$1200 \leqslant HDD18 < 2000$		应满足保温、隔热设计要求，重视自然通风、遮阳设计
夏热冬冷地区B区（3B）	$700 \leqslant HDD18 < 1200$		应满足隔热、保温设计要求，强调自然通风、遮阳设计
夏热冬暖地区A区（4A）	$500 \leqslant HDD18 \leqslant 700$		应满足隔热设计要求，宜满足保温设计要求，强调自然通风、遮阳设计
夏热冬暖地区B区（4B）	$HDD18 < 500$		应满足隔热设计要求，可不考虑保温设计，强调自然通风、遮阳设计
温和地区A区（5A）	$CDD26 < 10$	$700 \leqslant HDD18 < 2000$	应满足冬季保温设计要求，可不考虑防热设计
温和地区B区（5B）		$HDD18 < 700$	宜满足冬季保温设计要求，可不考虑防热设计

我国主要城市所处气候分区如表8-3所示。严寒地区主要指东北地区、内蒙古地区、新疆北部地区、青藏高原大部分地区。寒冷地区主要分布在华北地区、西北东部地区、新疆南部地区及黄河流域大部分地区。夏热冬冷地区主要分布在长江流域的大部分地区。温和地区主要以云南地区为主。夏热冬暖地区主要指广东、广西及福建南部、海南地区、台湾地区。

我国主要城市所处气候分区 表8-3

气候分区	代表性城市
严寒地区 A、B 区	博克图、伊春、呼玛、海拉尔、满洲里、阿尔山、玛多、黑河、嫩江、海伦、齐齐哈尔、富锦、哈尔滨、牡丹江、大庆、安达、佳木斯、二连浩特、多伦、大柴旦、阿勒泰、那曲
严寒地区 C 区	长春、通化、延吉、通辽、四平、抚顺、阜新、沈阳、本溪、鞍山、呼和浩特、包头、鄂尔多斯、赤峰、额济纳旗、大同、乌鲁木齐、克拉玛依、酒泉、西宁、日喀则、甘孜、康定
寒冷地区 A、B 区	丹东、大连、张家口、承德、唐山、青岛、洛阳、太原、阳泉、晋城、天水、榆林、延安、宝鸡、银川、平凉、兰州、喀什、伊宁、阿坝、拉萨、林芝、北京、天津、石家庄、保定、邢台、济南、德州、兖州、郑州、安阳、徐州、运城、西安、咸阳、吐鲁番、库尔勒、哈密
夏热冬冷地区 A、B 区	南京、蚌埠、盐城、南通、合肥、安庆、九江、武汉、黄石、岳阳、汉中、安康、上海、杭州、宁波、温州、宜昌、长沙、南昌、株洲、永州、赣州、韶关、桂林、重庆、达县、万州、涪陵、南充、宜宾、成都、贵阳、遵义、凯里、绵阳、南平
夏热冬暖地区 A、B 区	福州、莆田、龙岩、梅州、兴宁、英德、河池、柳州、贺州、泉州、厦门、广州、深圳、湛江、汕头、海口、南宁、北海、梧州、三亚
温和地区 A 区	昆明、贵阳、丽江、会泽、腾冲、保山、大理、楚雄、曲靖、泸西、屏边、广南、兴义、独山
温和地区 B 区	瑞丽、耿马、临沧、澜沧、思茅、江城、蒙自

　　我国根据建筑所处城市的建筑气候分区，对公共建筑制定了《公共建筑节能设计标准》GB 50189—2015，针对居住建筑分别制定了《严寒和寒冷地区居住建筑节能设计标准》JGJ 26—2018、《夏热冬冷地区居住建筑节能设计标准》JGJ 134—2010 及 2019 年修订稿、《夏热冬暖地区居住建筑节能设计标准》JGJ 75—2012、《温和地区居住建筑节能设计标准》JGJ 475—2019，对围护结构也就是墙体的热阻和传热系数进行了规定，严寒、寒冷地区重点控制与保温性能有关的墙体传热系数，夏热冬暖地区和温和地区重点考虑与隔热性能有关的蓄热系数和遮阳系数。为了便于理解，围护结构的热工性能应分别符合表8-4～表8-13 的规定，其中外墙的传热系数为包括结构性热桥在内的平均值 K_m。当建筑所处城市属于温和地区时应判断该城市的气象条件与表8-3 中的哪个城市最接近，围护结构的热工性能应符合那个城市所属气候分区的规定，当本条文的规定不能满足时，必须按《公共建筑节能设计标准》GB 50189—2015 第3.4 节的规定进行权衡判断。

严寒地区A区（1A区）外围护结构热工性能参数限值　　表8-4

围护结构部位		传热系数K [W/（m²·K）]	
		≤3层	≥4层
屋面		0.15	0.15
外墙		0.25	0.35
架空或外挑楼板		0.25	0.35
外窗	窗墙面积比≤0.30	1.4	1.6
	0.30＜窗墙面积比≤0.45	1.4	1.6
屋面天窗		1.4	
围护结构部位		保温材料层热阻R（m²·K/W）	
周边地面		2.00	2.00
地下室外墙（与土壤接触的外墙）		2.00	2.00

严寒地区B区（1B区）外围护结构热工性能参数限值　　表8-5

围护结构部位		传热系数K [W/（m²·K）]	
		≤3层	≥4层
屋面		0.20	0.20
外墙		0.25	0.35
架空或外挑楼板		0.25	0.35
外窗	窗墙面积比≤0.30	1.4	1.8
	0.30＜窗墙面积比≤0.45	1.4	1.6
屋面天窗		1.4	
围护结构部位		保温材料层热阻R（m²·K/W）	
周边地面		1.80	1.80
地下室外墙（与土壤接触的外墙）		2.00	2.00

严寒地区C区（1C区）外围护结构热工性能参数限值　　表8-6

围护结构部位	传热系数K [W/（m²·K）]	
	≤3层	≥4层
屋面	0.20	0.20
外墙	0.30	0.40

续表

围护结构部位		传热系数K［W/(m²·K)］	
		≤3层	≥4层
架空或外挑楼板		0.30	0.40
外窗	窗墙面积比≤0.30	1.6	2.0
	0.30＜窗墙面积比≤0.45	1.4	1.8
屋面天窗		1.6	
围护结构部位		保温材料层热阻R（m²·K/W）	
周边地面		1.80	1.80
地下室外墙（与土壤接触的外墙）		2.00	2.00

寒冷地区A区（2A区）外围护结构热工性能参数限值　　　表8-7

围护结构部位		传热系数K［W/(m²·K)］	
		≤3层	≥4层
屋面		0.25	0.25
外墙		0.35	0.45
架空或外挑楼板		0.35	0.45
外窗	窗墙面积比≤0.30	1.8	2.2
	0.30＜窗墙面积比≤0.50	1.5	2.0
屋面天窗		1.8	
围护结构部位		保温材料层热阻R（m²·K/W）	
周边地面		1.60	1.60
地下室外墙（与土壤接触的外墙）		1.80	1.80

寒冷地区B区（2B区）外围护结构热工性能参数限值　　　表8-8

围护结构部位	传热系数K［W/(m²·K)］	
	≤3层	≥4层
屋面	0.30	0.30
外墙	0.35	0.45
架空或外挑楼板	0.35	0.45

续表

围护结构部位		传热系数K[W/(m²·K)]	
		≤3层	≥4层
外窗	窗墙面积比≤0.30	1.8	2.2
	0.30＜窗墙面积比≤0.50	1.5	2.0
屋面天窗		1.8	
围护结构部位		保温材料层热阻 R (m²·K/W)	
周边地面		1.50	1.50
地下室外墙（与土壤接触的外墙）		1.60	1.60

根据建筑物所处城市的气候分区区属不同，建筑内围护结构的传热系数不应大于表8-8规定的限值；寒冷B区（2B区）夏季外窗太阳得热系数不应大于表8-9规定的限值，夏季天窗的太阳得热系数不应大于0.45。

内围护结构热工性能参数限值   表8-9

围护结构部位	传热系数K[W/(m²·K)]			
	严寒A区（1A区）	严寒B区（1B区）	严寒C区（1C区）	严寒A、B区（2A、2B区）
阳台门下部分芯板	1.2	1.2	1.2	1.7
非供暖地下室顶板（上部为供暖房间时）	0.35	0.40	0.45	0.50
分隔供暖非供暖空间的隔墙、楼板	1.2	1.2	1.5	1.5
分隔供暖非供暖空间的户门	1.5	1.5	1.5	2.0
分隔供暖设计温度差大于5K的隔墙、楼板	1.5	1.5	1.5	1.5

寒冷地区B区（2B区）夏季外窗太阳得热系数的限值   表8-10

外窗的窗墙面积比	夏季太阳得热系数（东、西向）
20%＜窗墙面积比≤30%	—
30%＜窗墙面积比≤40%	0.55
40%＜窗墙面积比≤50%	0.50

夏热冬冷地区甲类公共建筑围护结构热工性能参数限值　　表8-11

围护结构部位		传热系数 K [W/(m^2·K)]	太阳得热系数$SHGC$ （东南西向/北向）
屋面	围护结构热惰性指标 $D \leqslant 2.5$	≤ 0.40	—
	围护结构热惰性指标 $D > 2.5$	≤ 0.50	
外墙（包括 非透光幕墙）	围护结构热惰性指标 $D \leqslant 2.5$	≤ 0.60	—
	围护结构热惰性指标 $D > 2.5$	≤ 0.80	
底面接触室外空气的架空或外挑楼板		≤ 0.70	—
屋顶透明部分（屋顶透明部分面积≤ 20%）		2.60	≤ 0.30

　　注：引自《公共建筑节能设计标准》GB 50189—2015。传热系数 K 只适用于温和 A 区，温和 B 区的传热系数 K 不作要求。

夏热冬暖地区甲类公共建筑围护结构热工性能参数限值　　表8-12

围护结构部位		传热系数 K [W/(m^2·K)]	太阳得热系数$SHGC$ （东南西向/北向）
屋面	围护结构热惰性指标 $D \leqslant 2.5$	≤ 0.50	—
	围护结构热惰性指标 $D > 2.5$	≤ 0.80	
外墙（包括 非透光幕墙）	围护结构热惰性指标 $D \leqslant 2.5$	≤ 0.80	—
	围护结构热惰性指标 $D > 2.5$	≤ 1.5	
底面接触室外空气的架空或外挑楼板		≤ 1.5	—
屋顶透明部分（屋顶透明部分面积≤ 20%）		3.0	≤ 0.30

　　注：引自《公共建筑节能设计标准》GB 50189—2015。传热系数 K 只适用于温和 A 区，温和 B 区的传热系数 K 不作要求。

温和地区甲类公共建筑围护结构热工性能参数限值　　表8-13

围护结构部位		传热系数 K [W/(m^2·K)]	太阳得热系数$SHGC$ （东南西向/北向）
屋面	围护结构热惰性指标 $D \leqslant 2.5$	≤ 0.50	—
	围护结构热惰性指标 $D > 2.5$	≤ 0.80	
外墙（包括 非透光幕墙）	围护结构热惰性指标 $D \leqslant 2.5$	≤ 0.80	
	围护结构热惰性指标 $D > 2.5$	≤ 1.5	

续表

围护结构部位	传热系数 $K[\text{W}/(\text{m}^2 \cdot \text{K})]$	太阳得热系数 SHGC (东南西向/北向)
底面接触室外空气的架空或外挑楼板	≤ 1.5	—
屋顶透明部分（屋顶透明部分面积≤ 20%）	3.0	≤ 0.30

注：引自《公共建筑节能设计标准》GB 50189—2015。传热系数 K 只适用于温和 A 区，温和 B 区的传热系数 K 不作要求。

2019 年 9 月 1 日起实施的《近零能耗建筑技术标准》GB/T 51350—2019 关于居住建筑非透光围护结构平均传热系数要求更低，可按表 8-14 选取。

居住建筑非透光围护结构平均传热系数　　　　表 8-14

围护结构部位	传热系数 $K[\text{W}/(\text{m}^2 \cdot \text{K})]$				
	严寒地区	寒冷地区	夏热冬冷地区	夏热冬暖地区	温和地区
屋面	0.10～0.15	0.10～0.20	0.15～0.35	0.25～0.40	0.20～0.40
外墙	0.10～0.15	0.15～0.20	0.15～0.40	0.30～0.80	0.20～0.80
地面及外挑楼板	0.15～0.30	0.20～0.40	—	—	—

第二节　严寒地区墙体材料应用情况

一、《严寒和寒冷地区居住建筑节能设计标准》JGJ 26—2018 执行情况

按照《严寒和寒冷地区居住建筑节能设计标准》JGJ 26—2018，严寒地区和寒冷地区城镇气候区属应符合现行国家标准《民用建筑热工设计规范》GB 50176—2016 的规定，严寒地区分为 3 个二级区（1A、1B、1C 区），寒冷地区分为 2 个二级区（2A、2B 区）。对每个分区建筑物的窗墙面积比、墙体结构主断面传热系数、门窗传热系数等都做了具体规定。比如，严寒地区 A 区建筑窗墙面积比，南朝向不大于 0.45，东、西朝向不大于 0.3，北朝向不大于 0.25。在此基础上，根据围护结构部位位置的不同，规定≤ 3 层的围护结构部位，建筑外窗传热系数不大于 1.4W/（m²·K），建筑外墙传热系数不大于 0.25W/（m²·K）；规定≥ 4 层的围护结构部位，建筑外窗传热系数不大于 1.6W/（m²·K），建筑外墙传热系数不大

于 0.35W/（m²·K）。根据体形系数的不同，规定中高层建筑外窗传热系数不大于 1.8~2.5W/（m²·K），外墙主断面传热系数不大于 0.45W/（m²·K）。

寒冷地区 A 区根据围护结构部位位置的不同，规定≤ 3 层的围护结构部位，建筑外窗传热系数不大于 1.5~1.8W/（m²·K），建筑外墙传热系数不大于 0.35W/（m²·K）；规定≥ 4 层的围护结构部位，建筑外窗传热系数不大于 2.0~2.2W/（m²·K），建筑外墙传热系数不大于 0.45W/（m²·K）。根据体形系数的不同，规定中高层建筑外窗传热系数不大于 2.3~3.1W/（m²·K），外墙主断面传热系数不大于 0.65W/（m²·K）。针对不同气候子分区、不同高度、不同体形系数、不同朝向的建筑外窗、建筑外墙主断面和其他围护结构，对传热系数限值均有详细规定。

严寒和寒冷地区夏季空调降温的需求相对很小，因此建筑围护结构的总体热工性能权衡判断以建筑物耗热量指标为判定依据。

所以，寒冷地区对建筑物围护结构的材料和构件保温性能要求很高。正因为如此，建筑节能产品和检测方法在东北地区推广应用最早，技术沉淀与全国相比较多，新型墙材推广较好。

二、东北地区主要省份新型墙体材料革新及发展应用情况

（一）辽宁省

辽宁省住房和城乡建设厅于 2021 年 4 月 1 日发布了《关于印发〈2021 年全省建筑节能与建设科技工作要点〉的通知》（辽住建科〔2021〕15 号），明确了 2021 年全省建筑节能与建设科技工作要点，基本思路还是以能耗"双控"考核为抓手，深入推进建筑节能和绿色建筑发展，加强科技创新能力和工程建设标准化建设，推动绿色建筑创建行动深入开展，促进建筑领域低碳发展。

主要目标是：城镇新建民用建筑 100% 执行国家节能强制性标准；城镇新建绿色建筑占新建建筑比例达到 70%；装配式建筑占城镇新建建筑面积比例达到 21%；建设科技自主创新能力进一步提升，完成一批城市更新技术应用试点示范项目。重点任务是：第一，促进建筑节能和绿色建筑发展。一是全力抓好建筑能耗"双控"工作。包括：建筑节能强制性标准执行率，绿色建筑和装配式建筑占比，既有居住建筑和公共建筑节能改造面积，可再生能源建筑应用面积，绿色建材应用。二是提升建筑节能水平。严格执行城镇居住建筑 75%、公共建筑 65% 节能标准，对具有改造价值的既有建筑实施节能改造。三是推动绿色建筑高质量发展。推

行"装配式＋超低能耗＋健康建筑"绿色建筑体系。四是推进装配式建筑发展。五是推广绿色建材应用。新、改、扩建的建设项目优先使用绿色建材，政府投资工程率先采用绿色建材，逐步提高绿色建材应用比例；打造应用示范工程，发展新型绿色建材。第二，加快建设科技创新，推进建设科技研发。组织对建筑节能与绿色建筑、装配式建筑等重点领域关键环节的科研攻关和项目研发；开展超低能耗绿色建筑技术和无筋钢纤维混凝土管片等试验项目的试点应用研究；促进科技成果转化；围绕城市更新技术、绿色建筑、健康住宅、超低能耗建筑、建筑保温结构一体化、绿色建材、钢纤维混凝土等新技术，编制"四新技术"推广目录，开展项目示范和成果转化。第三，完善工程建设标准体系建设，进一步完善城市更新、CIM平台、绿色建筑、建筑节能、建筑科技等领域地方标准体系建设，包括制定修订、标准宣贯。

从辽宁省 2021 年全省建筑节能与建设科技工作要点可以看出，建筑节能与结构一体化、装配式建筑、绿色建筑、绿色建材是全省建设工作的重点任务。绿色建材，尤其是绿色墙体材料是建筑业发展的基本物质支撑。建筑业发展目前急需解决的依然是材料问题，是技术创新问题，是新产品应用推广和快速跟进问题。

（二）吉林省

吉林省住房和城乡建设厅分别于 2020 年 4 月 9 日和 2021 年 12 月 2 日先后发布了《吉林省建筑节能技术及产品推广、限制和禁止使用目录（2020 版）》的通知（吉建科〔2020〕2 号）和《吉林省建筑节能技术及产品推广限制和禁止使用目录（2021 版）》的通知（吉建科〔2021〕8 号），要求全省各地要加大对纳入推广使用目录的节能技术及产品推广应用力度，在建筑工程中优先选用目录推荐的技术及产品。各地不得违规使用目录中限制、禁止使用的技术及产品。施工图审查机构、工程监理单位等应将限制、禁止使用技术及产品列为审查内容和监理范围。对违反规定、使用禁止使用或限制使用的技术及产品的相关责任主体，各地建设行政主管部门应依据相关法律法规进行处罚。

吉林省推广的保温材料均为国内应用相对成熟的常规保温材料和技术，还没有完全禁止外墙保温粘锚结合技术和产品。吉林省推广的保温材料包括：保温装饰一体板、真空绝热板、绝热用模塑聚苯乙烯泡沫塑料（EPS）板（有地方标准《模塑聚苯乙烯泡沫塑料板外墙外保温工程技术标准》DB22/T 5011—2018和《外墙复合保温工程技术规程》DB22/JT 157—2016）、石墨改性模塑聚苯乙烯泡沫塑料板、绝热用挤塑聚苯乙烯泡沫塑料板（XPS）、石墨改性挤塑聚苯乙烯泡沫塑料板（XPS）、硬泡聚氨酯保温材料、岩棉板、围护结构保温材料岩棉条（带）、建筑储能调温砂浆、预拌砂浆、现浇混凝土复合外保温模板、复合聚苯乙烯不燃保温板、凝胶玻珠保温板、聚苯颗粒浆料、WF保温岩泥、抹灰石膏、内置保温现浇混凝土复合剪力墙、围护结构保温材料建筑用秸秆植物板材、保温板胶粘剂、保温板抹面胶浆、围护结构保温材料岩棉用粘结砂浆、岩棉用抹面砂浆等。

吉林省推广的围护及隔断用墙体材料包括：烧结多孔砖和多孔砌块（以非黏土为原料，采用隧道窑烧成的矩形条孔或矩形孔）、烧结空心砖和空心砌块（以非黏土为原料，采用隧道窑烧成的孔洞有序或交错排列）、烧结装饰砖（以非黏土为原料，采用隧道窑烧成）、装饰混凝土砖、围护结构墙体材料蒸压粉煤灰多孔砖（以粉煤灰、生石灰或电石渣为主要原料）、蒸压粉煤灰空心砖和空心砌块（以粉煤灰、生石灰或电石渣为主要原料）、装饰混凝土砌块、建筑用轻质隔墙条板、玻璃纤维增强水泥轻质多孔隔墙条板（GRC板）、灰渣混凝土空心隔墙板、普通混凝土小型砌块、轻集料混凝土小型空心砌块、建筑碎料小型空心砌块、蒸压加气混凝土砌块、蒸压加气混凝土板、建筑隔墙用保温条板、烧结装饰板、装配式建筑材料及部品、预制火山渣混凝土复合保温外墙板（有地方标准《预制火山渣混凝土复合保温外墙板应用技术规程》DB22/JT 170—2017）、预制叠合板、预制外墙、预制梁、剪力墙结构的技术研究/预制保温承重外墙、钢管束混凝土组合剪力墙结构住宅体系等。

吉林省产品推广呈现百花齐放的特点，为保证市场应用规范有序，每个产品都确定了技术支撑单位，负责技术解释、咨询工作。比如，吉林省建筑科学研究设计院、吉林省建筑材料工业设计研究院、吉林省住房和城乡建设厅水泥散装办公室等。

吉林省限制使用的墙体材料是混凝土小型空心砌块。禁止使用的产品包括燃烧性能为B2级的保温板、非矩形条孔或矩形孔的烧结多孔砖、以黏土为原料制成的墙体材料和砌筑材料（文物建筑修缮工程除外）、手工成型的各种轻质隔墙板（不含异型）、使用非耐碱玻璃纤维、非低碱水泥生产的玻纤增强水泥空心条板（GRC）、单班产能小于1万 m³/年固定式成型机生产的混凝土砌块、非烧结、非蒸压各类粉煤灰砖、非蒸压养护的加气混凝土制品、施工现场搅拌砂浆。

第三节 寒冷地区墙体材料应用情况

一、西北寒冷地区新型墙体材料革新及发展应用情况

(一)陕西省

"十三五"期间,在《陕西省民用建筑节能条例》基础上制定了《陕西省新型墙体材料发展应用条例》《陕西省新型墙材推广应用行动方案》《陕西省黏土砖厂专项整治行动方案》《关于加强新型墙体材料和建筑节能产品使用管理工作的通知》等政策法规,因地制宜助力推进装配式建筑、绿色建筑、绿色墙材发展,实现建筑节能和墙材革新持续健康发展。

一是全面整治、淘汰、改造黏土实心砖厂,助力治污减霾,改善生态环境。持续推进"禁实、限黏、推新"工作,不断提升宝鸡市城市"禁黏"成果质量。西安市在"限黏"工作的基础上,结合实际推进"禁黏"工作落实。咸阳、渭南、延安、铜川、榆林5个设区市推进"禁实限黏"工作不断深入落实。做好"限黏、禁实"检查。采取随机抽查方式对"禁实限黏"工作进行检查,推动开展农村"禁实"工作,在农村推广应用新型墙体材料,助力农村人居环境综合整治。逐步解决新型墙体材料发展应用不平衡问题,改善农村人居环境,提高农村居民住房舒适度。

二是大力推广新型墙体材料,提高建筑品质。一方面发挥示范项目的引领带动作用。结合农村扶贫搬迁社区建设,新农村和美丽乡村建设,重点示范镇、文化旅游名镇和特色小城镇建设等,做好农村应用新型墙材示范项目的宣传推广工作;做好农村承重复合墙体装配式建筑示范项目、新墙材生产示范项目、新墙材应用绿色建筑示范项目推广和宣传。另一方面引导和助推新型墙材产业发展优化升级,继续做好新型墙体材料产品认定工作,发布陕西省新型墙体材料产品认定目录。贯彻落实《陕西省新型墙体材料发展应用条例》,做好新型墙体材料产品推广使用监督服务管理,为企业和社会服务,不断提高建筑产品品质。

三是大力发展绿色新型墙材,促进墙材企业转型升级。为适应建筑业高质量发展要求,着眼绿色建筑、装配式建筑等发展需求,逐步淘汰落后产能,推进新型墙材绿色化发展和产业结构优化升级。第一,鼓励推动新型墙材产品和建筑节能产品研发应用推广,促进产品转型升级。全省新型墙体材料产量占全部墙体材料的比

重达到 76% 以上，推广应用比例达到 83% 以上。第二，关中、陕北、陕南培育区域特色墙材产业，因地制宜，结合当地资源禀赋、产业与经济发展水平，科学合理布局本地新型墙体材料发展的主导产品。重点发展利用粉煤灰、建筑垃圾等废弃物生产各类建筑板材和砌块、DP 型多孔砖和空心砖，以及装配式建筑和保温与结构一体化部品构件等。第三，限制圆孔多孔砖生产使用，逐步淘汰 24 门轮窑工艺技术生产企业。

四是加强绿色建筑监督管理，稳步推进绿色建筑发展。第一，强化绿色建筑评价标识监管工作。监督第三方评价机构按规定和要求有序开展绿色建筑标识评价工作，以及绿色建筑项目的公示公告等；对第三方评价机构进行不定期检查抽查，加强诚信管理。第二，推动提高绿色建筑占新建建筑的比例。2018 年，绿色建筑占新建建筑的比例要按省厅要求达到 35% 以上，大中城市提升绿建质量水平，县区加快绿建发展速度。第三，推进绿色建筑评价标识项目实施建设，提高绿色建筑项目工程质量。加强绿色建筑建设过程监管，对获得绿色建筑标识的项目实行建设动态监督，定期或不定期地开展专项抽查，监督绿色建筑建设实施，使绿色建筑节能技术落到实处。第四，助力发展省级绿色生态居住小区建设。加大对已获得省级绿色生态居住小区的项目监督管理力度，确保按照标准建设实施；同时积极筛选项目，推动绿色生态小区发展。

五是强化新建建筑节能监管，提高建筑能效水平。新建建筑节能标准执行率继续保持 100%；新建建筑节能标准实施率设区市达到 99% 以上，县（市）达到 98% 以上；重点加强县（区）、重点示范镇新建建筑强制性节能标准的实施；强化设计、审图、施工、监理、验收等环节的全过程监督管理。

六是持续深化"放管服"改革。第一，建立健全监督管理机制，落实完善监管服务制度，提升日常监管服务效能，做好"双随机、一公开"工作，不断加大事中事后监管力度。加大对建设工程使用新型墙材、建筑节能产品的专项检查和日常抽查力度。实现新型墙体材料和建筑节能产品建设工程使用监督检查的制度化、常态化。第二，健全完善诚信管理制度，做好建筑节能产品诚信登记服务，提升服务水平和质量。发挥"互联网＋"服务作用，研究搭建我省建筑节能和建筑材料管理服务平台问题。引导企业（产品）开展诚信登记工作，不断提升为企业服务的水平，营造良好的营商环境。第三，加强省与市（区）节能墙改部门的工作信息交流。市（区）节能墙改办要及时将有关工作情况报省节能墙改办。

七是加强建筑节能和新型墙材行业宣传培训。一方面广泛宣传建筑节能和新型墙材法规政策、普及知识、展示成效，不断提升全社会的认知度和影响力，为建筑节能、绿色建筑和新型墙材发展应用营造良好的舆论氛围和社会环境。另一方面积极开展调研、交流、培训，学习先进技术和管理经验，对从业人员进行政策法规、标准规范、专业技能的培训。举办全省农村承重复合墙体装配式建筑技术培训观摩活动，做好推广应用工作，推动全省墙材产品优化和转型升级。

（二）甘肃省

1. 取得的成绩

1）一是"禁实限黏"实现新突破

"十三五"期间，全省墙材革新管理部门和新型墙材生产企业，认真贯彻落实《国务院办公厅关于促进建材工业稳增长调结构增效益的指导意见》《新型墙材推广应用行动方案》《关于加快烧结砖瓦行业转型发展的若干意见》等文件精神，下大力气关停并转不符合产业要求的黏土砖厂，兰州市、嘉峪关市实现城市规划区"禁黏"目标。符合国家产业政策的新型墙体材料企业达到 958 家，其中利废企业 450 家。全省新型墙体材料产量以年均 10% 的速度递增，截至 2020 年，全省新型墙材年产量已达 76 亿块标砖，新建、改建、扩建的建筑工程中，新型墙材使用率达 78%。全省共节约土地 3 万亩，节约生产能耗 120 万吨标准煤，减少二氧化碳等温室气体排放 118 万吨，利用各种固体废弃物超过 3000 万吨。

2）二是技术创新取得新进展

科研开发成果显著。实现产学研一体推进，生产企业与大专院校科研院所高度融合，对烧结企业进行环保达标研究改造，建筑节能与结构一体化新型墙材技术和产品，装配式建筑"三板"体系及部品部件的研究开发、推广应用达到全国领先水平。新型墙材新技术和新产品研发获得全国性奖励 3 项以上，省部级奖励 5 项以上。

标准体系富有特色。省、市墙改办牵头组织编写包括《建筑节能与结构一体化墙体保温系统应用技术规程》DB62/T 3176—2019、《建筑节能与结构一体化墙体保温系统构造图集》《装配式微孔混凝土复合外墙大板应用技术规程》DB62/T 3162—2019、《断热节能复合砌块墙体保温体系构造》、《钢丝网复合岩棉板外墙保温体系应用技术规程》DB62/T 25-3095—2015 等地方标准图集 50 部，为解决建筑业发展关键技术问题提供了可行方案和全新体系。

试验室建设取得突破。加强试验室建设，开展检测人员培训，委托省建材院举办试验室操作人员培训班 4 期，累计为全省 100 余家新型墙材生产企业培养合格的试验室操作人员 220 余人，全省新型墙材生产企业试验室配备率达到 70% 以上。启动绿色建材标识认证，专题组织绿色建材标识认证培训，通过绿色建材认证的企业 6 家。

3）三是政策引领迈上新台阶

出台系列政策。《甘肃省新型墙体材料发展应用办法》承接《甘肃省新型墙材推广应用管理规定》已进入报批阶段，为全省墙材革新工作提供法律依据。制定完成《甘肃省新型墙体材料推广应用目录（2020 年报批稿）》（以下简称《目录》，见附录 A）和《甘肃省墙体材料产业发展导向（2020 年报批稿）》（以下简称《导向》，见附录 B）。甘肃省住房和城乡建设厅《关于进一步做好建筑节能绿色建筑工作的通知》，兰州市住建局《关于设计推广应用建筑节能与结构一体化技术的通知》等文件，为推广一体化技术和产品提供政策支持。推广预拌砂浆，禁止发泡水泥、保温砂浆等政策，为新型墙材健康发展提供了强有力的政策依据。在机构改革中，全省市县（区）均理顺规范了墙材革新管理职能和机构，确保墙材革新工作管理有依据、有职能、有部门，形成了省、市、县三级联动，大力推动新型墙材生产和应用的工作体制。

2. 存在的问题

墙材产品种类虽全但结构欠优，市场虽大但规模偏小，历史虽长但基础薄弱，产能虽强但弱项明显。规模以上企业微乎其微，非烧结类加气混凝土和装配式"三板"实际达产率平均不到 50%；墙体围护体系保温层的耐久性问题、防火安全问题、开裂脱落问题，已经成为影响建筑业低碳发展的短板，专业人才匮乏已经成为核心短板；一些高科技产品技术推广应用困难，成为直接影响建筑工程质量安全和碳达峰碳中和目标实现的因素。

3. 面临的形势

碳达峰、碳中和给墙体材料的功能要求发生了实质性变化。建筑节能一半以上的要素落脚于围护体系保温隔热和建筑材料的使用。墙体材料的轻量化、耐久化、一体化、本土化、节约化、生态化是建筑业节能减碳的基本保证。以装配式建筑为代表的新型建造方式已经成为新时期建设工程的新特征。墙体材料发展必须满足建造方式创新和建筑发展要求。乡村振兴战略为村镇建筑提供了新的机遇和新的挑战。装配式建筑将在乡村振兴战略中迎来迅猛发展，新型墙材推广应用从城市向乡镇和农村扩展延伸成为必然趋势。墙体材料产品种类，从砖、板、块向复合制品和构件的方向发展。保温材料、围护结构材料，包括砂浆混凝土及构件成为墙体材料的新成员。

4. 甘肃省关于墙体材料发展的政策文件

甘肃省住房和城乡建设厅于 2020 年 3 月 17 日发布了《甘肃省住房和城乡建设厅关于进一步做好建筑节能绿色建筑工作的通知》，其中一个重点工作是推广一体化，兰州市住建局于 2020 年 8 月发布了《关于设计推广应用建筑节能与结构一体化技术的通知》（兰建字〔2020〕296 号），明确推广建筑节能与结构一体化技术，但由于以上推广文件没有禁止限制粘锚构造薄抹灰体系，文件并没有达到预期的效果。甘肃省有关专家和部门正在建议主管部门尽快禁限粘锚构造外墙外保温薄抹灰体系。

（三）宁夏回族自治区

为进一步加强宁夏新型墙体材料管理，规范新型墙体材料产品认定工作，宁夏回族自治区住房和城乡建设厅于 2021 年 7 月 27 日根据《民用建筑节能条例》《宁夏回族自治区绿色建筑发展条例》《宁夏回族自治区新型墙体材料推广应用管理规定》（第 53 号政府令）、《产业结构调整指导目录（2019 年本）》（国家发展和改革委员会令第 29 号）等相关规定对《宁夏回族自治区新型墙体材料产品认定管理办法》进行了修订，公布了新型墙体材料目录。

新型墙体材料产品目录如下：

1. 砖类：

（1）非黏土烧结复合保温砖、非黏土烧结保温砖、非黏土烧结多孔砖、非黏土烧结空心砖（符合《复合保温砖和复合保温砌块》GB/T 29060—2012、《烧结保温砖和保温砌块》GB/T 26538—2011、《烧结多孔砖和多孔砌块》GB/T 13544—2011、《烧结空心砖和空心砌块》GB/T 13545—2014 技术要求）。注：非黏土是指粉煤灰、煤矸石、尾矿、建筑垃圾、工业副产石膏、河湖（渠）淤泥等固体废物。

（2）蒸压粉煤灰多孔砖、蒸压粉煤灰空心砖、蒸压粉煤灰砖（符合《蒸压粉煤灰多孔砖》GB/ 26541—2011、《蒸压粉煤灰空心砖和空心砌块》GB/T 36535—2018、《蒸压粉煤灰砖》JC/T 239—2014 技术要求）。

（3）承重混凝土多孔砖、装饰混凝土砖（符合《承重混凝土多孔砖》GB/T 25779—2010、《装饰混凝土砖》GB/T 24493—2009 技术要求）。

（4）烧结多孔砖、烧结空心砖（仅限彭阳县、隆德县、西吉县、泾源县、同心县、红寺堡区、海原县、盐池县，符合《烧结多孔砖和多孔砌块》GB/T 13544—2011、《烧结空心砖和空心砌块》GB/T 13545—2014 技术要求）。

2. 砌块类：

（1）烧结复合保温砌块、烧结保温砌块、烧结多孔砌块、烧结空心砌块（符合《复合保温砖和复合保温砌块》GB/T 29060—2012、《烧结保温砖和保温砌块》GB/T 26538—2011、《烧结多孔砖和多孔砌块》GB/T 13544—2011、《烧结空心砖和空心砌块》GB/T 13545—2014 技术要求）。注：采用以煤矸石、粉煤灰、页岩、建筑渣土、河湖（渠）淤泥、建筑垃圾等为主要原料生产的产品。

（2）蒸压加气混凝土砌块、蒸压泡沫混凝土砌块（符合《蒸压加气混凝土砌块》GB/T 11968—2020、《蒸压泡沫混凝土砖和砌块》GB/T 29062—2012 技术要求），石膏砌块（以脱硫石膏、磷石膏等化学石膏为原料，符合《石膏砌块》JC/T 698—2010 技术要求）。

（3）烧结多孔砌块、烧结空心砌块（仅限彭阳县、隆德县、西吉县、泾源县、同心县、红寺堡区、海原县、盐池县，符合《烧结多孔砖和多孔砌块》GB/T 13544—2011、《烧结空心砖和空心砌块》GB/T 13545—2014 技术要求）。

（4）蒸压粉煤灰空心砌块（符合《蒸压粉煤灰空心砖和空心砌块》GB/T 36535—2018 技术要求）。

（5）普通混凝土小型空心砌块、轻集料混凝土小型空心砖、粉煤灰混凝土小型空心砌块（仅限泾源县、隆德县、彭阳县、西吉县、海原县、同心县，其他地区不得用于 24m 以上的建筑非承重墙体，符合《普通混凝土小型砌块》GB/T 8239—2014、《轻集料混凝土小型空心砌块》GB/T 15229—2011、《粉煤灰混凝土小型空心砌块》JC/T 862—2008 技术要求，且抗压强度≥5MPa，容重≤800kg/m³）。

3. 板材类：

（1）蒸压加气混凝土板（符合《蒸压加气混凝土板》GB/T 15762—2020 技术要求）。

（2）建筑用轻质隔墙条板（符合《建筑用轻质隔墙条板》GB/T 23451—2009 技术要求）和建筑隔墙用保温条板（符合《建筑隔墙用保温条板》GB/T 23450—2009 技术要求）；

（3）外墙外保温系统用钢丝网架模塑聚苯乙烯板（符合《外墙外保温系统用钢丝网架模塑聚苯乙烯板》GB 26540—2011 技术要求）。

（4）石膏空心条板（符合《石膏空心条板》JC/T 829—2010 技术要求）。

（5）玻璃纤维增强水泥轻质多孔隔墙条板（简称 GRC 板，符合《玻璃纤维增强水泥轻质多孔隔墙条板》GB/T 19631—2005 技术要求）。

（6）建筑用金属面绝热夹芯板（符合《建筑用金属面绝热夹芯板》GB/T 23932—2009 技术要求）。

（7）建筑平板。包括：纸面石膏板（符合《纸面石膏板》GB/T 9775—2008 技术要求）；纤维增强硅酸钙板（符合《纤维增强硅酸钙板 第 1 部分：无石棉硅酸钙板》JC/T 564.1—2018、《纤维增强硅酸钙板 第 2 部分：温石棉硅酸钙板》JC/T 564.2—2018 技术要求）；纤维增强低碱度水泥建筑平板（符合《纤维增强低碱度水泥建筑平板》JC/T 626—2008 技术要求）；维纶纤维增强水泥平板（符合《维纶纤维增强水泥平板》JC/T 671—2008 技术要求）；纤维水泥平板（符合《纤维水泥平板 第 1 部分：无石棉纤维水泥平板》JC/T 412.1—2018、《纤维水泥平板 第 2 部分：温石棉纤维水泥平板》JC/T 412.2—2018 技术要求）。

（8）建筑用 U 型玻璃（符合 JC/T 867 技术要求）。

4. 其他达到国家标准、行业标准和地方标准，符合产业政策，并经行业或省级有关部门鉴定通过的新型复合保温砌块（砖、板）、预制构件、装配式预制墙板（体）等墙体材料产品。

（四）新疆维吾尔自治区

新疆维吾尔自治区是我国继上海之后第二个推广建筑节能与结构一体化，明确禁止使用外墙外保温粘锚结合薄抹灰体系的省份。于 2020 年和 2021 年先后发布了《关于在我区推广应用建筑保温与结构一体化技术的通知》（新建科〔2020〕4 号）、《关于进一步加强自治区建筑保温与结构一体化技术推广应用有关事宜的通知》（新建科〔2020〕20 号）、《新疆维吾尔自治区建筑外保温技术和产品推广、限制和禁止使用目录》（新建科〔2021〕11 号）、《关于明确自治区建筑保温与结构一体化技术推广应用的通知》（新建科〔2021〕17 号）、《关于进一步规范自治区建筑节能与保温结构一体化有关事宜的通知》（新建科〔2020〕20 号）、《关于严格执行建筑保温与结构一体化设计标准的通知》（新建抗函〔2021〕68 号）6 个文件，一体化步子走在了全国前列。

1. 2020 年 4 月 4 日发布《关于在我区推广应用建筑保温与结构一体化技术的通知》（新建科〔2020〕4 号）的主要内容和要求

（1）充分认识推广建筑保温与结构一体化技术（以下简称"一体化技术"）的

意义。建筑保温与结构一体化技术是实现建筑保温功能与墙体围护功能于一体，有效提升建筑工程结构保温和结构防火性能，具有较长耐久性且满足消防防火要求的技术。该类技术具有保温与建筑物同寿命、施工方便、工厂化生产等特点，是有效解决节能保温工程质量通病（开裂、渗漏、空鼓、脱落、保温性能衰减）和消防安全隐患的重要措施，符合国家节能减排发展方向和产业政策，对于提高我区建筑节能水平、提升工程质量、促进建设领域转型升级、减少建筑垃圾、实现蓝天工程等具有重要意义。各级住房和城乡建设主管部门要充分认识推广应用一体化技术的重要性和紧迫性，树立建筑保温全寿命周期观念，采取有力措施，扎实开展建筑保温与结构一体化技术的推广应用工作。

（2）严格落实施目标。各地住房和城乡建设部门要全面推行和实施一体化技术，凡具备一体化技术推广应用条件的市、县，2020 年 5 月 1 日起主城区的新建工程应全面推行一体化技术；其他市、县（市）根据实际逐步推行。保障性住房、绿色建筑项目、政府投资的公共建筑和公共机构办公建筑，要率先采用一体化技术。

（3）建立责任落实机制。推行一体化技术建筑工程，建设单位必须在方案设计、招标文件、委托设计合同中载明一体化技术的设计要求，按一体化技术相应标准和规范委托设计。设计单位要充分发挥龙头作用，积极推进一体化技术推广应用，并在设计文件节能绿建专篇中明确一体化技术的各项性能指标。施工图应有节点构造详图，施工图审查机构应加强对建筑保温与结构之间构造措施的审查，确保外墙保温符合节能标准和安全要求。施工和监理单位应严格按照规范标准、一体化技术相关要求进行施工和监理。一体化技术生产企业要严格按照相关质量标准组织生产，并承担相关质量责任。

（4）加强宣传培训工作。自治区已制定了建筑结构与保温一体化相关技术标准，主要有《自保温砌块应用技术标准》XJJ 109—2019、《现浇混凝土复合外保温模板应用技术标准》XJJ 110—2019、《现浇混凝土大模内置保温系统应用技术规程》XJJ 108—2019 等，为建筑保温与结构一体化技术的推广应用提供了技术指导。各地住房和城乡建设主管部门要积极开展多层次、多形式的宣传活动，广泛宣传一体化技术相关政策，推广宣传典型经验和先进模式。各地要加大培训力度，制定年度培训计划，开展标准宣贯、岗位技术培训、组织观摩会议，发放资料和学习手册，使从业人员熟练掌握一体化技术应用范围、技术特点、质保措施等，努力提高应用一体化技术的能力和水平。

2. 2020 年 10 月 15 日发布《关于进一步加强自治区建筑保温与结构一体化技术推广应用有关事宜的通知》（新建科〔2020〕20 号）的主要内容和要求

（1）问题分析：近年来，粘贴式外墙保温由于各种原因，脱落、空鼓、开裂、渗漏现象频发，直接危害到人民生命财产安全。为提高工程质量和节能水平，实现建筑外保温与建筑同寿命。自治区建设厅印发了《关于在我区推广应用建筑保温与结构一体化技术的通知》（新建科〔2020〕4 号）。经调研，之后各地外墙外保温形式仍以粘贴式为主，存在安全隐患和质量问题。为进一步加强建筑保温与结构一体化技术的推广应用工作，将有关事项做了进一步强调，严格推行一体化技术。

（2）要求从 2021 年 1 月 1 日起，新建民用建筑当采用框架结构、框剪结构和剪力墙结构时，外围护墙体应采用一体化技术，外墙外保温禁止使用胶粘剂或锚栓以及两种方式组合的施工工艺外墙外保温系统（保温装饰复合板除外），保温装饰复合板需严格执行相关技术标准和有关规定。

（3）要求加强责任落实。建设单位在方案设计、招标文件、委托设计合同中应载明一体化技术的设计要求，按一体化技术相应标准和规范委托设计。设计单位在设计文件建筑节能及绿色建筑专篇中应明确一体化技术的各项性能指标，施工图应有节点构造详图。施工图审查机构应加强对建筑保温与结构之间构造措施的审查，确保外墙保温符合节能标准和安全要求。施工和监理单位应严格按照施工图及相关标准进行施工和监理。一体化技术生产企业要严格按照相关质量标准组织生产，并承担相关质量责任。

（4）要求加强监督管理。加强工程项目设计、审图、施工及验收备案的监督管理。施工图审查机构应将一体化技术纳入建筑节能审查范畴一并审查。各级住房和城乡建设主管部门要定期对一体化技术措施落实情况进行检查，督促项目形成闭合管理。

（5）鼓励一体化技术产品生产基地建设。要求各地要根据一体化技术发展趋势，按照"合理布局、优化发展"的原则，引导和鼓励生产企业研发、引进一批符合自治区一体化技术相关标准要求的产品，建设具有一定规模的生产基地，确保一体化技术产品质量和市场供应。

（6）加强宣传引导和技术培训。要求各地要进一步加强对一体化技术的宣传培训工作，组织宣贯培训、观摩、发放资料等形式，提高全社会的认知度，提高从业人员应用能力和水平。

3. 2021 年 4 月 1 日发布《新疆维吾尔自治区建筑外保温技术和产品推广、限制和禁止使用目录》（新建科〔2021〕11 号）的主要内容和要求

推广使用的外保温技术包括现浇混凝土复合外保温模板墙体保温系统、现浇混凝土大模内置系统、自保温砌体墙体系统、装配式复合外墙板保温系统、现浇混凝土夹芯保温系统。推广使用的保温产品有模塑聚苯板、挤塑聚苯版和聚氨酯板。限制使用的装饰保温一体板外墙外保温系统，只能在 54m 以下住宅和 50m 以下公共建筑使用。限制使用的粘、锚或粘锚结合外墙外保温体系只能用于砌体结构。浆料类保温材料不能单独使用，只能与其他材料混合使用，并且不能大于 50mm。泡沫陶瓷、泡沫玻璃、热固性高密度聚苯板只能用于防火隔离带，绝热用挤塑聚苯板只能用于屋面，玻璃棉及其制品只能用于幕墙部位。禁止使用的芯材为 B 级的金属夹芯复合板材、泡沫水泥、非耐碱玻纤网格布、燃烧性能低于 B_1 级的保温材料和采用六溴环十二烷为阻燃剂的保温材料。

4. 2021 年 5 月 14 日发布《关于明确自治区建筑保温与结构一体化技术推广应用的通知》（新建科〔2021〕17 号）的主要内容和要求

（1）严把项目设计关

各项目设计单位要严格按照《关于在我区推广应用建筑保温与结构一体化技术的通知》《关于进一步加强自治区建筑保温与结构一体化技术推广应用有关事宜的通知》要求，以建筑工程设计中的热工性设计为基础，根据不同结构形式、建筑类型，因地制宜、合理选用建筑保温与结构一体化技术。

（2）加强施工图审查

各施工图审查机构要按照有关法律、法规和标准规范要求，对建筑保温与结构一体化相关设计内容进行审核把关，确保具体技术标准、参数得到严格执行，不得随意变更或调整。

（3）增强技术选用实效性

公共建筑：当结构设计外墙为框架结构时，其填充墙部分应选用匀质自保温砌块［砌体厚度 ≤ 350mm、导热系数 ≤ 0.12W/（m·K）］技术，梁柱部分可配合选用现浇混凝土夹芯保温系统技术（可不设防火隔离带）、现浇混凝土复合外保温模板技术、现浇混凝土大模内置保温系统技术（保温材料燃烧性能须达到 A 级，压缩强度 ≥ 0.20MPa）。当结构设计外墙为剪力墙时，可选用现浇混凝土夹芯保温系统技术（可不设防火隔离带），并满足《建筑设计防火规范》GB 50016—2014 第

6.7.3 条要求。

住宅建筑：当结构设计外墙为框架结构时，其填充墙部分应选用匀质自保温砌块［砌体厚度≤350mm、导热系数≤0.12W/（m·K）］技术，梁柱部分可配合选用现浇混凝土夹芯保温系统技术、现浇混凝土复合外保温模板技术、现浇混凝土大模内置保温系统技术。当结构设计外墙为剪力墙时，可根据实际需要选用现浇混凝土大模内置保温系统技术（每层须采用 A 级不燃材料设置防火隔离带）、现浇混凝土复合外保温模板技术（每层须采用 A 级不燃材料设置防火隔离带）、现浇混凝土夹芯保温系统技术。

5. 2021 年 8 月 27 日发布《关于进一步规范自治区建筑节能与保温结构一体化有关事宜的通知》（新建科〔2020〕20 号）的主要内容和要求

（1）各地需严格执行建筑保温与结构一体化技术标准：《自保温砌块应用技术标准》XJJ 109—2019、《现浇混凝土复合外保温模板应用技术标准》XJJ 110—2019、《现浇混凝土大模内置保温板应用技术标准》XJJ 108—2019、《现浇混凝土夹芯保温板应用技术标准》XJJ 117—2021。如需引用非新疆地方标准的，需报自治区住房和城乡建设厅，经专家论证通过后使用。

（2）"建筑保温与结构一体化技术"所使用的相关产品必须经过生产现场和施工现场的随机抽样检查，抽样检查方法参照《产品质量监督抽查管理暂行办法》（国家市场监督管理总局 2019 年第 18 号令）执行，抽检的样品质量性能指标应达到产品型式检验报告中的质量性能指标要求并取得自治区住房和城乡建设厅核发的新型墙体材料认定证书。

各地（州、市）墙体材料管理部门要在认定证书有效期内，加强对取得认定证书的新型墙体材料的日常监督检查，对产品进行每年一次的抽样检验，不得向企业收取除检测费用以外的其他费用；我厅将每年对取得认定证书的新型墙体材料进行不定期监督抽查，对抽查不合格的产品要求限期整改。

6. 2021 年 8 月 12 日发布《关于严格执行建筑保温与结构一体化设计标准的通知》（新建抗函〔2021〕68 号）的主要内容和要求

各施工图审查机构和勘察设计企业要加强对施工图审查人员和设计人员的技术培训，将"建筑保温与结构一体化"纳入建筑节能审查范畴，确保技术标准落实落地。

根据《新疆维吾尔自治区建筑外保温技术和产品推广、限制和禁止使用目录》

（新建科〔2021〕11号），限制使用的技术和产品中"保温装饰一体板外墙外保温系统"仅适用于既有建筑节能改造和2021年1月以前主体结构已完工的项目。新建民用建筑除砌体结构以外，外围护墙体均应严格按照建筑保温与结构一体化技术标准进行设计和审图。

新疆维吾尔自治区成为西部地区第一个明确禁止使用外墙外保温粘锚结合技术，并连续发布7个通知和文件进行推广指导的省份。

二、华北寒冷地区墙体材料革新及发展应用情况

（一）北京市

2019年11月6日北京市住房和城乡建设委员会为贯彻落实市政府全市住宅工程质量提升工作推进会议精神，进一步加强住宅工程施工、使用质量管理，强化外墙外保温质量问题专项治理，着力解决当前我市住宅工程中群众反映的突出质量问题，发布《关于进一步加强住宅工程质量提升工作的通知》，提出了四个方面的要求，其中第三条专门指出强化外墙外保温质量问题专项治理，列出了5项措施：

（1）设计高标准高质量的外墙外保温系统。设计单位应选用技术成熟、性能可靠、施工简便的外墙外保温系统，对外墙外保温系统的抗风压承载性能、安全系数进行验算并进行专家论证，重点分析"以锚为主"的岩棉外墙外保温系统与主体结构连接的安全性。施工现场应进一步严格落实图纸会审制度，确保外墙外保温系统的科学性和可靠性。

（2）健全完善外墙保温技术标准体系。北京市住房和城乡建设委员会着手开展对岩棉外墙外保温工程施工地方标准的修订工作，重点研究系统抗风荷载计算方法，避免局部破坏导致的连续性、整体性破坏的构造措施；尽快修订完成外墙保温装饰板施工地方标准，研究制定保温板与基层粘结面积检测规定；对现有外墙外保温系统安全性开展评价分析，提升保温结构一体化技术标准化水平。

（3）严把保温材料进场质量关。工程建设、施工、监理单位应进一步落实保温材料采购、进场验收质量责任，系统采购外墙外保温材料，采购合同中应明确材料的技术指标和质量验收标准。进一步强化进场验收，做好保温材料和粘结材料的见证取样送检，做好保温材料的成品保护。

（4）加强外墙外保温施工技术管理和关键环节质量控制。施工单位在外保温施工前制定专项施工方案，对于高层建筑外墙保温系统采用锚固为主的连接方式时

应进行专家论证；施工单位应按照设计文件、专项施工方案严格施工，对基层墙体处理、保温板的粘贴、锚栓安装、抹面层等施工过程质量进行自检自查，施工总承包单位应进一步加强对外保温分包单位施工过程质量的跟踪检查。监理人员应当采取旁站、巡视和平行检验等形式实施监理，并重点对保温材料与基层及各构造层之间的粘结或连接质量以及锚固件数量、位置、锚固深度进行监督检查，落实工程监理责任。强化施工现场保温施工实体检测，按相关标准规定将保温板与基层粘结面积纳入外墙外保温现场实体检验指标范围。严格外墙保温隐蔽工程验收管理，要求验收记录留存相关影像资料，实现质量全过程可追溯。

（5）加强使用阶段的检查与修缮。工程各参建单位应按照《建筑外墙外保温系统修缮标准》JGJ 376—2015 等有关规定，立即对外保温系统开裂、空鼓、变形、渗水、脱落等质量缺陷和损坏情况进行全面排查，并建立周期性检查制度，落实外保温工程的检查、检测、评估、修缮责任。对竣工 5 年之内的住宅工程，由建设单位牵头，组织设计、施工、监理单位进行排查，对竣工 5 年之外的工程，由业主单位、物业企业进行排查。

（二）山东省

早在 2011 年 10 月 18 日，山东省住房和城乡建设厅发布《关于在全省积极发展应用建筑节能与结构一体化技术的通知》（鲁建节科字〔2011〕26 号）（以下简称《通知》），在全国率先推行建筑节能与结构一体化技术和产品，对墙体材料行业的技术进步和转型具有历史性的意义。《通知》当时就对发展一体化技术提出了几方面的要求：

1. 要求充分认识发展应用一体化技术的重要意义

定义一体化技术，是指集保温隔热功能与围护结构功能于一体，墙体不需另行采取保温措施即可满足现行建筑节能标准的建筑节能技术。该技术具有与建筑同寿命、安全可靠、施工方便等优点，是对传统建筑保温设计和施工方法的一次重大变革。推广应用一体化技术，是有效解决节能保温工程质量通病和消防安全问题的重要举措，符合国家节能减排发展形势和产业政策，对于提高我省建筑节能工作水平、促进建设领域可持续发展具有重要的意义。

2. 明确推广重点，完善技术支撑体系

确定 CL 结构体系、FS 外模板现浇混凝土复合保温系统、非承重砌块自保温

结构体系、承重混凝土多孔砖自保温结构体系、装配式墙板自保温体系、居住建筑夹芯保温复合砖砌体结构体系等为重点推广的一体化技术。鼓励有关高校、科研机构、企业研究开发多样化的一体化技术，丰富一体化技术支撑体系。

3. 加强示范引导，促进规模化应用

通过示范工程建设、专项基金和补助、完善应用技术、绿色建筑评价、建设领域评奖、技术指导跟踪，创造良好宽松的应用环境，促进一体化技术规模化应用。

4. 发展主导技术，培育产业化基地

积极研发技术，完善生产工艺、产品标准应用，开展技术改造、革新和装备升级，培育产业化基地，确保市场供应。

5. 强化过程监管，确保应用工程质量

设计单位、施工图审查机构、施工单位、工程建设、监理单位等同心协力，提高一体化技术应用效果和工程质量。

6. 加强组织领导，加大宣传培训力度

10 年过去了，市场发展情况证明，山东对墙体材料发展方向的确定，比全国提前了整整 10 年。政府引导准确，但产业技术进步缓慢，缺乏理想的一体化体系，需要较快研究开发和推广可靠成熟、创新明显、功能先进的技术体系。

（三）河南省

早在 2014 年 3 月 6 日，河南省住房和城乡建设厅就印发《推行建筑保温与结构一体化技术实施方案》（豫建〔2014〕26 号），是继山东省之后，全国第二个发文推行建筑保温与结构一体化技术的省份。目的是加快发展绿色节能建筑，推进建筑产业现代化，提升建筑节能工程质量和安全性能，促进建筑节能工作纵深发展。河南省最早认识到外墙外保温薄抹灰体系存在的问题，改变外墙保温方式，对墙体材料行业的发展具有引导作用。

1. 建筑保温与结构一体化技术定义

建筑保温与结构一体化技术（简称"一体化技术"）是集保温隔热与围护结构

功能于一体，具有结构保温和结构防火性能，可有效实现建筑保温与墙体同寿命。推行一体化技术，符合国家节能减排产业政策，是深入做好建筑节能工作、发展绿色建筑的有效途径。为加快新型节能保温结构技术在全省住房和城乡建筑领域的应用，逐步限制淘汰落后传统的外墙保温技术，具有推动作用。

2. 工作要求

以科学发展观为指导，以节能减排和环境保护为目标，以转变城乡建设模式为根本，以发展绿色节能建筑为重点，紧紧抓住集约、智能、绿色、低碳的新型城镇化和新农村建设发展机遇，按照《河南省绿色建筑行动实施方案》的要求，着力推进建筑产业现代化，促进建筑节能工作纵深发展，大力推行建筑保温结构一体化技术，全面提升建筑节能工程质量和安全性能，努力实现我省住房和城乡建设领域的绿色发展、循环发展、低碳发展。

3. 工作目标

到"十二五"末，全省采用一体化技术的新建建筑，力争达到城镇建设工程总量的 10% 以上，2020 年，力争达到 40% 以上。郑州市 2015 年底保障住房、政府投资的公益性民用建筑项目建筑面积比例达到 30% 以上，合并村镇项目、新型城镇化建设中的组团项目，建筑面积比例达到 20% 以上。

支持保障性住房、绿色建筑项目、可再生能源建筑应用等各类示范项目、政府投资及重点项目，率先采用一体化技术；其他新建民用居住建筑和公共建筑项目优先选用一体化技术。引导绿色农房建设项目开展一体化技术试点示范。要求到"十二五"期间，建设 5 个具有一定规模的保温结构一体化产业示范基地，培育 10 个生产规模大、技术装备精、产品质量优的骨干企业。

4. 工作重点

重点推广技术：复合钢筋混凝土剪力墙（CL）结构体系、混凝土保温幕墙建筑体系、夹膜喷涂混凝土夹芯剪力墙建筑结构技术、FS 外模板现浇混凝土复合保温体系、非承重自保温加气混凝土砌块结构体系、现浇泡沫混凝土结构体系等作为重点推广一体化技术。虽然这些技术因为自身问题目前并没有全面推开，但可以看出，住房和城乡建设管理部门对代替外墙外保温薄抹灰体系的一体化技术的渴望和支持，近七年的行业实践也说明了一体化技术的短缺和影响建设行业发展的短板问题的现实、无奈！

5. 重点推广领域

当时提出的重点推广领域包括四个方面：一是政府投资及重点项目先行。全省新建各类政府投资项目、重点工程建设项目，凡适用一体化技术的项目应率先推行。二是保障性住房项目先试。全省新建保障性住房、凡适用一体化技术应用工程，要率先组织试点示范。三是示范市县整体推行。国家可再生能源建筑应用示范市县及绿色生态城区的新建项目要建立整体推进方案，明确推进目标，结合示范项目整体推进一体化技术应用。四是商业项目鼓励推行。引导商业房地产开发项目推行一体化技术，鼓励房地产开发企业建设一体化技术示范小区；支持绿色农房建设应用一体化技术；鼓励农民在新建和改建农房时采用一体化技术。

6. 保障措施

一是科学制定推广方案。建立目标责任制，设立推广专门机构，配备专业人员，科学制定推广方案，推动技术应用。

二是完善技术支撑体系。包括编制一体化技术标准，推进技术引进和研发，制定技术定额及造价标准，淘汰落后技术和过渡性产品。

三是建立技术认定制度。对一体化技术实行认定制度，定期公布目录，确定适宜技术。

四是培育建立生产基地。培育龙头企业，建立技术生产基地。

五是强化过程监管。建设单位、设计单位、施工图审查机构、施工单位、监理单位、质量监督机构、生产企业应各司其职、共同推广。

六是加强政策激励。加大资金扶持、税收优惠，做好绿色建筑评价，简化程序，创造宽松环境。

七是加强宣传培训。通过政策引导、技术指导，迅速推动建筑保温与结构一体化技术在我省的应用。

一年后的 2015 年 7 月，河南省住房和城乡建设厅又发布了《关于进一步做好推广应用建筑保温与结构一体化技术工作的通知》（豫建〔2015〕88 号），更进一步督促推广一体化技术，包括 CL 体系、夹芯喷涂墙、加气混凝土、现浇泡沫混凝土等体系，可以看出，政府急需一体化技术，但推广的技术都有很大局限性，市场期盼品质优良、能系统解决一体化问题的一体化配套技术体系。

（四）河北省

河北省是 2020 年以来，继上海、新疆、重庆等省市以后，彻底禁止和限制粘锚结合外墙外保温薄抹灰技术的省份。河北省住房和城乡建设厅于 2021 年发布关于印发《河北省民用建筑外墙外保温工程统一技术措施》的通知（冀建质安〔2021〕4 号），自 2021 年 7 月 1 日起实施。要求已取得施工许可证的在建项目，未执行本通知规定的，要压实建设单位工程质量安全首要责任，加强建筑物外墙外保温工程的日常巡查、专项检查和隐患排查，对发现的安全隐患应及时处理解决，落实建筑物内人员消防安全教育和制度，确保工程安全可靠。

1. 明确禁限以下体系和材料：

（1）施工现场采用胶粘剂或锚栓以及两种方式组合的薄抹灰外墙外保温系统。

（2）燃烧性能为 B_2 级材料。

（3）再生料生产的绝热用挤塑聚苯乙烯泡沫塑料板。

2. 明确推广使用以下技术体系和保温产品：

（1）技术体系：现浇混凝土内置保温体系；钢丝网架复合板喷涂砂浆外墙保温体系；大模内置现浇混凝土复合保温板体系；大模内置现浇混凝土保温板体系。

（2）保温产品：不燃保温材料；不燃保温材料（内嵌双侧镀锌钢丝网片）；石墨聚苯板（GEPS）；模塑聚苯板（EPS）；硬泡聚氨酯板（PUR）；石墨挤塑板（石墨 XPS）；挤塑板（XPS）。

可以看出，推广的技术体系和保温产品依然属于发展多少年来的常规体系和产品，新体系、新产品依然很缺乏，推广系统创新、性价比高的建筑节能与结构一体化技术和产品需要加大力度，满足市场需求。

3. 具体的限制及推广的技术和产品列表：

限制使用的外墙保温技术和产品见表 8-15，推广使用的外墙保温技术见表 8-16，推广使用的保温产品见表 8-17。

限制使用的外墙保温技术和产品　　　　　　　　　　　表8-15

序号	类别	技术（产品）名称	限制使用的原因	限制使用的范围		依据
1	外墙保温系统	施工现场采用胶粘剂或锚栓以及两种方式组合的薄抹灰外墙外保温系统	粘贴或者锚栓以及粘锚结合的外墙保温系统，存在着脱落、空鼓、开裂、渗漏等现象以及防火隐患和质量问题，其技术防火性能差、耐久时间短、设计使用年限只有25年，不符合高质量发展要求	禁止在新建、改建、扩建的民用建筑工程外墙外侧作为主体保温系统设计使用（砌体结构除外）	可在新建、改建、扩建的民用建筑砌体结构工程和既有建筑、老旧小区改造工程中使用	（1）《中共中央 国务院关于推动高质量发展的意见》（中发〔2018〕40号）；（2）《中共河北省委河北省人民政府关于推动高质量发展的实施意见》（冀发〔2019〕6号）；（3）河北省住房和城乡建设厅《河北省推广、限制和禁止使用建设工程材料设备产品目录（2018年版）》（冀建科〔2018〕21号）
2	保温材料	燃烧性能为 B_2 级材料	燃烧性能等级低，防火性能差，易燃，存在安全隐患	禁止在新建、改建、扩建的民用建筑工程外墙外侧作为主体保温系统设计使用	—	
3		再生料生产的绝热用挤塑聚苯乙烯泡沫塑料板	燃烧性能等级低，粘结性差，脆性大、易燃，存在安全隐患	禁止在新建、改建、扩建的民用建筑工程外墙外侧作为主体保温系统设计使用	可在屋面和地面工程中使用	

推广使用的外墙保温技术 表8-16

序号	技术名称	技术特点	技术措施	执行的标准	适用范围	依据
1	现浇混凝土内置保温体系	通过不锈钢腹丝焊接网架或金属连接件将现浇混凝土结构层和防护层可靠连接，中间设置保温层，层间设置混凝土挑板，在保温层两侧结构层和防护层同时浇筑混凝土，形成保温与外墙结构一体的外墙保温系统	（1）主体结构层和防护层宜用自密实混凝土或者普通（细石）混凝土。（2）防护层厚度不小于50mm，内设低碳镀锌钢丝网，钢丝直径不小于3mm，网格不小于50mm×50mm。（3）连接件为直径8mm螺纹钢筋或钢制型材，连接件每平方米不应少于8个，穿过保温板部位的钢筋或者钢材采用工程塑料热熔包覆。（4）层间混凝土挑板伸至防护层厚度的4/5处，端部设置隔热措施。（5）保温板六面应喷涂水泥基聚合物砂浆包覆	（1）《内置保温现浇混凝土复合剪力墙技术标准》JGJ/T 451—2018；（2）《居住建筑节能设计标准（节能75%）》DB13（J）185—2015；（3）《被动式超低能耗居住建筑节能设计标准》DB13（J）/T 8359—2020	新建、扩建的民用建筑现浇混凝土剪力墙结构外墙外保温工程	《河北省住房和城乡建设厅关于推行建筑保温与结构一体化技术的通知》（冀建科〔2014〕3号）
2	钢丝网架复合板喷涂砂浆外墙保温体系	由内斜插金属腹丝与复合保温板外单侧或双侧钢丝网片焊接形成钢丝网架复合保温板，通过金属连接件将钢丝网架（片）复合保温板与现浇混凝土结构层或者将钢丝网架（片）复合保温板与钢结构、框架结构主体可靠连接，形成钢丝网架（片）复合保温板体系；外侧钢丝网喷涂砂浆作为防护层、内侧结构层浇筑混凝土形成保温与外墙结构一体的外墙保温系统	（1）连接件应为直径8mm螺纹钢筋或其他型材，连接件每平方米不应少于8个，穿过保温板部位的钢筋或者钢材应采用工程塑料热熔包覆。（2）穿透保温层的斜插腹丝，应采用不锈钢丝。（3）喷涂砂浆防护层等级不应低于M20级，总厚度不应低于30mm。（4）隔层设置混凝土挑板，与钢丝网架（片）复合保温板和结构层可靠连接，端部设置隔热措施。（5）保温芯材应喷涂水泥基聚合物砂浆六面包覆	（1）《内置保温现浇混凝土复合剪力墙技术标准》JGJ/T 451—2018；（2）《居住建筑节能设计标准（节能75%）》DB13（J）185—2015；（3）《被动式超低能耗公共建筑节能设计标准》DB13（J）/T 8360—2020	新建、扩建的公共建筑混凝土框架结构和钢结构外墙外保温工程	《河北省住房和城乡建设厅关于推行建筑保温与结构一体化技术的通知》（冀建科〔2014〕3号）

续表

序号	技术名称	技术特点	技术措施	执行的标准	适用范围	依据
3	大模内置现浇混凝土复合保温板体系	现浇混凝土结构层、复合保温板由金属连接件连成一体、可靠连接，层间设置混凝土挑板，形成保温与外墙一体的复合保温体系	（1）复合保温板防护构造层燃烧性能不低于 A₂ 级，厚度不小于 50mm；保温板芯材不低于 B₁ 级。 （2）复合保温板出厂前应六面包覆，满足以下要求：① 保温板内侧应设置不小于 3mm 厚抗裂砂浆，压入单层耐碱玻纤网格布；② 防护构造层外侧应设置不小于 5mm 厚抗裂砂浆，压入单层耐碱玻纤网格布；③ 板四个侧面或者多个侧面应喷涂水泥基聚合物砂浆；④ 防护构造层与保温板之间砂浆粘结剂的拉伸粘结强度应符合有关标准要求。 （3）层间设置现浇钢筋混凝土挑板至防护构造层 4/5 处，端部设置隔热措施。 （4）连接件为直径 8mm 螺纹钢筋或钢制型材，外端设置直径不小于 60mm 的锚固盘；穿过保温板部位的钢筋以及锚固盘，用工程塑料热熔包覆；连接件内端锚入主体结构不小于 100mm。 （5）现浇混凝土施工时应设置常规模板。 （6）复合保温板产品出厂前，应按照绿色施工要求，结合施工图和现场实际尺寸进行排版设计和加工。 （7）满足建筑防火规范和安全耐久技术标准要求	《外墙外保温工程技术标准》JGJ 144—2019	新建、扩建的民用建筑现浇混凝土剪力墙结构外墙外保温工程	《河北省住房和城乡建设厅关于推行建筑保温与结构一体化技术的通知》（冀建科〔2014〕3 号）

续表

序号	技术名称	技术特点	技术措施	执行的标准	适用范围	依据
4	大模内置现浇混凝土保温板体系	现浇混凝土结构层、保温板由金属连接件连成一体，层间设置混凝土挑板，形成现浇混凝土外墙保温板体系	（1）保温板不低于 B_1 级，板与混凝土接触面开有凹槽。 （2）保温板表面应包覆，板内表面设置不小于 3mm 厚抗裂砂浆，压入单层耐碱玻纤网格布；板外表面设置不小于 10mm 厚抗裂砂浆，压入双层耐碱玻纤网格布或单层镀锌钢丝网片。 （3）层间设置现浇钢筋混凝土挑板，端部设置隔热措施。 （4）连接件为直径 8mm 螺纹钢筋，外端设置直径 60mm 锚固盘；穿过保温板部位钢筋以及锚固盘，用工程塑料热熔包覆；连接件内端锚入主体结构不小于 100mm。 （5）现浇混凝土施工时应设置常规模板。 （6）包覆后的保温板出厂前应按照绿色施工要求，结合施工图和现场实际尺寸进行排版设计和加工。 （7）满足建筑防火规范和安全耐久技术标准要求	《外墙外保温工程技术标准》JGJ 144—2019	新建、扩建的民用建筑现浇混凝土剪力墙结构外墙外保温工程	《河北省住房和城乡建设厅关于推行建筑保温与结构一体化技术的通知》（冀建科〔2014〕3号）

推广使用的保温产品   表8-17

序号	产品名称	产品特点	产品技术要求	执行标准	适用范围
1	不燃保温材料	保温性能好，容重轻，尺寸稳定性优良，不燃	（1）导热系数≤0.045W/（m·K）	《绝热材料稳态热阻及有关特性的测定 防护热板法》GB/T 10294—2008	各类新建民用建筑外墙外保温工程和老旧小区改造工程

续表

序号	产品名称	产品特点	产品技术要求	执行标准	适用范围
1	不燃保温材料	保温性能好，容重轻，尺寸稳定性优良，不燃	（2）密度≤130kg/m³	《无机硬质绝热制品试验方法》GB/T 5486—2008	各类新建民用建筑外墙外保温工程和老旧小区改造工程
			（3）燃烧性能均不低于A₂级	《建筑材料及制品燃烧性能分级》GB 8624—2012	
			（4）垂直于板面方向的抗拉强度≥0.1MPa	《热固复合聚苯乙烯泡沫保温板》JG/T 536—2017	
			（5）抗压强度≥0.12MPa	《无机硬质绝热制品试验方法》GB/T 5486—2008	
			（6）吸水率≤6%	《硬质泡沫塑料吸水率的测定》GB/T 8810—2005	
2	不燃保温材料（内嵌双侧镀锌钢丝网片）	保温性能好，尺寸稳定性优良，不燃	（1）导热系数≤0.055W/（m·K）	《绝热材料稳态热阻及有关特性的测定 防护热板法》GB/T 10294—2008	各类新建民用建筑外墙外保温工程和老旧小区改造工程
			（2）密度为160~220kg/m³	《无机硬质绝热制品试验方法》GB/T 5486—2008	
			（3）燃烧性能均不低于A₂级	《建筑材料及制品燃烧性能分级》GB 8624—2012	
			（4）垂直于板面方向的抗拉强度≥0.20MPa	《模塑聚苯板薄抹灰外墙外保温系统材料》GB/T 29906—2013	
			（5）抗压强度≥0.3MPa	《无机硬质绝热制品试验方法》GB/T 5486—2008	
			（6）吸水率≤6%	《硬质泡沫塑料吸水率的测定》GB/T 8810—2005	
			（7）压缩弹性模量≥20000MPa	《硬质泡沫塑料压缩性能的测定》GB/T 8813—2020	
			（8）抗弯荷载≥3000N	《玻璃纤维增强水泥轻质多孔隔墙条板》GB/T 19631—2005	
			（9）弯曲变形≥6mm	《绝热用模塑聚苯乙烯泡沫塑料（EPS）》GB/T 10801.1—2021	

续表

序号	产品名称	产品特点	产品技术要求	执行标准	适用范围
3	石墨聚苯板（GEPS）	保温性能好，尺寸稳定性优良，难燃	（1）剪切强度≥100kPa；（2）尺寸稳定性［（70±2）℃，8h］≤0.3%；（3）导热系数≤0.033W/（m·K）；（4）燃烧性能均不低于B₁级；（5）自然条件下至少陈化42d或在（60±5）℃环境中至少陈化5d	《建筑绝热用石墨改性模塑聚苯乙烯泡沫塑料板》JC/T 2441—2018	各类新建民用建筑外墙外保温工程
4	模塑聚苯板（EPS）	保温性能较好，尺寸稳定性好，难燃	（1）039级导热系数≤0.039W/（m·K）；（2）033级导热系数≤0.033W/（m·K）；（3）燃烧性能均不低于B₁级；（4）自然条件下至少陈化42d或在（60±5）℃环境中至少陈化5d	《模塑聚苯板薄抹灰外墙外保温系统材料》GB/T 29906—2013	各类新建民用建筑外墙外保温工程
5	硬泡聚氨酯板（PUR）	保温性能好，尺寸稳定性一般，难燃	（1）自然条件下至少陈化28d；（2）燃烧性能不低于B₁级；（3）导热系数≤0.024W/（m·K）	（1）《硬泡聚氨酯板薄抹灰外墙外保温系统材料》JG/T 420—2013；（2）《建筑绝热用硬质聚氨酯泡沫塑料》GB/T 21558—2008	各类新建民用建筑外墙外保温工程
6	石墨挤塑板（石墨XPS）	保温性能好，尺寸稳定一般，难燃	板材产品出厂前应满足下列要求：（1）不掺加非本厂挤塑板产品的回收料；（2）双面去皮或双面开槽；（3）自然条件下至少陈化28d；（4）燃烧性能不低于B₁级；（5）导热系数≤0.024W/（m·K）	（1）《绝热用挤塑聚苯乙烯泡沫塑料（XPS）》GB/T 10801.2—2018；（2）《挤塑聚苯板（XPS）薄抹灰外墙外保温系统材料》GB/T 30595—2014	各类新建民用建筑外墙外保温工程

续表

序号	产品名称	产品特点	产品技术要求	执行标准	适用范围
7	挤塑板（XPS）	保温性能好，尺寸稳定一般，难燃	板材出厂前应满足下列要求： （1）应为不掺加非本厂挤塑板产品回收料； （2）双面去皮或双面开槽； （3）自然条件下至少陈化28d； （4）燃烧性能不低于 B_1 级； （5）034级导热系数≤0.034W/（m·K）； （6）030级导热系数≤0.030W/（m·K）	（1）《绝热用挤塑聚苯乙烯泡沫塑料（XPS）》GB/T 10801.2—2018； （2）《挤塑聚苯板（XPS）薄抹灰外墙外保温系统材料》GB/T 30595—2014	各类新建民用建筑外墙外保温工程

上述保温材料的检测报告应满足下列要求：（1）提供的保温芯材检测报告必须为抽样检测；（2）保温芯材检测必须满足陈化期要求；（3）检测报告的各项指标应为同一批次的材料、在同一份检测报告中体现

（五）山西省

1. 2021 年 3 月 2 日，山西省住房和城乡建设厅发布关于印发《建筑保温与外墙装饰防火设计指南》的通知（晋建科函〔2021〕226 号）（以下简称《指南》）。

主要目的是预防建筑保温与外墙装饰引起的火灾，保护人身和财产安全。其中作为创新和其他措施，明确提出"建筑外墙外保温系统宜优先采用保温结构一体化技术"。

对于目前常规保温做法，做了详细规定：

（1）建筑保温与外墙装饰材料的选取与运用，宜采用 A 级材料，严禁采用 B_2 级、B_3 级材料。与基层墙体、装饰层之间无空腔的建筑外墙外保温系统，其保温材料应符合下列规定：建筑高度大于 100m 的住宅建筑，保温材料的燃烧性能应为 A 级；其他建筑高度大于 50m 时，保温材料的燃烧性能应为 A 级。与基层墙体、装饰层之间有空腔的建筑外墙外保温系统，建筑高度大于 24m 时，保温材料的燃烧性能为 A 级。建筑中的非承重外墙、房间隔墙和屋面板，当确需采用金属夹芯板材时，其芯材应为 A 级，且耐火极限应满足国家相应技术标准及规范要求。建筑外墙采用保温材料与两侧墙体构成无空腔复合保温结构体时，该结构体的耐火

极限应符合国家相应规范的有关规定；当保温材料的燃烧性能为 B_1 级时，保温材料两侧的墙体应采用不燃材料且厚度均不应小于 50mm。

（2）除建筑外墙采用保温材料与两侧墙体构成无空腔复合保温结构体的情况外，当建筑的外墙外保温系统采用燃烧性能为 B_1 级的保温材料时，应符合下列规定：建筑高度大于 24m 小于 50m 的公共建筑、建筑高度大于 27m 小于 100m 的住宅建筑，建筑外墙上门、窗的耐火完整性不应低于 0.50h；应在保温系统中每层设置水平防火隔离带。防火隔离带应采用燃烧性能为 A 级的材料，防火隔离带的高度不应小于 300mm。

（3）建筑的外墙外保温系统应采用不燃材料在其表面设置防护层，防护层应将保温材料完全包覆。除建筑外墙采用保温材料与两侧墙体构成无空腔复合保温结构体的情况外，采用 B_1 级保温材料时，防护层厚度在首层及室外活动平台处不应小于 20mm，其他层不应小于 5mm，且应符合下列要求：防护层外无干挂、贴片等装饰构造时，距室外地坪及室外活动平台 2m 高度范围内的防护层构造做法中增加钢丝网片，防止碰撞损伤及脱落；铺设保温层时，应在其转角、衔接处等薄弱部位增强防护层的构造做法，以保证防护牢固可靠。

（4）建筑外墙外保温系统与基层墙体、装饰层之间的空腔，应在每层楼板处采用防火封堵材料封堵，并应符合下列要求：应在与楼板水平的位置采用矿物棉等背衬材料完全填塞，且背衬材料的填塞高度不应小于 200mm；在矿物棉等背衬材料的上面应覆盖具有弹性的防火封堵材料；防火封堵的构造应具有自承重和适应缝隙变形的性能。

（5）建筑的屋面外保温系统采用 B_1 级保温材料时，应采用不燃材料作防护层，防护层的厚度不应小于 10mm。当建筑的屋面和外墙外保温系统均采用 B_1 级保温材料时，屋面与外墙之间应采用宽度不小于 500mm 的不燃材料设置防火隔离带进行分隔。

2. 2020 年 4 月 8 日，山西省住房和城乡建设厅发布关于印发《2020 年建筑节能与科技工作要点》的通知（晋建科函〔2020〕426 号），引导建筑节能和科技创新。

总体思路是以绿色和创新为两条主线，制定实施《绿色建筑专项行动方案》和《住房城乡建设领域企业技术创新发展工作方案》，深入推进建筑能效提升和绿色建筑发展，稳步发展装配式建筑，加强科技创新能力建设，推行绿色建造，提升建筑品质，为建筑节能与科技工作"十三五"圆满收官、"十四五"良好开局奠定基础。

提出的工作目标是：新建居住建筑能效在现有基础上再提升30%，可再生能源建筑应用面积占新建建筑面积比例达到50%；绿色建筑占新建建筑面积的比例达到50%；设区城市装配式建筑占新建建筑面积的比例达到15%，其中太原市、大同市达到25%。

主要任务是：

（1）加快提升建筑能效。省厅工作任务：全面实施新建居住建筑75%节能标准，适时组织标准宣贯培训，推进保温结构一体化技术应用。指导各市进一步加大可再生能源建筑应用推广力度，积极拓展可再生能源在建筑领域的应用形式，因地制宜推广光伏、地热能、空气源热泵等应用。指导督促各市结合清洁取暖、老旧小区改造，统筹推进既有建筑节能改造。组织装配式建筑产业基地、绿色建筑、绿色建材、建筑节能产品、技术推介等系列活动。

（2）全面推进绿色建筑。新建建筑全部按照绿色建筑标准进行设计建设，达到基本级及以上标准。其中，政府投资公益性建筑，建筑面积2万 m^2 以上的公共建筑要执行一星级及以上标准；指导各设区市、县级市积极推进绿色建筑集中示范区建设；编制绿色建筑设计地方标准；改革绿色建筑评价办法，提高工作效率；建立绿色建筑目录，指导各市积极培育高星级绿色建筑；开展绿色建筑创新示范，积极引导绿色建筑、装配式建筑、被动式超低能耗建筑及绿色建造项目开展技术创新，形成各具特色的绿色建筑创新示范；定期开展示范项目评选，发布示范项目目录。

（3）逐步提高装配式建筑水平。开展装配式建筑产业基地、示范项目评估，发挥示范引领作用；开展钢结构装配式住宅试点；鼓励混凝土结构住宅项目采用预制构件，按照先水平后竖向的原则，不断提高装配率；适时召开推进会，指导督促各市因地制宜制定装配式建筑配套政策，推动项目落地。

（4）推动建设科技创新发展。加强科技计划项目管理。围绕绿色建筑、装配式建筑、被动式超低能耗建筑、建设领域信息化等我省住房和城乡建设领域创新发展新需求，组织实施创新性强、具有行业前瞻性的科学技术计划项目；加强建设科技成果登记。深入推进全领域理论研究、科研开发、示范应用等三类科技成果登记，定期发布年度建设科技成果目录，加大宣传、推广和转化应用力度，落实好各项激励政策；加快BIM技术推广应用。印发《进一步推进建筑信息模型（BIM）技术应用的通知》，适时召开BIM推进会，开展BIM应用示范；推进绿色建筑创新示范项目技术创新。编制发布绿色建筑创新示范技术指导清单，推进创新技术突破，引导绿色建筑技术集成应用；研究制定企业创新能力评价办法。综合考核企业科技创新投入、科技创新能力、科技创新产出等情况，开展企业创新能力评价。组织装配式、绿色建筑、被动式超低能耗建筑等创新技术专题讲座。发布建筑节能技术（产品）目录。

（5）推进绿色建材评价工作。全面执行《绿色建材评价技术导则》，加大绿色建材推广应用力度；指导绿色建材评价工作，协调、配合有关部门开展绿色建材评价，指导并监督绿色建材评价机构工作。

（6）稳步推进民用建筑能耗监管体系建设。指导督促各市做好年度民用建筑能耗统计上报工作；指导太原市、长治市开展公共建筑能效，提升重点市能耗监测平台对接联网相关工作；指导督促各市做好年度大型公共建筑及政府办公建筑能耗统计上报工作；做好建筑能耗在线监测和数据分析工作

第四节　夏热冬冷地区墙体材料应用情况

一、上海市

2020 年 10 月 13 日，上海市住房和城乡建设管理委员会公布了《上海市禁止或者限制生产和使用的用于建设工程的材料目录（第五批）》（表 8-18）。要求 2020 年 11 月 1 日前未通过施工图设计文件审查备案的项目以及 2020 年 12 月 31 日前尚未开始墙体节能工程施工的项目严格执行。上海市成为我国建筑外墙外保温历史上，首次提出禁止施工现场采用胶粘剂或锚栓以及两种方式组合的施工工艺外墙外保温系统（保温装饰复合板除外）在新建、改建、扩建的建筑工程外墙外侧作为主体保温系统设计使用的城市。

上海禁限用于建设工程的材料目录（第五批）
关于外墙保温系统的规定

表8-18

序号	类别	材料名称	禁止和限制的范围和内容
1	外墙保温系统	施工现场采用胶粘剂或锚栓以及两种方式组合的施工工艺外墙外保温系统（保温装饰复合板除外）	禁止在新建、改建、扩建的建筑工程外墙外侧作为主体保温系统设计使用
2		岩棉保温装饰复合板外墙外保温系统	禁止在新建、改建、扩建的建筑工程外墙外侧作为主体保温系统设计使用

续表

序号	类别	材料名称	禁止和限制的范围和内容
3	外墙保温系统	保温板燃烧性能为 B_1 级的保温装饰复合板外墙外保温系统	禁止在新建、改建、扩建的27m以上住宅以及24m以上公共建筑工程的外墙外侧作为主体保温系统设计使用，且保温装饰复合板单块面积应不超过 $1m^2$，单位面积质量应不大于 $20kg/m^2$
4		保温板燃烧性能为 A 级的保温装饰复合板外墙外保温系统	禁止在新建、改建、扩建的80m以上的建筑工程外墙外侧作为主体保温系统设计使用，且保温装饰复合板单块面积应不超过 $1m^2$，单位面积质量应不大于 $20kg/m^2$

二、浙江省

2018 年 5 月 9 日，浙江省工程建设标准《建筑工程建筑面积计算和竣工综合测量技术规程》DB33/T 1152—2018 为适应浙江省"竣工测验合一"改革的需要而制定，对建筑面积的计算规则做出了新的规定，关于建筑节能保温方向有一条规定影响比较大，那就是确定保温层不计入建筑面积。主要目的是鼓励绿色节能建筑的实施，便于建筑设计与产权登记计算的便利性，统一计算口径，明确将外墙外的附墙柱（包括凸出建筑外墙外的结构柱和非结构性的装饰柱）、保温层、墙面抹灰和装饰面等均不计入建筑面积。江苏、成都、江西等地区也明确发文规定外保温不计入容积率。

2021 年 4 月 1 日，浙江省人民代表大会常务委员会发布了《浙江省发展新型墙体材料条例（修正文本）》，共 27 条，为新型墙体材料发展、保护耕地和生态环境、促进资源综合利用、推进经济和社会可持续发展，提供了法律依据。明确新型墙体材料就是指以非黏土为原料生产的，具有资源综合利用、环境保护、节约土地和能源等特性，符合国家产业政策的墙体材料。明确了墙体材料管理机构的设置、程序和工作职责。明确了省住房和城乡建设主管部门应当组织实施国家有关使用新型墙体材料的标准和技术规范。需要制定本省新型墙体材料建筑应用设计标准、施工技术规程和验收标准的，由省住房和城乡建设主管部门和省市场监督管理部门按照规定权限和程序组织起草、审批和发布。县级以上人民政府应当加大对发展新型墙体材料工作的扶持力度，安排资金扶持新型墙体材料生产项目、应用试点或者示范工程以及新产品、新工艺、新设备的研究开发与推广使用。鼓励科研机构、大专院校、企业和个人研究开发科技含量高、拥有自主知识产权、有利于节约能源和环境保护、经济适用的新型墙体材料以及相关技术、设备和工艺。新型墙体材料生产企业研究开发新产品、新工艺、新设备和自主创新的技术开发项目实际发生的技术开发费用，按照国家规定享受有关税收优惠。建筑工程设计单位在设计建筑工程时，应当根据国家和本省新型墙体材料的建筑应用设计标准以及本条例规定，采用新型墙体材料。施工图设计文件审查机构应当对施工图设计文件中使用新型墙体材料的内容进行审查，不符合规定的，不得通过审查。建筑工程施工单位应当按照施工图设计文件使用新型墙体材料。建筑工程监理单位应当按照施工图设计文件的要求，对工程施工中使用新型墙体材料情况进行监理。本省行政区域内禁止生产、销售和使用实心黏土砖（烧结普通砖）。为修缮古建筑、文物保护单位等特殊建筑物，确需生产和使用实心黏土砖（烧结普通砖）的，应当事先报所在地县（市、区）墙体材料主管部门备案。本省城市规划区内禁止生产、销售和使用空心黏土砖。财政拨款或者补贴的建设项目和国家投资的生产性建设项目，其建筑工程应当使用新型墙体材料。城市规划区内的建筑工程属于框架（含框剪、剪力墙、筒体等）结构的，应当使用新型墙体材料。鼓励城市规划区内其他建筑工程和农村建筑工程使用新型墙体材料。

浙江嘉兴市也于 2020 年 12 月，出台了《关于进一步规范我市民用建筑节能保温材料（产品）使用的通知》，从产品材料、施工工艺、使用场所等三方面明确限制了外墙外保温系统的使用条件。成为我国建筑外墙外保温历史上，提出禁止使用胶粘剂或锚栓以及两种方式组合的外墙外保温系统施工工艺在新建、改建、扩建的建筑工程外墙外侧作为主体保温系统设计使用的地级城市。

该规定限制使用无机轻集料砂浆和保温装饰一体化板等外墙外保温系统，禁止使用胶粘剂或锚栓以及两种方式组合的外墙外保温系统施工工艺，禁止岩棉保温装饰板外墙外保温系统在新建、改建、扩建的建筑工程外墙外侧作为主体保温系统设计使用，禁止在中小学、托儿所、幼儿园、青少年宫和养老院二层及以上部位使用保温装饰一体化板，慎用挤塑聚苯板作为楼板保温构造材料。

三、江苏省

2019 年 2 月 20 日，江苏省工业和信息化厅会同江苏省发展和改革委员会、江苏省生态环境厅、江苏省住房和城乡建设厅、江苏省市场监督管理局，联合下发《关于发布〈江苏省新型墙体材料产品目录〉和〈江苏省墙体材料产业发展导向〉的通知》（苏工信墙改〔2019〕110 号），为贯彻落实江苏省委省政府《江苏省质量提升行动实施方案》和国家发改委办公厅、工信部办公厅《新型墙材推广应用行动方案》，积极发展利废绿色新型墙体材料，促进循环经济发展，支持绿色建筑和装配式建筑发展，这一文件的主要作用，一是加快推进墙体材料产业优化升级。坚决淘汰砖瓦轮窑等落后产能，鼓励发展利废新型墙体材料。新型墙体材料产品应采用限制类以上的生产工艺、生产规模和生产原料进行生产；绿色墙体材料产品应采用鼓励类的生产工艺、生产规模、生产原料进行生产。二是加快推进绿色生产、清洁生产。新型墙体材料生产企业要推行清洁生产，减少大气污染物排放、污水排放、噪声排放，强化综合利用；加快技术改造步伐，提高生产工艺、产品档次和产品质量水平；健全企业管理，完善质量、环境、安全等控制保障体系，尽快达到《绿色产品评价 墙体材料》GB/T 35605—2017 标准要求。三是加快推广应用绿色墙体材料。贯彻国家和省有关发展新型墙体材料和绿色建材有关政策，严格执行《江苏省发展新型墙体材料条例》《江苏省绿色建筑发展条例》，加快推广应用绿色墙体材料，明确建设工程应当使用新型墙体材料产品，政府投资的建设工程应采用绿色墙体材料产品。为推进墙体材料产业高质量发展，提供了政策支持和技术方向。

产品目录简明扼要，确定了适合江苏省推广应用的以下产品，包括：烧结保温砌块（砖）、复合保温砌块（砖）、烧结多孔砖和多孔砌块（利用废渣生产）、烧结空心砖和烧结空心砌块（利用废渣生产）、蒸压粉煤灰砖、蒸压粉煤灰多孔砖、蒸压粉煤灰空心砖和空心砌块、蒸压粉煤灰（保温）空心砖、蒸压灰砂砖（符合《蒸压灰砂实心砖和实心砌块》GB/T 11945—2019 技术要求）、蒸压灰砂多孔砖、承重混凝土多孔砖、非承重混凝土空心砖、装饰混凝土砖、混凝土实心砖、蒸压加气混凝土砌块、石膏砌块、自保温混凝土复合砌块。

墙体材料产业发展导向，确定了鼓励发展的墙体材料产品和生产工艺及规模，包括：利用废渣生产的烧结保温砌块（砖）和复合保温砌块（砖）、消纳利用当地建筑垃圾做再生骨料的混凝土砌块（砖）和自保温混凝土复合砌块（砖）、装配式预制墙板（体）及楼板等水泥预制件、蒸压加气混凝土板、建筑隔墙用条板、石膏砌块、预拌砂浆、高性能混凝土、再生骨料混凝土、环保型混凝土及特种混凝土等绿色混凝土等，并对生产规模做了明确规定。

确定了限制的墙体材料产品和生产工艺及规模。包括原料中虽掺有废渣，但其合计重量掺量比小于 70% 的黏土烧结墙体材料制品、普通混凝土小型砌块（单排孔）、非蒸压泡沫混凝土砌块；未采用构件数码标识和数字化管理的小规模装配式预制墙板（体）、楼板等水泥预制件；成型机功率小于 30kW，无自动计量配料，无养护室（窑）生产的混凝土砌块（砖）类；没有达到规定规模，生产工艺落后的蒸压粉煤灰砖、蒸压加气混凝土砌块、石膏砌块、各种板材及预拌砂浆、预拌混凝土等。不能以产品类别确定，而是要达到规模要求和自动化、智能化要求，确保质量稳定、工程安全。

确定了淘汰的墙体材料产品和生产工艺及规模，包括黏土烧结墙体材料制品、破坏农田、耕地和破坏环境取土烧制的烧结墙体材料制品、制成品中有害物质不符合国家有关规定的墙体材料制品、使用非耐碱玻璃纤维非低碱水泥生产的玻纤增强水泥（GRC）空心条板、非烧结、非蒸压粉煤灰砖以及淘汰的落后产能和产品，涉及烧结墙体材料制品、混凝土砌块（砖）、蒸压加气混凝土生产线、盘转式压砖成型机（公称压力 2000kN 以下）、非机械成型的石膏砌块生产工艺、作坊制作墙板、水泥预制构件生产线、年生产规模在 2000 万 m^2 及以下纸面石膏板生产线等。

江苏省发布的《新型墙体材料产品目录》和《墙体材料产业发展导向》，定位为"促进循环经济，支持绿色建筑和装配式建筑，推进产业高质量发展"，由五部门联合发布实施，力度大。砖、块、板简单排序，只有名称和标准，比较简单明了。《墙体材料产业发展导向》分为鼓励的产品和工艺、规模，限制的产品和工艺、规模，淘汰的产品和工艺、规模，这种分类结构比较简捷、科学便于操作，达到了导向作用。

四、湖北省

1. 2021 年 11 月 19 日，湖北省住房和城乡建设厅发布《关于进一步加强外墙保温工程管理的通知》（鄂建文〔2021〕47 号）。

明确指出，外墙保温是建筑节能的重要组成部分，对保证建筑能效、提升工程品质具有重要作用。当前，外墙保温因系统选用不合理、材料质量不合格、设计深度不足、施工控制不严等原因，导致保温层开裂、空鼓、脱落、拆除等现象时有发生，严重影响使用安全和节能效果。为保障外墙保温工程质量安全，促进绿色建筑高质量发展，助力实现建筑领域"双碳"目标，根据相关政策法规及标准规范，结合湖北省节能产业及技术发展实际，通知具体内容如下：

（1）重点推广外墙保温系统：外墙保温工程应优先选用墙体自保温系统、保温与结构一体化系统；框架结构和框架剪力墙结构选用高性能蒸压加气混凝土砌块（板）自保温系统或保温装饰板外保温系统；剪力墙结构选用内置保温现浇复合剪力墙系统、EPS 钢丝网架板现浇混凝土外保温系统或保温装饰板外保温系统；装配式建筑选用高性能蒸压加气混凝土板自保温系统、预制混凝土夹芯保温外墙板系统或保温装饰板外保温系统。

（2）限制与禁止使用的外墙保温系统：外墙内保温系统（内侧墙粘贴高性能蒸压加气混凝土保温板除外）仅适用于全装修建筑；保温装饰板外保温系统应用高度不应超过 100m；禁止使用燃烧性能低于 B₁ 级的外墙保温材料；浆料类（含无机轻集料保温砂浆）保温系统禁止用于外墙外保温工程；用于外墙内保温工程时，只能在热桥翻包、门窗洞口等局部部位及厨房、卫生间使用；薄抹灰外墙保温系统应用高度禁止超过 100m。薄抹灰外墙外保温系统饰面层禁止使用陶瓷饰面砖；禁止采用仅通过粘结方式固定的保温装饰板外保温系统。

（3）其他情形的外墙外保温系统应具体分析和论证。有下列情形之一时，建设单位应组织专家对选用的外墙保温系统进行技术论证：选用的外墙保温系统无国家、行业和湖北省相应标准规范的；选用薄抹灰外墙保温系统应用高度超过 54m 的；选用其他类型外墙外保温系统时，应用高度超过 100m 的；选用的外墙保温系统超出本部分 1、2 款相应规定的。

2. 2020 年 9 月 22 日，武汉市城乡建设局发布了《关于进一步加强民用建筑工程外墙保温系统应用管理的通知》，内容包括：

（1）大力推广安全可靠的外墙保温系统：外墙保温工程应采用预制构件、定型产品和成套技术，并应由同一供应商提供配套的组成材料和型式检验报告；外墙外保温应优先选保温装饰一体化外墙外保温系统及外模内置双网 EPS 现浇混凝土系统。当采用保温装饰一体化保温系统时，一体化板单位面积质量不宜大于 20kg/m²。其安装方式及使用高度应根据系统抗风压性能实测值验算确定；外墙内保温仅适用于全装修成品住宅，其供暖空调区域保温层厚度不应大于 40mm；整体剪力墙结构应优先选用内置保温现浇混凝土复合剪力墙系统；装配式混凝土建筑应优先选用预制混凝土夹芯保温外墙板。装配式钢结构建筑宜选用保温装饰一体化的外墙保温系统；框架结构（包括部分剪力墙结构）应选用蒸压高性能加气混凝土砌块自保温体系。

（2）严格落实外墙保温工程质量责任：建设各方主体应严格履行职责确保外墙保温工程质量，严格落实建设单位的首要责任，严格落实设计、施工、监理及外墙保温系统材料供应单位主体责任；外墙保温工程应严格按《建筑设计防火规范》GB 50016—2014（2018 年版）和《建筑节能工程施工质量验收标准》GB 50411—2019 等相关标准、规范、构造图集和《关于进一步加强民用建筑工程外墙保温系统应用管理的通知》规定进行设计、施工和验收；外墙保温工程必须成套采购和使用质量合格、标准规范齐全的外墙保温系统所有组成材料；建设单位不得明示或者暗示使用不符合标准规范要求的外墙保温系统材料；设计单位不得设计不符合标准规范及国家明令淘汰的保温材料和产品；建筑节能设计专篇应包括外墙保温系统热工参数、系统及组成材料性能指标，构造做法，其设计深度应符合现行《建筑工程设计文件编制深度规定》的要求；施工图设计文件审查机构应对外墙保温系统热工参数、构造及各组成材料性能是否符合相关标准和规定进行审查；施工单位应对进入施工现场的外墙保温材料进行查验，不符合施工图设计文件要求及相关标准规范规定的，不得进场使用，并按照有关施工质量验收规程要求进行产品的抽样检测；外墙保温工程施工前，施工单位和系统材料供应单位应共同制定施工技术方案报监理单位审批，并按审批后的方案在现场制作样板间或样板构件，经相关各方确认后方可进行保温工程施工；施工单位应在工程质量保证书中明确保温工程保修期，对保温工程在保修范围和保修期内发生的质量问题，履行保修义务并对造成的损失依法承担赔偿责任。

（3）加强外墙保温工程监督管理。

3. 2021 年 6 月 28 日，宜昌市住房和城乡建设发布局《关于公布〈宜昌市建设工程推广、限制和禁止使用建筑技术、材料、工艺和设备目录（第二批）〉的通知》，明确规定：

（1）施工现场采用胶粘剂或锚栓以及两种方式组合的施工工艺外墙外保温系统（保温装饰复合板除外）限制使用范围：限制在新建的 27m 以上住宅以及 24m 以上公共建筑工程的外墙外侧作为主体保温系统设计使用。

（2）保温装饰复合板外墙外保温系统：岩棉保温装饰复合板，燃烧性能为 B_1 级保温装饰复合板，限制使用范围：限制在新建的 80m 以上的建筑工程外墙外侧作为主体保温系统设计使用。

（3）轻集料（无机、有机）砂浆外墙外保温系统禁止使用范围：禁止用于新建的住宅、公共建筑工程的外墙外侧作为主体保温系统设计使用。

（4）这三类建筑材料均推荐选用的内容：优先采用外墙内保温、外墙自保温、复合保温和装配式新型外墙保温系统技术。

五、重庆市

2021 年 3 月 26 日，重庆市住房和城乡建设委员会下发《关于禁限民用建筑外墙外保温工程有关技术要求的通知》（渝建绿建〔2021〕8 号）。通知要求：

自 2022 年 1 月 1 日起，通过施工图审查或因设计变更等原因需重新开展方案设计或初步设计的主城都市区范围内新建、改建、扩建的民用建筑工程项目，禁止采用薄抹灰外墙外保温系统和仅通过粘结锚固方式固定的外墙保温装饰一体化系统。

自 2022 年 7 月 1 日起，通过施工图审查或因设计变更等原因需重新开展方案设计或初步设计的全市范围内新建、改建、扩建的民用建筑工程项目，禁止采用薄抹灰外墙外保温系统和仅通过粘结锚固方式固定的外墙保温装饰一体化系统。进一步提升非承重墙体砌块自保温、结构与保温一体化、预制保温外墙板等墙体自保温技术应用规模。

重庆市成为继上海、新疆之后国内第三个明确禁止采用薄抹灰外墙外保温系统的省市。重庆市推广一体化和装配化墙体围护体系的步伐走在了全国前列。

第五节　夏热冬暖地区墙体材料应用情况

夏热冬暖地区所包含的省份比较少，而这些地区建筑节能的主要任务是隔热降温，新型墙材和建筑节能起步相对较晚，但是发展速度很快。建筑节能是新型墙体材料发展的主要动力。

一、广东省

1.《广东省绿色建筑条例》已由广东省第十三届人民代表大会常务委员会第二十六次会议于 2020 年 11 月 27 日通过，自 2021 年 1 月 1 日起施行。目的是为了贯彻绿色发展理念，推进绿色建筑高质量发展，规范绿色建筑活动，节约资源，提高人居环境质量。条例对绿色建筑的定义、规划和建设、运行和改造、技术发展和激励措施、法律责任等进行了规定。与墙体材料和围护体系有关的内容包括：

鼓励执行高于国家和省的节能标准，发展超低能耗、近零能耗建筑。鼓励在民用建筑中推广应用可再生能源；推广应用绿色建材，大型公共建筑和国家机关办公建筑、国有资金参与投资建设的其他公共建筑应当优先使用绿色建材。鼓励利用建筑废弃物生产建筑材料和进行再生利用；县级以上人民政府应当发展装配式建筑等新型建造方式，提高新建民用建筑项目的标准化设计、工厂化生产、装配化施工、一体化装修、智能化管理水平，推动建筑产业现代化发展；因采取墙体隔热、保温、防潮、遮阳、隔声降噪等绿色建筑技术措施增加的建筑面积不计入容积率核算和不动产登记的建筑面积；绿色建筑新技术、新工艺、新产品的研发费用，可以按照国家有关规定享受税收优惠。

2. 2021 年 10 月 13 日，广东省住房和城乡建设厅启动了对《广东省发展新型墙体材料管理规定》(省政府令第 95 号)、《广东省促进散装水泥发展和应用规定》(省政府令第 156 号) 两个政府令的合并修订工作，起草了《广东省散装水泥和新型墙体材料发展应用管理规定（公开征求意见稿）》，目的是加强散装水泥和新型墙体材料发展应用管理，推动建设工程材料绿色化发展，节约资源、保护环境。

该规定适用于在广东省行政区域内从事预拌混凝土、预拌砂浆、混凝土预制构件和新型墙体材料的生产、销售、使用和监督管理，以及袋装水泥使用和监督管理。其中第三节专门规定了新型墙体材料发展和应用事宜，包括以下主要内容：

各级人民政府及有关部门鼓励企业按照国际先进标准组织生产新型墙体材料。生产新型墙体材料的企业应当按照国家或者行业标准组织生产，产品质量必须符合国家标准、行业标准或者地方标准，符合建筑设计、施工、使用功能和节能的要求。

各级人民政府及其有关部门应支持发展本质安全、节能环保和轻质高强的新型墙体材料，推广适用于装配式混凝土结构、钢结构建筑的围护结构体系。企业生产的新型墙体材料，符合国家有关循环经济发展、资源综合利用、节能减排等规定的，依法享受相关税收优惠。

省人民政府住房和城乡建设主管部门应根据国家产业政策和地方实际情况，会同有关部门制定限制使用或者淘汰的墙体材料品种目录，并向社会公布。城市和镇规划区范围内新建、改建、扩建建设工程（除列入历史文化保护的古建筑修缮等特殊工程外）应当使用新型墙体材料。

除经省人民政府确定的边远山区、海岛外，禁止新建、改建、扩建黏土类墙体材料生产线。禁止生产、销售黏土类墙体材料。城市和镇规划区范围内的建设工程除列入历史文化保护的古建筑修缮等特殊工程外，禁止使用黏土类墙体材料。各类围墙和临时建筑禁止使用黏土类墙体材料。农村建筑工程鼓励使用新型墙体材料，禁止使用实心黏土砖。

各级人民政府及其有关部门应当加强绿色建材的推广应用，加快推进绿色建材产品认证及生产应用，开展政府采购支持绿色建材推广试点，实施政府采购绿色建材政策，建立绿色建材采购引导机制和目录，加大绿色建材产品采购力度，支持绿色技术创新和绿色建材发展。

支持企业利用无毒无害的工业废渣、建筑垃圾等固体废物生产再生骨料、预拌混凝土、预拌砂浆、混凝土预制构件和新型墙体材料等建筑材料。符合税收减免优惠条件的，可按照国家有关规定向税务机关申请税收减免。鼓励建设工程项目使用固体废弃物生产的建材产品。企业利用建筑垃圾生产新型墙体材料的，应向县级以上地方人民政府市容环境卫生主管部门申请并获得城市建筑垃圾处置核准。县级以上地方人民政府市容环境卫生主管部门负责预拌混凝土、预拌砂浆、混凝土预制构件和新型墙体材料企业循环利用建筑废弃物情况的监督管理。

完善混凝土预制构配件的通用体系，推进装配式建筑叠合楼板、内外墙板、楼梯阳台、整体卫浴等工厂化生产，引导部品部件产业系列化开发、规模化生产、配套化供应。县级以上人民政府自然资源主管部门应当根据散装水泥和新型墙体材料发展应用规划，在建设用地计划中，保障预拌混凝土、预拌砂浆、混凝土预制构件和新型墙体材料生产基地建设用地。

县级以上人民政府科技主管部门应当支持预拌混凝土、预拌砂浆、混凝土预制构件和新型墙体材料等生产企业创新研发和技术推广应用，将相关先进技术列入科技计划项目。应当对研发、生产和使用预拌混凝土、预拌砂浆、混凝土预制构件和新型墙体材料等生产企业及其相关项目，按国家和省的规定在财政、金融和税收等方面给予政策支持。

该规定所称新型墙体材料，是指符合国家产业政策和省产业导向，以非黏土为主要原料生产的，有利于节约资源、生态环境保护和改善建筑功能的，用于建筑物墙体的建材产品。

二、广西壮族自治区

2019 年 3 月，广西壮族自治区住房和城乡建设厅在南宁组织召开 2019 年全区墙材革新工作会议。会议披露，据会议介绍，2018 年，全区墙改行业坚持新发展理念，强化墙材革新工作管理，加快推进墙材产业结构调整升级，墙材革新工作取得显著成效：全区新型墙体材料占墙体材料总量比重达 76%，墙体材料产值达 133 亿元；全区共关停淘汰落后墙材企业 144 家，实现节约能源 158.1 万吨标准煤；5 个装配式墙板建成投产；乡镇农村新型墙体材料应用比例达 15%。自治区住房和城乡建设厅相关负责人表示，广西墙体材料企业数量多，是城乡建设的基础产业，整个产业在社会经济建设中贡献很大。但是，墙体材料作为传统的材料产业还存在着总体水平亟待提升，环保、节能减排任务艰巨，经济效益水平不高和产业转型发展缓慢等问题。因此，当下去产能、淘汰落后生产工艺、发展绿色建材是墙改结构调整和转型升级的行业主方向。广西墙改工作坚持新发展理念，认真贯彻落实国家和自治区墙改政策，推动墙改行业供给结构进一步优化，品种质量全面适应建筑工业化和城乡建筑及基础设施发展的新要求；治污减排水平大幅提高，节能降耗取得新进展；落后产品和落后产能逐步淘汰；固体废弃物资源化利用占比持续上升；推进墙改行业全面进入转型升级、低碳节能、绿色制造、绿色应用、环保生态的新时代。

第六节 温和地区墙体材料应用情况

温和地区主要指云南一带较小范围地区，其 1 月平均气温在 0℃到 13℃，7 月平均气温在 18℃到 25℃，这一气候分区极端气候情况较少。与其他地区相比，冬暖夏凉，气候冷热变化小，较易达到舒适温度，建筑节能指标较低，建筑使用能耗不高。墙体材料改革的重点是禁止黏土实心砖，节约土地，减少生产阶段的能耗水平。

在温和地区，应当尽可能保证达到温和地区的特征要求，满足其在夏天和冬天不同季节的温度需求。"建筑节能"是合理使用、有效使用、提高利用居住建筑中的能源。其中最重要的是提高居住建筑中的能源利用率，达到能源的低消耗、高利用。同时，在有效利用居民建筑内能源和资源同时，让其使用功能更能满足居民生活的需要。因此，居住建筑节能设计应要达到几个要求：① 冬暖夏凉；② 通风良好；③ 做好居住建筑外墙、屋面、楼地面等的保温。

本 章 小 结

本章根据《民用建筑热工设计规范》GB 50176—2016 把我国分为严寒、寒冷、夏热冬冷、夏热冬暖以及温和地区 5 个气候分区。南北地区建筑节能要求不同，建筑结构体系不同，经济发展水平不同，各种墙体材料应用比例差距很大。北方地区以轻质保温型材料为主，南方地区以蓄热系数高、容重大、隔热效果好的重质材料为主。北方地区、西北地区由于气候原因，建筑节能和新型墙材起步早，管理工作付出多，标准规范制定不少，但是，新型墙材与建筑节能工作的效果不如沿海发达地区，这与北方地区建筑节能对墙体材料的性能要求高和科技扶持力度小有关系。

（1）严寒和寒冷地区夏季空调降温的需求相对很小，因此建筑围护结构的总体热工性能权衡判断以建筑物耗热量指标为判定依据。寒冷地区对建筑物围护结构的材料和构件保温性能要求很高。建筑节能产品和检测方法在东北地区推广应用最早，技术沉淀与全国相比较多，新型墙材推广较好。

（2）分别对陕西省、甘肃省、宁夏回族自治区、新疆维吾尔自治区等寒冷地区的墙材应用特点、存在问题以及出台的相关规程进行了全面分析研究，给出了寒冷地区墙材应用示范。

（3）详细介绍了上海市、浙江省、江苏省、湖北省、重庆市等夏热冬冷地区墙材应用情况和做法，为夏热冬冷地区墙材应用提供了有益的借鉴作用。

（4）介绍了广东省、广西壮族自治区夏热冬暖地区墙材应用情况，这些地区建筑节能的主要任务是隔热降温，新型墙材和建筑节能起步相对较晚，但是发展速度很快。建筑节能是新型墙材发展的主要动力。

（5）介绍了云南一带在温和地区应当尽可能保证达到温和地区的特征要求，满足其在夏天和冬天不同季节的温度需求。

第九章　我国保温隔热材料制造行业发展现状

保温、隔热材料作为建筑节能材料的一个重要分支，其发展情况也可以反映建筑节能的总体情况。实际上，墙体材料一般指的是建筑物围护材料，而随着高层建筑的发展，高层剪力墙成为主流，保温、隔热材料成为墙体材料主要组成部分。随着散装水泥办公室的撤销，预拌混凝土、干混砂浆、混凝土预制构件被明确列为墙体材料的范畴。随着装配式建筑的发展，建筑节能与结构一体化复合制品、复合大板成为墙体材料的新种类。研究墙体材料，不能不考虑保温隔热材料。

第一节　行业定义及分类

保温隔热材料是以提高气相空隙率，降低热传导系数为主的建筑材料。我国现已形成发泡聚苯板、发泡聚氨酯、岩棉、玻璃棉、膨胀珍珠岩、矿渣棉、超细玻璃棉、微孔硅酸钙制品等品种比较齐全的产业链。

保温隔热材料的应用领域不断扩大，大大提升了对保温隔热材料的性能要求，行业技术也因此得到了较快的发展。根据保温隔热材料行业分析数据，1992年以来，我国保温隔热材料相关专利的申请数量呈现快速上升态势，2010年保温隔热材料行业相关专利申请数量为310件，2015年上升至636件，达到近年来最大值，如图9-1所示，2019年保温隔热材料相关专利的申请数量达到300件。

保温隔热材料行业定义及分类指出，截至2019年12月，我国保温隔热材料市场规模达到451亿元，其中，华北地区的保温隔热材料收入约为218.68亿元，占全国保温隔热材料销售收入的比重达到27.2%；东北地区保温隔热材料销售收入为208.38亿元，占比为25.9%；华东地区行业销售收入达到192.74亿元，占比为24.0%；华南地区的销售收入仅为14.97亿元。

从专利公开数量来看，保温隔热材料行业专利公开数量呈现波动上升态势。

尤其是 2010 年以后行业专利公开数量上升速度非常快，2010 年全国保温隔热材料相关专利公开数量为 287 件，2018 年上升至 694 件，创历史新高；2019 年保温隔热材料相关专利公开数量为 660 件。

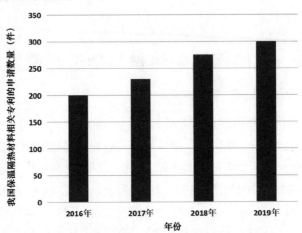

图 9-1　我国保温隔热材料相关专利的申请数量

（数据来源：中国报告大厅）

从专利分布领域来看，首先为 E04B1/00，一般构造不限于墙，例如，间壁墙、楼板、顶棚或屋顶中任何一种结构的专利申请数量最多，其累计申请数量达到 717 个，占总量的比重达到 6.77%；其次为 C04B28/00，含有无机粘结剂或含有无机与有机粘结剂反应产物的砂浆、混凝土或人造石的组合物，专利申请数量为 531 个，占总量的比重为 5.04%。

目前，我国市面上的保温隔热材料按其成分可分为有机材料、无机材料和金属绝热材料三种。保温隔热材料行业定义及分类指出，保温隔热材料一般均系轻质、疏松、多孔、纤维材料。

（1）有机材料。有机高分子材料又称聚合物或高聚物。一类由一种或几种分子或分子团（结构单元或单体）以共价键结合成具有多个重复单体单元的大分子，其分子量高达 104～106。成品主要以模塑聚苯板、挤塑聚苯板、聚氨酯发泡材料、酚醛树脂发泡材料等为主。

（2）无机材料。无机材料指由无机物单独或混合其他物质制成的材料。通常指由硅酸盐、铝酸盐、硼酸盐、磷酸盐、锗酸盐等原料和 / 或氧化物、氮化物、碳化物、硼化物、硫化物、硅化物、卤化物等原料经一定的工艺制备而成的材料。成品包括岩棉板、泡沫玻璃、泡沫陶瓷等。

（3）金属绝热材料。绝热材料是指能阻滞热流传递的材料，又称热绝缘材料。它们用于建筑围护或者热工设备、阻抗热流传递的材料或者材料复合体，既包括保温材料，也包括保冷材料。

2020 年，我国将继续淘汰保温隔热材料落后产品、工艺、设备，鼓励和扶持大中型企业集团的发展，加快行业结构的整合，提高产业集中度，通过产业集群的建设，形成较有竞争力的龙头企业和典型区域，从而带动整个行业的快速发展，具备与国外企业竞争的实力。

第二节　行业概况及现状

随着工业的发展，在环境需求与能源需求的尖锐矛盾下，我国保温隔热材料的发展十分迅速（图 9-2），产品绝热等级达到 r-33.3，热反射率为 89%，导热系数为 0.030W/m・K。

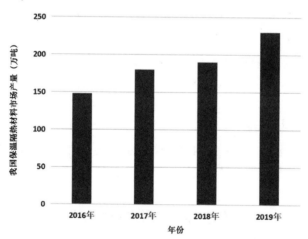

图 9-2　我国保温隔热材料市场产量情况

（数据来源：中国报告大厅）

保温隔热材料行业分析指出，我国经济发展迅速，而能源生产的发展相对滞后得多，解决能源短缺的一个办法就是节能，即减少热损失、提高热能的利用效率、减少能源浪费。国际上将节能工程视为"第五能源"，同石油、煤、天然气和电力并列为五大常规能源，而节能的最主要措施之一就是发展和应用保温隔热材料。

2016 年，我国研发出最新的隔热保温涂料，保温涂层的导热系数极低，隔热保温率在 90% 以上。从保温隔热材料行业的现状看出，高温隔热保温涂料优异的性能不仅对高新技术的发展起着重要的推动和支撑作用，而且已成功使用到石油石化、航天、电力、轻工、冶金、交通、建筑等领域。

2017 年，北京志盛威华科技发展有限公司研发出最新热反射隔热防腐涂料 ZS-223 和透明热反射隔热涂料 ZS-255，不仅能够最大限度地反射太阳热，起到隔热保温的效果，还具有很高的憎水自洁性，对酸碱介质、盐雾、海水防腐耐腐蚀性好，防油防灰粘附，可见光透过率更是达到了 80%～85%，市场前景和应用价值非常广阔。

2018 年，工业和信息化部表示太空反射绝热涂料通过应用陶瓷球形颗粒中空材料在涂层中形成的真空腔体层，可构筑有效的热屏障，不仅自身的热阻较大、导热系数较低，而且热反射率极高，减少了建筑物对太阳辐射热的吸收，降低了被覆表面和内部空间的温度，此类材料是具有较好发展前景的高效节能材料之一。

2019 年，建筑能耗在人类整个能源消耗中所占比例约超过 30%，绝大部分是采暖和空调的能耗，故建筑节能意义十分重大。

整体来看，我国隔热保温材料市场产量近年来逐年上升，如图 9-2 所示。我国保温隔热材料的不断发展，拥有的种类越来越多，按照通常使用的材料质地划分法，可分为无机保温隔热材料和有机保温隔热材料两大类，过去单一的保温隔热材料已经不能满足现在的使用需要，于是更多环保型、复合型保温材料逐渐进入市场，并且受到了广泛关注和开发利用。常用的有无机纤维保温隔热材料、有机纤维类保温板和复合型保温隔热材料制品。

第三节　行业技术特点

随着保温隔热材料在各个应用领域的需求不断扩大，全球保温隔热材料正朝着高效、节能、薄层、隔热、防水外护一体化方向发展，2016 年至 2019 年全球保温隔热材料市场规模如图 9-3 所示。

我国保温隔热材料行业的发展历程就是行业产品的技术发展方向变化史。保温隔热材料行业分析指出，20 世纪末，主流产品是珍珠岩、岩棉类保温材料；到 21 世纪前 10 年，主流产品变为聚苯板、聚氨酯等有机保温材料；目前，具有防火性能的岩棉保温板重新进入人们的视野之后，随着节能要求的提高，厚度增加，耐久性和质量保证度遇到越来越大的挑战，逐步将退出建筑业新建工程中的应用；传统保温隔热材料已经进入淘汰初期，未来，复合型、多功能复合制品和构件将逐渐占据市场，成为市场主角。

保温隔热材料行业技术特点指出，保温隔热材料是保温材料和隔热材料的统称。一般均系轻质、疏松、多孔、纤维材料。通常导热系数 λ 值应不大于 0.23W/（m·K），热阻 R 值应不小于 4.35（m^2·K）/W，特点是密度低、抗压强度高、构造简单、施工容易且造价低。

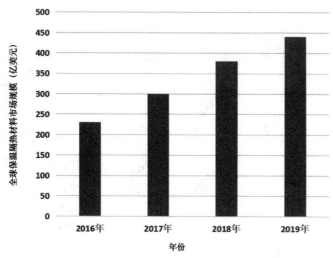

图 9-3 全球保温隔热材料市场规模

（数据来源：中国报告大厅）

1. 物理形态特性

保温隔热材料的形态有：板、毯、棉、纸、毡、异型件、纺织品等。不同类型的隔热材料的物理特性（机械加工性、耐磨性、耐压性等）有所差异。所选保温隔热材料的形态和物理特性必须符合使用环境。

2. 化学特性

不同类型的保温隔热材料化学特性（防水性、耐腐蚀性等）有所差异。所选保温隔热材料的化学性能必须符合使用环境。

3. 保温隔热性能

隔热系统中隔热层的厚度往往有个最大值。使用所选保温隔热材料所需的隔热层厚度必须在最大值以内。在一些要求隔热层厚度较薄的场合往往需要选择保温隔热性能较好的保温隔热材料（如：派基隔热软毡、纳基隔热软毡）。

目前，随着市场不断发展变化，保温材料市场也相继涌现出了品牌之路，如保温材料品牌产品、保温材料品牌企业、保温材料品牌市场。保温隔热材料行业技术特点指出，还有很多细分市场也开始涌现，如外墙保温材料、塑胶保温材料、珍珠岩保温材料、耐火保温材料、硅酸盐保温材料、发泡保温材料等。品牌企业市场占有率的扩展便是保温材料企业打造品牌成功率最有效的明证。

截至 2019 年，我国隔热材料生产企业数量主要分布于华东、华北、华南等地区，华东区生产企业市场占比最高，达 43.0%；其次为华北地区，生产企业市场占比为 33.1%；华南地区居于第三，生产企业市场占比达 15.5%。

第四节　市场分析

保温隔热材料是指对热流具有显著阻抗性的材料或材料复合体，我国近年保温隔热行业产品结构发生了明显的变化，2020 年产量约为 632 万吨，表观消费量约为 597.3 万吨，近年来我国保温隔热材料表观消费量如图 9-4 所示。

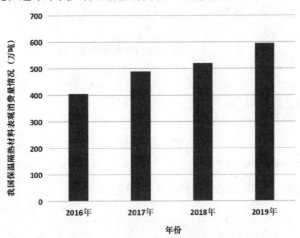

图 9-4　我国保温隔热材料表观消费量

（数据来源：中国报告大厅）

我国保温隔热材料发展迅速，已具备较齐全的品种和初具规模的保温材料生产和技术体系，特别是经过近 20 年的高速发展，已形成以膨胀聚苯板及其各种改性板、发泡聚氨酯、酚醛发泡板、膨胀珍珠岩、岩棉、矿物棉、玻璃棉、耐火纤维、硅酸钙绝热制品等品种比较齐全的产业，技术、生产装备水平也有了较大提高。

无机保温隔热材料品质和性能的提升以及绝热保温应用体系的不断优化完善，使得无机材料应用占比将逐渐提高，有机材料应用占比则相应降低。随着既有建筑改造数量的增加，预计 2022 年国内市场隔热保温材料市场规模超过 1750 亿元。

综合来看，有机类的应用占比仍高达 60% 左右；在保温隔热材料研发居前国家的带动下，复合类新型保温隔热材料的应用前景也逐渐明朗，应用占比已经达到了 35% 左右的水平；而无机类保温材料则处于即将被完全替代的边缘，应用占比已下降至 5% 左右的水平。保温隔热材料在建筑物中发挥作用，必须永久方便地实现与建筑物同寿命服役，只有通过复合才能实现保温隔热性能与建筑物的同步、协调、一致。

第五节 发展趋势

保温隔热材料是指对热流具有显著阻抗性的材料或材料复合体，全球保温隔热材料行业在今年迎来新的发展机遇。预计到 2022 年市场规模将超过 1750 亿元，年复合增长率达到 12%。

保温隔热材料行业分析指出，全球保温隔热材料正朝着高效、节能、薄层、隔热、防水外护一体化方向发展，在发展新型保温隔热材料及符合结构保温节能技术的同时，更强调有针对性地使用保温绝热材料，按标准规范设计及施工，努力提高保温效率及降低成本。

我国保温隔热材料行业经过多年的发展成长迅猛。保温隔热材料行业发展趋势指出，2010 年我国保温隔热材料市场规模约 250.7 亿元，到 2019 年我国保温隔热材料市场规模达到 804.6 亿元，复合增长率约为 21.45%，近年来我国保温隔热材料市场规模如图 9-5 所示。

供需方面，2019 年我国保温隔热材料产量约为 632 万吨，保温隔热材料表观消费量约为 597.3 万吨，较上年有较大提高。

进出口方面，2019 年保温隔热材料行业进出口总额为 4.2 亿美元，同比上年下降 7.65%；其中进口额 7587.35 美元，同比增长 15.18%；出口额 3.44 亿美元，同比下降 11.52%；实现贸易顺差 2.68 亿美元。

目前，我国保温隔热材料行业专利技术并不集中，排在第一位的为岩棉制品，其次是聚苯乙烯发泡材料。

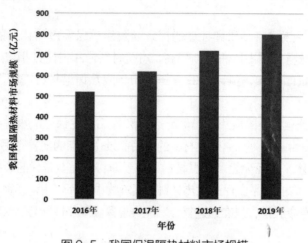

图9-5 我国保温隔热材料市场规模

（数据来源：中国报告大厅）

研制多功能复合保温材料，提高产品的保温效率和扩大产品的应用面。使用的保温材料在应用上都存在着不同程度的缺陷：硅酸钙在含湿气状态下，易存在腐蚀性的氧化钙，并由于长时间内保有水分，不易在低温环境下使用；岩棉制品等矿物棉制品易吸收水分，不适于低温环境，也不适于540℃以上的温度环境；聚氨酯泡沫与聚苯乙烯泡沫不宜用于高温下，而且易燃、收缩、产生毒气。

总的来说，我国保温隔热材料已具备较齐全的品种和初具规模的保温材料生产和技术体系，技术和生产装备水平有了较大提高。不同性质的材料复合是实现多功能、合理应用的有效途径，任何单一保温材料很难实现多功能的要求。

本 章 小 结

本章对我国保温隔热材料制造行业发展现状进行了综合分析研究。

1. 保温隔热材料行业定义及分类

保温隔热材料是以提高气相空隙率、降低热传导系数为主的轻质材料。我国现已形成岩棉板、聚苯板、膨胀珍珠岩板、微孔硅酸钙绝热制品等品种比较齐全的产业链。目前，我国市面上的保温隔热材料按其成分可分为有机材料、无机材料和金属绝热材料三种。

2. 保温隔热材料行业概括及现状

随着工业的发展，我国保温隔热材料的发展十分迅速，拥有的种类越来越多，过去单一的保温隔热材料已经不能满足现在的使用需要，更多的环保型、复合型保温材料逐渐进入市场，并且受到了广泛的关注和开发利用。

3. 保温隔热材料行业的技术特点

全球保温隔热材料在各应用领域的需求扩大，正朝着高效、节能、薄层、隔热、防水外护一体化的方向发展，其特点是密度低、抗压强度高、构造简单、施工容易且造价低。目前，随着市场不断发展变化，相继涌现出了保温材料品牌之路、品牌产品、品牌企业、品牌市场等行业技术特点。必须通过不同材料的复合实现多功能化。

4. 保温隔热材料行业市场分析

近年，我国保温隔热行业产品结构发生了明显的变化，2020 年产量约为 632 万吨，表观消费量约为 597.3 万吨。并且，我国的保温隔热材料已具备较齐全的品种和初具规模的保温材料生产和技术体系，保温材料市场也相继涌出了品牌之路，如保温材料品牌产品、保温材料品牌企业、保温材料品牌市场。

5. 保温隔热材料行业发展趋势

全球的保温隔热材料行业在近些年迎来了新的发展机遇，预计到 2022 年，市场规模将超过 1750 亿元，年复合增长率达到 12%。

保温隔热材料行业发展趋势指出，2010 年我国保温隔热材料市场规模约为 250.7 亿元，到 2019 年我国保温隔热材料市场规模达到 804.6 亿元，复合增长率约为 21.45%。

供需方面，2019 年我国保温隔热材料产量约为 632 万吨，保温隔热材料表观消费量约为 597.3 万吨，较上年有了较大提高。

进出口方面，2019 年我国保温隔热材料行业进出口总额为 4.2 亿美元，同比上年下降 7.65%；其中进口额 7587.35 美元，同比增长 15.18%；出口额 3.44 亿美元，同比下降 11.52%；实现贸易顺差 2.68 亿美元。

下　篇

我国新型墙体材料的未来需求研究

第十章　影响节能墙体材料推广应用的主要原因以及发展措施

第一节　影响节能墙体推广应用的主要原因

新型墙体材料在我国起步较晚，能够实现建筑节能与结构一体化，能够与建筑物同寿命，具有围护、保温、隔热、防火、隔音等功能的复合制品发展缓慢，推广较难，存在很多原因。

一、技术方面的原因

1. 新型墙体材料对技术复合程度要求高，而我国该领域专业设置匮乏，本科人才培养滞后，基本技术力量严重不足。

（1）建筑材料是一个巨大的学科领域，但是，由于历史原因，在我国高等教育学科目录里已经没有这个专业了。

新型墙体材料是建筑构筑物的有机组成部分，其性能指标与建筑物的结构形式、节能环保、耐久性密切相关，其生产、推广和应用过程专业跨度大、技术要求高，是一项复杂的系统工程。这一行业对技术人员的综合能力要求较高，技术创新任务艰巨，而正是这么一个发展空间巨大、市场需求急迫的重点行业，在我国高等教育学科体系改革过程中，专业设置逐步被肢解、离析甚至边缘化，我国高等教育学科目录中，已经没有建筑材料这个专业了。

隶属于建设行业开设的建筑材料专业原来叫"建筑材料与制品"，该专业是原来建筑工程类大学和建筑材料类大学必须设置的专业。从后来行业技术发展情况来看，这个专业的设置是非常及时和必要的，其课程设置与我国建筑业发展非常吻合。遗憾的是，该专业在后续这些建筑类和建材类大学撤并过程中，被划分到了各大学的材料学院，按照教育部学科目录，归并到"材料科学与工程"一级学科大类之下，彻底脱离了建设行业，远离了服务主体，很多被边缘化和取消掉了。"建筑材料与制品"专业全部按照新的学科目录改为"无机非金属材料工程",师资配置和专业课程全部偏重材料性能,无法做到按照建筑业的要求开设课程和配置师资,学科设置和培养体系与建筑业渐行渐远。

20世纪60年代以前,国内外高校均没有独立的材料科学与工程院系。此时,材料科学与工程人才的培养分别在冶金、化工或机械等院系进行。从20世纪60年代初起,我国与欧美国家一样,开始进行材料学科的改造,根据行业需求设置各自需要的材料专业,2所国家教委直属大学、6所原建设部部属建筑工程学院、4所建材局所属建材学院都开设有建筑材料专业。恢复高考以后,为顺应建设行业技术发展需要,建筑材料专业被改为"建筑材料与制品"专业。设置该专业的大学主要有同济大学、南京工学院以及原建设部直属的6所建筑工程学院和建材局所属的4所建材学院。

1997年至1998年,教育部对材料类本科专业目录进行了调整,1998年《普通高等学校本科专业目录》,没有建筑材料专业,更没有新型建材专业,建筑节能作为交叉学科,也没有专业设置。1997年《授予博士、硕士学位和培养研究生的学科、专业目录》,没有建筑材料专业,也没有建筑节能专业。

将原来划分过细的10多个材料类小专业合并成了现在的冶金工程、金属材料工程、无机非金属材料工程、高分子材料与工程、材料物理、材料化学六个专业。同时,在引导性专业目录中还设置了材料科学与工程一级学科专业,该专业具有面向"所有材料"及材料四要素(或五要素)的宽专业特点。表10-1为2021年全国高校中材料类专业设置情况。

2021年全国高校中材料类专业设置情况　　　　　　　　表10-1

年份	材料科学与工程	高分子材料与工程	无机非金属材料工程	金属材料工程	冶金工程
2021年	222	181	80	76	44

数据来源:中国教育在线。

从此开始,建筑材料这一专业就被边缘化,学科划分也不归属建设行业了。而建设行业实行大土木专业设置,把民用建筑结构工程归入了土木工程,建筑学归入了艺术设计等。建设行业完整的高等教育体系被逐渐分解了,这对建设行业科技进步而言,是一种损失。

材料科学与工程学科有着丰富的内涵,不仅包括金属、无机非金属和高分子等传统的结构材料，而且包含了具有众多特殊性能和用途的功能材料。

目前，我国大部分理工科高校都设有材料类学科。一类是在工科院校中通过冶金与机械，或金属、非金属、高分子三大类材料以及它们的复合材料所依存的专业而建立的学科，如工科院校的材料科学与工程系等，这种类型的学科侧重于从具体应用的角度来探求新材料的制备、性能评价与使用；另一类是一些综合性大学在追踪科技前沿的基础上，由物理学与化学孕育并分化形成材料物理与材料化学新学科，建立了材料科学系或研究所，其特点是材料学与物理学、化学等学科交叉结合。

建材类高等院校在全国原来有四所，现在除武汉理工大学独立存在以外，上海建材学院、山东建材学院和四川建材学院都在大学撤并过程中分别归并到济南大学、同济大学和西南科技大学。大学合并以后，各专业也自然被重新洗牌，按照专业相关性原则合并、取消、增补。人才培养目标发生了变化，为建筑业提供物质基础的建材学科自然被取消了。

截至 2009 年 7 月，我国具有材料类二级学科的普通高校已有 415 所，绝大多数"211 工程"大学都设置了材料类专业。所有大学设置的六大类材料类专业共有 677 个，与建筑材料能够沾边的只有"无机非金属材料工程"专业，只有 94 个，占总数的 14%。并且该专业大都设置在与建筑毫不相干的冶金、机械、化工等院校，而服务于建筑业的建筑材料专业被取消了。

培养人才的根本目的是服务社会、服务行业，确定人才培养目标的根本原则是满足社会需求。只有这样才能使培养出的人才既能满足于当前的社会需要，又能满足科学技术长远发展的需要，也只有这样才能促进高等教育持续健康地发展。

与飞速发展的土木工程专业相比，建筑材料专业在大学设置严重缺失，与建筑业发展需求很不相称。全国共有 188 所大学开设土木工程专业，92 所大学招收土木工程研究生。与土木工程密切相关的土木工程材料专业设置几乎属于空白。

（2）建筑材料研发机构数量不多。

建材及制品类大学专业设置与行业经济总量的发展极不相称，建材类科研单位和重点实验室数量较少，这一历史现象导致的结果就是建筑材料尤其是墙体材料没有技术队伍，科研基础薄弱，行业水平很低。

国内建材科研设计单位数量不多，五个国家级科研单位：① 中国建筑材料科学研究总院有限公司隶属于中国建材集团有限公司，是新中国第一个建材科研机构，也是中国建材与无机非金属材料领域规模最大、实力最强的科研开发中心。② 中国新型建材设计研究院有限公司隶属于中国建材集团有限公司，是具有建材行业甲级、建筑工程甲级资质的设计科研单位。③ 苏州混凝土水泥制品研究院有限公司属于中国建材集团有限公司旗下、中建材投资有限公司控股、中国中材国际工程股份有限公司参股的以混凝土与水泥制品应用研究为主的科技型企业，也是国内专业从事混凝土水泥制品的科研及设计单位。④ 西安墙体材料研究设计院有限公司隶属于中国建材集团有限公司，是我国从事墙体屋面材料制品研究设计的唯一国家级专业科研设计院所，是我国固废资源化综合利用、环保节能、绿色墙材等领域的科技领军企业。⑤ 中国建筑材料工业规划研究院，隶属于国务院国资委，委托中国建筑材料联合会代管，是全国建材行业唯一的国家级综合性产业咨询机构，国家级信息化和"两化融合（信息化与工业化）"专业咨询机构。五个国家级水泥设计单位：天津水泥工业设计研究院有限公司、南京水泥工业设计研究院有限公司、合肥水泥研究设计院有限公司、成都建筑材料工业设计研究院有限公司和武汉建筑材料工业设计研究院有限公司，都是以水泥工艺设计为主的国有大型设计单位。

国内建筑材料类国家级重点实验室有两个，最近十年，以建筑材料为主的省级重点实验室也不多。如：依托中国建材研究总院建设的绿色建筑材料国家重点实验室，依托武汉理工大学建设的硅酸盐建筑材料国家重点实验室，同济大学先进土木工程材料教育部重点实验室，依托重庆大学建设的重庆市新型建筑材料与工程重点实验室，依托西北民族大学建设的甘肃省新型建材与建筑节能重点实验室，依托安徽建筑大学建设的安徽省先进建筑材料重点实验室，以及依托济南大学建设的山东省建筑材料制备与测试技术重点实验室。均以新型建材、固废利用和功能建筑材料研发为主。

建筑节能重点实验室和技术中心数量不多，大都分布在南方发达地区。如：依托南京工业大学建设的智能建筑与建筑节能安徽省重点实验室，深圳建筑节能实验室，山东省建筑节能重点实验室，依托江苏建科院建设的江苏省建筑节能技术中心，依托桂林理工大学建设的广西建筑新能源与节能重点实验室，湖南大学教育部建筑安全与节能重点实验室，依托广州大学建设的广东省建筑节能与应用技术实验室等。都是以建筑节能应用研究为重点，与建筑材料、墙体材料、围护体系研究相交叉的不多。依托西北民族大学建设的甘肃省新型建材与建筑节能重点实验室从建筑节能与结构一体化墙体围护系统及建筑节能检测评价技术研究入手，通过学科交叉，解决建筑节能问题。

全国 30 多个省级建材科研设计院，除了少数单位进行烧结制品、新型建材小型生产线设计以外，绝大多数院所都在从事建筑材料及制品、墙体材料、防水材料、混凝土外加剂等新型建材质量监督检验，以及工程检测，除建材行业技术咨询为主的工作以外，科研工作的比重都不大。

2. 新型墙材行业要求很高，但"进入门槛"太低，集中度低，行业整体水平不高。

目前，我国大多数建筑保温材料制造企业设备简陋，产品质量良莠不齐，目前呈现出生产厂家众多、平均规模较小的行业格局，条块分割的市场格局尚未完全打破，对大中型建筑保温材料制造企业的成长较为不利。

由于受到生产工艺及装备技术落后的制约，品种单一，规格较少，产品系列化、配套化程度不高，突出以轻质、高强、集围护、保温隔热、防水、装修于一体的高档次、高技术含量、高性能的新型墙体材料并不多。

新上各类非黏土新墙材项目比较多，发展速度快，有一哄而上的趋势，由于推广应用的配套措施跟不上，在城市的多层住宅和乡镇建筑中得不到广泛使用，建设和施工单位积极性不高。主要原因是：有的企业产品档次不高、不配套，建设单位不敢用；有的企业投入大，产品档次高，但是价格也高，建设单位不愿意用；有的应用技术不配套，设计和建设单位不会用。此外，还有受传统观念影响，对非黏土新墙材顾虑重重等。

由于发展历史短，技术沉淀少，导致新型墙材依然处于产品结构不合理、传统产品比例过高、保温材料占比越来越多的局面。"十三五"期间，全国新型墙体材料产量所占比重达到80%以上，新型墙体材料中以黏土多孔砖、空心砖（块）占多数，非黏土类新型墙体材料的比例有所提升，但是仍然还存在能耗较大的现象。

我国第三步65%建筑节能标准已经全面实施，正在推行75%标准和超低能耗建筑。但是，墙体保温及节能技术严重滞后，北方地区建筑节能与结构一体化（墙体自保温）问题没有解决。

大面积推广的聚苯板外墙外保温薄抹灰系统耐久性要求25年，实际完成的工程，大部分达不到10年。外墙外保温的耐久性问题、防火问题长期困扰建筑业，外墙着火、脱落已经成为常态，严重影响建设行业形象和广大人民生命财产安全！随着着火问题的出现，岩棉保温材料迅速升温，低价竞争激烈，保温墙体开裂脱落成为常态，市场上缺乏结构与保温一体化、取代外墙外保温做法的复合墙材。保温墙体耐久性问题、防火安全问题、单一自保温问题、装配化成为新型墙材行业的更高发展要求。

二、政策及管理方面的原因

1. 政策及实施机构发展不够成熟

随着时间的推移，我国的政策在不断地改革与发展，实施政策的管理机构设置也在逐渐完善，法律实施力度在不断地增强，为新型墙材发展的可持续性提供了可能性。

我国 2005 年的《国务院办公厅关于进一步推进墙体材料革新和推广节能建筑的通知》（国办发〔2005〕33 号），2007 年颁布的《中华人民共和国节约能源法》及《国务院关于印发节能减排综合性工作方案的通知》，2008 年颁布的《民用建筑节能条例》和《公共机构节能条例》，2011 年发布的《国务院关于印发"十二五"节能减排综合性工作方案的通知》（国发〔2011〕26 号）以及 2012 年住房和城乡建设部印发的《"十二五"建筑节能专项规划》和《关于加快推动我国绿色建筑发展的实施意见》（财建〔2012〕167 号），2017 年住房和城乡建设部颁发的《建筑节能与绿色建筑"十三五"规划》，这些政策为不同阶段新型墙体材料发展起到了巨大的推动作用。但是研究和执法部门职能设置不顺畅，对问题的症结抓得不准，操作性不强，法律约束乏力，政策激励力度不够。

关于机构问题，由于历史原因，我国各级"墙材革新与建筑节能领导小组办公室"（简称"墙改节能办"）机构设置及归属全国不是一盘棋，政策执行力度差别很大。有些省市墙改办和节能办设在一起，统称墙改节能办公室，挂靠于建设主管部门。有些省市墙改办和节能办是分开的，墙改办有些设在原来的建材局所属行政管理部门，建材局撤并以后又归入经济委员会，经济委员会合并改革以后一同归入现在的工业与信息化委员会，也有很多墙改办设在建设主管部门。而建筑节能办公室大都设在建设主管部门。

由于管理机构设置不顺，行政执行力度不统一，政策落实就不到位。事实证明，把墙改节能办统一归口建设主管部门是比较科学的。

2. 城镇供热体制改革依然没有完全理顺

长期沿用的福利型"大锅板"式的供热体制不符合市场经济规律，导致能源极大的浪费，建筑节能长期缺乏内在经济动力。最近几年，旧城改造，既有建筑改造，都在逐步理顺供热与保温节能的关系，但是，一方面做保温，另一方面集中供暖，按热表计量收费的做法还没有完全普及，节能和供能没有完全对应。地暖热辐射和集中供暖的技术衔接没有跟上，作为用能和供能的系统化工作，从技术上和管理上存在脱节，各管一段，形成浪费，随着装配化的快速发展和建筑节能技术的不断完善，正在逐步规范和科学化。

北方地区只有实行分户热计量，实行按用量缴费的采暖方式，才能推动节能型墙材的发展。

3. 建筑节能达标率不理想

目前，建筑节能设计达标率为 100%，实际工程达标率有折扣，墙体材料使用未按设计施工的现象虽然得到快速遏制，但依然存在。由于建筑节能检测技术的滞后，很多材料的导热系数都是按照设计要求人为炒作，节能指标用检测报告计算，没有按照标准计算，建筑节能指标的保证率很低。

从客观讲，主要是缺乏综合性能好、性价比高的墙体材料。如果不严格执法，这种现象在短期利益的驱动下，依然执行不到位，只要执行不到位，节能型墙材就争不过节能效果差的传统墙体材料。

4. "禁实限黏"工作发展不平衡，在少数地区仍有难度

"禁实限黏"大中城市之间、城乡之间差距大。目前我国大中城市普遍进入"限黏"阶段，部分县级城市和乡镇"禁实"工作进入推进较快的时期，但是仍有一些县级城市和乡镇步伐缓慢；经济发达地区步伐较快，自然条件差、经济较落后地区步伐慢。

三、经济方面的原因

经济欠发达地区及广大农村，由于经济条件有限，住房舒适度要求不高，保温隔热及使用能耗根本无暇顾及。北方农村大部分地区住房在节能方面不但没有进步，很多地方甚至出现了倒退。比如，70 年代以前以土坯房和窑洞为主，住房墙体很厚，窑洞冬暖夏凉，但通风和交通不好。改革开放以后，随着经济条件的改善，广大北方农村地区全部淘汰土坯房和窑洞，盖起了砖瓦房，比土坯房漂亮。但是，大部分砖房墙厚只有 240mm，主断面传热系数达到了 3.33W/ $m^2 \cdot K$。

新型墙材由于其在保温隔热、抗震耐火、隔音防腐等方面的综合性能，其一次性使用成本自然要高于普通墙体材料。建筑物从设计、施工、监理到验收，在利益驱动下层层放水，最终达标率并不高。

由于经济欠发达地区，尤其是边远农村，建造住房，考虑成本因素，根本不用设计，也没有人设计，更没有立项、施工方案、工程监理、竣工验收等城市建设必须经过的程序。建筑结构和建造风格都是当地技术工人按照世代相传的做法进行，住房建设未纳入建设部门的管理。新型墙材根本没有推广应用的技术环境和人文环境。

我国经济发展的不平衡是影响住宅质量的一个重要因素。实际上，建材工业还有一个特点就是并不严格遵从"一分钱一分货"的价值规律，往往是"价廉反而物美"。建材行业技术水平决定产品成本，生产规模影响产品成本，产品的价格和成本往往与产品的质量成反比，技术附加值越低，资源浪费越大，产品质量越差，产品成本越高。

四、资源方面的原因

墙体材料的地域性特点，决定了其不能长距离运输。墙体材料是一个对原材料和资源依赖性很强的产业。这也是墙体材料不能随意引进的主要原因，也是影响其迅速推广的原因之一。

比如享受资源综合利用政策的工业废渣如粉煤灰、工业炉渣、脱硫石膏等，在偏远的农村基本没有普及。页岩陶粒、粉煤灰陶粒、膨胀珍珠岩、聚苯乙烯保温板等轻质骨料和保温材料，并不是任何地方都可以就地供应，并不是都可以有同样的利用价值。在工业基础薄弱的乡镇，电厂粉煤灰很多，成为名副其实的废渣，但是，在工业发达的大城市，由于用户很多，粉煤灰价格又很高。这种矛盾在墙体材料的各个环节都是存在的。地区不同，对制品本身的要求就不同，使用方法也不同。用于成型的胶凝材料也各有千秋，必须因地制宜，没有放之四海而皆准的定型技术。这反过来要求有专门的技术人员进行产品工艺和控制参数的及时调整。

五、建筑节能检测评价技术落后的原因

建筑节能检测评价技术落后是制约我国新型墙材快速发展的一个客观原因。

按照《建筑节能工程施工质量验收标准》GB 50411—2019，建筑物在施工过程中和完成施工后，都要进行建筑节能过程检测和最终现场检测。新型墙体材料的保温隔热性能是其不同于传统墙体材料的最突出特性，只有这一性能得到充分肯定和评价，新型墙材的推广才能得到保证。但是，我国建筑节能检测技术，正处于逐渐完善的阶段，无法满足建筑业飞速发展的需要。

1. 目前普遍采用的建筑节能检测技术及其可靠度：

（1）防护热板法：即用平板导热系数测定仪，测定均质材料导热系数。这一方法比较成熟可靠，主要用于均质材料的实验室检测。

（2）热流计法：构件的传热系数实验室测定和采暖期屋顶、外墙等传热系数的现场检测。该方法的数据误差较大，尤其是现场检测。

（3）热箱法：屋顶、外墙、门窗等构件传热系数的实验室测定，现场检测误差很大，热箱法包括标定热箱法和防护热箱法。

（4）温控箱－热流计法：屋顶、外墙等构件传热系数的实验室测定或现场检测。该方法是作者团队 2016 年前发明的建筑物墙体主断面传热系数现场检测方法，误差依然较大。

（5）热电偶测温法和红外测温法：围护结构内外表面温度的测定。这一方法测得结果比较可靠。其中现场检测方法是作者团队 2015 年前发明的，方法相对比较科学，但误差依然较大。

（6）红外摄像法：围护结构热工缺陷定性检查，比较可靠。

（7）气压法和示踪气体法：房间气密性的测定，有一定误差。

2. 建筑节能现场检测评价在我国非常必要，技术发展滞后，技术创新空间很大。

建筑节能检测技术目前滞后于社会发展需要。现有检测方法有待于完善、改进和提高。不同地区建筑节能衡量指标不同，对应的检测方法也不同。应该根据各地区的节能要求研究相应的主要检测方法。研究红外热像仪等温度测试仪器在定量检测建筑物围护结构传热系数等热工指标中的应用，实现建筑节能现场检测评价的方便、准确、科学、可靠。以绿色建筑评价为契机，开展建筑物节能检查，总结新方法、新技术，推动行业健康发展。

第二节　我国新型墙体材料推广应用发展措施

目前，我国应该牢固树立创新、协调、绿色、开放、共享的发展理念，以提高建筑质量和改善建筑功能为动力，节约资源和治污减排为中心，以信息技术和智能制造为支撑，以供给侧结构性改革为重点，以试点示范为引领，因地制宜推进"城市限黏、县城禁实、农村推新"，发展绿色新型墙材，提升墙材行业绿色发展、循环发展、低碳发展水平，促进建材行业转型升级。

为加快推进墙材革新，推广应用新型墙材，应按照以下策略行动：

一、加快产业结构调整

合理调整产业结构，避免无序发展。烧结空心制品企业要加强技术攻关，推动智能生产，探索具备人机协调、自然交互、自主学习功能的制造机器人批量应用，要改造提升环保工艺和烟气排放控制标准，转型生产非黏土墙体材料。

二、推动墙材技术创新

瞄准国家发展超低能耗建筑、近零能耗建筑目标，加大节能、耐久、防火、隔音、多功能的墙材技术研发，开发适用于绿色建筑和装配式建筑，特别是开发超低能耗被动式建筑围护结构新产品，加大内外墙板、屋面板、复合楼板、带保温的阳台栏板、空调板、窗过梁板、飘窗板等外围护异形构件的通用化、标准化、模块化、系列化技术研发力度。推广能够代表我省科研成就的具有完全知识产权，能够实现严寒寒冷地区建筑墙体自保温，耐久性与建筑主体同寿命，防火性能与建筑主体同等级，综合造价合理的建筑节能与结构一体化墙材制品。

三、提升墙材制造水平

鼓励企业采用国内领先的工艺和装备生产烧结类空心砌块、保温砌块、装饰面材等高端烧结产品，加快烧结产品转型升级，产品质量标准达到国内先进水平。加快推动加气混凝土产品性能和质量标准达到国际先进水平。鼓励发展各种高性能复合保温材料和部品构件，促进有机保温材料创新发展，满足建筑节能和防火安全的更高要求，按标准淘汰环保、能耗不达标的绝热保温材料，推进行业绿色智能转型。加快推动"机器代人"，推广原料配料电子计量精准控制系统、设备自动化验检测和调控系统、远程在线诊断系统，推广高精度自动切割、自动掰板、自动码卸坯、机械包装等装备，提升生产企业自动化、信息化和智能化水平。

四、鼓励产学研教合作

按照产业研究与生产应用的结合，引导企业自主创新、合作创新，鼓励大专院校科研院所开发适合当地经济发展和地域特色的新型墙体材料生产技术和工艺装备。依托大专院校科研院所技术、专家和实验室资源优势，发挥企业在科技成果转化中的主体地位，组织开发、引进、消化、吸收国内外先进技术和装备，加快行业共性技术突破和成果转移转化。鼓励新墙材企业加大科研投入，支持企业设立研发中心，积极培养、引进科技人才，将企业科技人员比例、科研投入作为享受财税优惠等相关扶持政策的重要依据。积极推广适合框架结构填充墙体的断热节能复合砌块、适合钢筋混凝土剪力墙和框架结构梁柱部位使用的 HF 复合保温模板、适合钢结构建筑墙体使用的 LSP 水平自锁拼装板及微孔混凝土复合大板，满足我国各种结构体系建筑行业的建筑节能与结构一体化围护体系发展需求。

五、完善产品标准体系

完善产品体系。重点发展适用于装配式混凝土结构、钢结构建筑的轻质、高强、保温、防火，与建筑同寿命的多功能一体化装配式墙材和围护体系，加强部品部件的通用化、标准化、模块化、系列化。开发适用于绿色建筑、装配式建筑、超低能耗被动式建筑、农村新型房屋的围护结构产品。

完善标准体系。强化产品标准、设计规范、应用规程间的联动衔接，加快新型墙材生产应用配套标准、图集、规范、规程的制定，完善新型墙材设计、生产、施工、验收的标准体系，促进关键技术转化为标准规范，实现墙材行业的可持续发展。

改善技术装备。加强适用于新型墙体材料的专用施工机具、辅助材料及产品的研发与生产，重点研究开发各类装配式建筑中墙材部品的应用及系统集成技术，包括应用软件开发、墙材部品与主体承重结构的链接技术、支护工艺和节点做法，与建筑门窗、排水管线、电路管线等的系统集成技术。

六、制定科学评价体系

坚持系统评价。针对复合材料、一体化技术等新的产品特点，研究科学评价方法，根据技术推广应用特点，建立系统评价标准，推动复合型墙体材料制品的健康发展。以绿色建材认证为标准，强化对墙材产品全生命周期的评价体系，大力发展绿色建材。

强化清洁生产。严格执行《砖瓦工业大气污染物排放标准》和《烧结墙体材料单位产品能源消耗限额》等强制性标准，进一步推广适用于新型墙材生产的能源梯次利用、窑炉烟气脱硫除尘等技术装备，推进合同能源管理，从源头减少污染排放。加大资源利用。持续推进以工业废渣、建筑垃圾、再生骨料、农作物秸秆等废弃物在墙体材料生产中的综合利用。在粉煤灰、煤矸石、脱硫石膏、磷石膏、钢渣、电石渣等工业尾矿、建筑垃圾和风积沙集中的地区，优先发展以上述固体废弃物为原料的新型墙体材料。研究利用隧道窑协同处置建筑垃圾、城镇污泥和河道淤泥等，支持建设大宗固废综合利用示范基地，推进新型墙材企业利废示范。

七、强化示范引领，助推乡村振兴

开展试点示范。培育具有技术优势、管理优势、文化优势的新型墙材生产示范企业，建设一批技术先进、引领作用强的示范工程，重点做好适用于绿色建筑包括装配式建筑适用的围护体系应用试点，推动新型墙材产业向生产规模化、管理现代化、装备自动化、产品标准化发展。

推广农房体系。结合乡村振兴战略，在有条件的乡镇农村，开展装配式建筑和保温模板免支撑现浇体系技术的研究与推广，在保证实现节能要求的前提下，墙体浇筑省去模板、支撑系统和穿墙螺栓。力争用保温模板免支撑现浇体系代替框架结构体系，建筑物结构主体和内外保温直接一体化现浇完成。引导在农村自建房屋中使用节能环保、安全便利的新型墙体材料，保证农民共享新型墙材革新的成果。

八、落实各级管理部门的责任，确保行业可持续发展

建立健全各级墙体材料革新和建筑节能工作协调领导小组，明确主管部门，设立工作机构，做到机构稳定、人员到位、工作落实。加强组织领导，由政府主管部门牵头，制定发展规划，完善政策措施，及时研究和解决墙体材料革新工作中的重大问题。各级墙材革新工作主管部门要强化目标管理责任制，完善绩效考核机制。要强化人员培训，提高执法能力，增强服务意识，提升技术、管理和服务综合水平。促进部门协同，建立诚信体系，强化行业运行监测，及时发现和解决行业运行中的重大问题，探索建立墙材供应企业市场行为信用评价体系，实现行业优胜劣汰，质量发展。

九、加强人才培养

探索新型墙材开发、生产、应用技术人员职业化发展道路。鼓励相关企事业单位，依托大专院校科研院所重点实验室、技术中心、新型研发机构进行技术培训。支持高等院校、大专院校开设新型墙材、低碳发展、智能制造相关课程。鼓励搭建产教学研平台，增加学生到墙材企业学习机会，帮助其了解墙材全产业链工艺流程、应用技术、实验检测方法，鼓励学生到墙材企业就业。在相关专业技术人员再教育课程中，增加新型墙材相关内容，增强从业人员对新型墙材新技术、新工艺的认识，促进墙材领域技术创新。

本 章 小 结

本章通过分析影响节能墙体推广应用的主要原因，为实现建筑节能与结构一体化，能够与建筑物同寿命，具有围护、保温、隔热、防火、隔音等功能的复合制品发展制定了推广应用的发展措施。

（1）影响节能墙材推广应用的原因主要有五个方面：

一是技术方面的原因：我国高等教育学科设置改革取消了建筑材料专业。新型墙材领域专业设置匮乏，人才培养属于盲点，技术队伍欠缺。建筑材料研发机构很少，科研基础薄弱。新型墙材行业要求很高，但"进入门槛"太低，行业整体水平不高。

二是政策和管理方面的原因：政策及实施机构处于起步阶段，管理机构设置不顺，行政执行力度不统一，政策落实就不到位。城镇供热体制改革严重滞后。长期沿用的福利型"大锅板"式的供热体制严重背离市场经济规律，导致能源极大的浪费，建筑节能长期缺乏内在经济动力。建筑节能达标率不理想，节能型墙材与节能效果差的传统墙体材料相比，性能优势没有得到体现。"禁实限黏"工作发展不平衡，在少数地区仍有难度。

三是经济方面的原因：经济条件落后的地区，无暇顾及住房的舒适度，也没有条件进行住房建设必要的程序，用世代相传的做法进行建造，没有应用新墙材的技术条件和资源条件。

四是资源方面的原因。墙体材料是一个对原材料和资源依赖性很强的产业。这也是墙体材料不能随意引进的主要原因，也是影响其迅速推广的原因之一。

五是建筑节能检测评价技术落后是制约我国新型墙体材料快速发展的一个客观原因。

（2）节能墙体推广的发展措施主要有以下三个方面：

一是根据节能墙体的发展方向不断地对墙体结构进行调整；

二是从理念的角度出发不断地倡导绿色节能环保健康；

三是将新型材料的应用与配套的技术相结合进行推广。

第十一章　我国新型墙体材料的未来需求

第一节　建设行业对新型墙体材料的未来需求及其行业发展趋势分析

参考发达国家墙体材料的研究和应用，未来我国块体材料应走节土、节能、利废、低污染、轻质、高强、配套化、易于施工、劳动强度低的发展道路。新型墙体材料将朝着非黏土、空心、大块、板材、轻质、湿作业少、多功能复合型的方向发展。

一、产品复合化

随着建筑业的发展，单一材料制作的墙体材料往往难以满足节约资源、节约能源、功能合理的要求。因此，利用复合技术和工艺制作复合制品应运而生。所谓复合技术是将有机与有机、有机与无机、无机与无机材料，在一定条件下，按适当的比例和方法复合。然后，经过一定的工艺条件有效地将单一材料的优良性能结合起来，从而得到性能优良的复合制品。

二、功能多样化

随着建筑节能要求的提高和资源供给的日益紧张，建筑物墙体围护向着自重轻、耗材少、抗震性强的方向发展。这就要求墙体材料从单一功能向多功能方向发展。即要求材料不仅要满足一般的围护功能，还要有保温隔热、隔音防潮、装饰耐久等功能。

三、资源利用化

利用工业废渣可大力发展新型墙体材料。利用煤渣、炉渣、煤矸石、粉煤灰等可以制作砖或砖块。粉煤灰可用于加气混凝土、轻质墙板的生产。磷石膏、氟石膏、脱硫石膏可作为原料制造石膏板、石膏砌块。水淬渣可用于生产混凝土砌块、石膏砌块。利用工业废渣生产新型墙体材料不仅减少了污染和资源浪费，而且能收到很好的经济效益。更重要的是，这是一条可持续发展的正确路线。

四、评价科学化

耐久性是资源利用化的基本体现。材料寿命越长，意味着资源利用周期增长。材料寿命增加一倍，则资源利用率增加一倍。所以，对材料性能的评价，一个重要的指标就是耐久性。耐久性指标将成为新型建材行业一个很重要的强制性指标。

五、节能绿色低碳化

使用新型墙体材料，平均生产能耗为每万块 0.7 吨标准煤，比实心黏土砖每万块 1.32 吨标准煤低 40%，另一方面又可使 $1m^2$ 建筑采暖能耗从以往的 31.5kg 降到 20kg，所以，建筑节能提高建筑中的能源利用效率，是我国高速发展经济的根本需要。

随着人们生活水平和文化素质的提高以及自我保护意识的增强，对材料功能的要求日益提高，要求材料不但具有良好的使用功能，还要求材料无毒、对人体健康无害、对环境不会产生不良影响，即新型建筑材料应是所谓的"生态建筑材料"或"绿色建筑材料"。

六、轻质高强抗震化

轻质主要是指材料多孔、体积密度小。如空心砖、加气混凝土砌块轻质材料的使用，可大大减轻建筑物的自重，满足建筑向空间发展的要求。同时，在满足围护功能的前提下，单位体积的重量即容重越小，意味着资源消耗越少。所以，材料容重越大，从可持续发展的角度看越不经济。墙体材料的轻质化是一个基本方向。

对于承重结构用的墙体材料，强度要达到 20MPa 以上，用于承重结构中，可以减小材料截面面积并提高建筑物的稳定性及灵活性。承重用墙体材料不可能承担保温功能，其形成的墙体保温主要靠附加保温层解决。对于非承重围护及保温用的墙体材料来说，高强是一个相对概念，主要是指材料的比强度要高，即单位质量的抗压强度值。另外，材料的折压比要大，其抗折强度与抗压强度的比值越大越好。同时，材料的收缩率要小，体积稳定性要好，这是评价非承重围护用墙体材料的重要评价指标。

材料密度越小，抗震性越好，原因是围护用墙体材料在结构抗震中，因其比重大而吸收的能量对建筑物抗震作用的消解远远大于其抗剪切能力对建筑物抗震的贡献。这与墙体材料砌体结构砌筑灰缝整体性差的特性有关。

七、生产自动化

工业化生产主要是指应用先进施工技术，采用工业化生产方式，产品规范化、系列化。这样，材料才能具有巨大市场潜力和良好发展情景，新型墙材目前的生产自动化水平、规模化水平依然很低。

八、技术配套化

墙体材料的应用不像传统建材如水泥、玻璃、陶瓷、砖瓦的应用那么简单。墙体材料品种繁多，材料性能各异，使用部位多样，建筑结构变化大，建筑物梁、板、柱、门、窗的节点处理复杂，节能保温处理、水电线管穿插等技术要求高，对制品的力学性能、结构性能、施工方式等都有不同要求，根据制品性能的不同，对配套材料如抹灰材料、粘接材料、增强材料均有特殊要求。这说明，墙体材料的应用技术本身就有复杂性。

为此，墙体材料的开发、生产、应用必须要有相应的生产标准、施工规范、标准图集，要有适合墙体材料本身特性的辅助材料，只有这样，才能真正达到效果。所以，新型墙体材料的技术配套化必不可少。

九、装配化和建筑节能与结构一体化

1. 充分认识发展应用一体化技术和装配化建筑的重要意义

一体化技术是指集保温隔热功能与围护结构功能于一体，墙体不需另行采取保温措施即可满足现行建筑节能标准的建筑节能技术。该技术具有与建筑同寿命、安全可靠、施工方便等优点，是对传统建筑保温设计和施工方法的一次重大变革。包括钢筋混凝土墙体保温系统和填充墙体自保温系统。

装配式建筑是指标准化设计、工厂化制造、装配化施工、信息化管理、智能化应用为特征的建筑。包括钢筋混凝土装配式（PC 装配式）、钢结构装配式和钢－混凝土复合结构装配式三种形式，建筑与装修一体化是装配式建筑的有机组成部分。推广应用一体化技术和装配式建筑，是有效解决墙体外保温工程质量通病和消防安全问题，实现建筑建造绿色产业化的重要举措，符合国家节能减排发展形势和产业政策，对于提高建筑节能和装配式建筑工作水平、促进建设领域可持续发展具有重要的意义。各级各有关单位要充分认识发展应用一体化技术和发展装配式建筑的重要性和紧迫性，采取切实措施，认真加以推进。

2. 建筑节能与结构一体化墙体保温系统

集建筑保温与结构墙体围护功能于一体，不需另行采取保温措施，就可满足现行建筑节能标准的要求，实现保温层与建筑主体同寿命的墙体保温系统。包括 HF 永久性复合模板现浇混凝土墙体保温系统和断热节能自保温复合砌块墙体保温系统。

第二节　开发多功能一体化新型墙体材料必须坚持的技术原则

一、资源节约的原则

墙体材料分为承重和非承重两大类。其主要功能是建筑物的墙体围护和保温隔热，对于承重墙，除了围护功能以外，还有结构承重和抗震功能，其墙体保温必须通过附加保温层来实现。对于非承重墙体，其主要功能是保温、隔热、隔音，不承担建筑物的抗压、抗剪切功能。

"禁实"是为了节约土地。但是，墙体材料量大面广，对水泥、石灰、石膏、菱镁水泥等胶凝材料和砂石等骨料的资源消耗非常大。每消耗 1 吨水泥则需要消耗不少于 1 吨的石灰质原料，依目前水泥消耗量来看，我国可开采的石灰石资源约 250 亿吨，石灰石资源消耗太大，需要节约使用。因此，大量消耗水泥等胶凝材料生产墙体材料的现象应引起我们的注意。应该在轻质化、节能化、节约材料上进行创新。

要通过加入轻骨料、胶凝材料发泡等方式，使制品的容重在满足围护功能要求的前提下尽可能轻巧、稳定、节约。

二、生产节能和建筑节能的原则

墙体材料生产过程要节能，其性能更要紧紧适应建筑节能的要求。产品形成的墙体其热阻要尽可能大，传热系数争取一次性达到节能要求，免去保温层二次附加。这就要求制品本身当量导热系数要低，但是，导热系数低需要轻质，而轻质又要降低强度。所以，要从材料结构、复合方式、外观形状三方面创新，实现轻质、高强、断热、装饰四种功能与一身，既节约资源，又节约能源，施工方便，市场欢迎。

三、评价指标的准确判断和确定原则

非承重墙体材料主要功能还有围护。所以，评价其性能优劣的主要指标应该是抗折强度、抗冲击性、体积稳定性、隔热保温隔音性，而不是抗压强度。

四、耐久性原则

墙体材料使用寿命增长一倍，意味着材料资源消耗节约了一半。所以，应该把耐久性指标作为墙体材料技术控制的主要指标展开研究。

五、施工方便原则

随着社会经济的发展，人的价值越来越高，要体现以人为本的原则。开发的制品要轻巧、美观，节约劳动力，施工方便，操作轻松，工人欢迎。

六、性价比最高原则

评价墙体材料制品的成本，应该以产品使用的全寿命、产品附加功能的多少综合判断。不能仅以单位数量的售价来评定。一种产品附加了三种功能，其售价应该高于单一功能的产品，寿命增加一倍，其售价至少可以允许增加一些。只有如此评价，优质墙体材料才能得到公正待遇，而不至于被劣质墙体材料排挤、压制，行业才有可能得到健康发展。

七、地域性原则

每个地区资源状况不同，建筑结构形式不同，墙体材料需求则不同。必须因地制宜、实事求是，开发适宜的墙体材料产品。

第三节 我国建筑物外墙保温技术的发展方向

一、从以有机材料为主向无机和有机复合的方向发展

目前，所使用的大量外墙保温材料（EPS、XPS、PU）、门窗材料（PVC）、屋面材料（EPS、XPS、PU、PVC、沥青）都来自石油化工产品，属于有机材料。有机发泡材料的保温性能是建筑保温最现实的选择，但有机材料防火性不理想是材料本身的特点，无须回避。

无机保温材料防火性能好，但导热性能很难直接满足严寒、寒冷地区节能要求的状态。从建筑物耐久性、防火性出发，只有无机材料与有机材料宏观复合，利用无机保温材料的耐火性能优势，弥补有机保温材料防火性不足的短板，利用有机材料绝热性能优势弥补无机保温材料隔热性能不足的缺陷，优势互补，才能真正解决建筑节能与结构一体化的技术意图。

二、新型节能围护体系或节能房屋体系的应用

建筑物外墙附加保温层，是建筑节能要求逐步被提上议事日程以后，所采取的应急技术措施。这一系统技术具有潜在的研发和创新空间。如何实现墙体围护、保温、防火及装饰的多功能一体化，是建筑业发展的一项重大课题。

今后，"外墙外保温"这一名词将被"建筑节能与围护结构一体化体系"或"节能墙体"所代替。墙体应是一体化概念，过去墙体与保温是分阶段、分步骤完成的，而今后将出现一次性复合到位的房屋结构体系。可以说，新型的集成房屋结构体系将是"十四五"及未来的重要发展方向。

第四节　装配式建筑施工方式对新型墙体材料的新需求

装配式建筑是以装配式施工方式建造的建筑，不是一种建筑形式，而是以有别于传统的现场浇筑、现场砌筑的装配式施工方式来建造建筑物，按其结构体系不同分为钢筋混凝土结构、钢结构、木结构以及它们的混合结构。装配式建筑以搭积木的方式建造房屋，将在工厂预制完成的构件在建筑工地拼装、装配成房屋。与传统建造方式的主要区别有两个方面：预制构件（部品部件）的设计与生产；构件的现场拼装装配。装配式建筑的工程质量主要取决于预制构件（部品部件）的质量和构件之间的连接质量，关键在连接。新型墙体材料将作为装配式建筑的一种预制构件（部品部件）存在，以满足装配式建筑的需求。

一、新型墙材在装配式建筑住宅部品体系中的体现

预制构件（部品部件）是构造装配式建筑的最基本组成部分，但不同于零件，可以是半成品或其他公司生产的成品。与原料不同，其是经过加工或成型可以直接装配或使用于成品上的组成部分。新型墙体材料（制品）在装配式建筑中就是其必要的一种预制构件。

按照日本建设省对住宅部品的划分，有三大类：

（1）构成住宅主体的必要部件，发挥其应有的功能作用（如结构构配件、楼梯、外围护体、门窗、屋面、内墙、内装部件等）；

（2）安装在住宅体内的设备与部件，发挥其应有的功能作用（如冷热水、暖、电、燃气、通风换气、电梯、消防、照明、智能化、配管、厨卫设施、中水回用、新能源利用等系统和设备）；

（3）在住宅体外，但与居住生活密切相关，有助于生活功能的部件（停车设施、信报箱、垃圾箱、园林设施、健身与休憩设施）。

我国将住宅部品体系分为七个子系统：J——结构部品体系；W——外围护部品体系；N——内装部品体系；C——厨卫部品体系；S——设备部品体系；Z——智能化部品体系；P——小区配套部品体系。新型墙材属于 W 外围护部品体系中外墙（W10）和 N 内装部品体系中内墙（N20）。

二、装配式建筑对新型墙材研发制造的新要求

装配式建筑不仅是预制构件（部品部件）的生产与拼装，而且是一次产业革新。其意义在于以工厂化预制混凝土构件取代现场浇筑混凝土是实现建筑工业化的基本措施和途径。装配的精度要求使预制构件（部品部件）的生产尺寸必须精准化，连接必须可靠且易操作、好控制。同时，新型墙材作为一种部品部件，自身必须实现多功能化，如何使结构、围护、保温、防火及装饰一体化，是新型墙材（制品）面对装配式建筑发展的一项重大课题。

西北民族大学土木工程学院 10 多年来针对装配式建筑研发了：免翻转工艺成型钢筋混凝土空腔叠合剪力墙体系、LSP 水平自锁拼装板内嵌轻钢龙骨装配式墙体系统、钢骨增强微孔混凝土外墙复合大板、免支撑内外复合保温模壳钢筋混凝土剪力墙体系等。为进一步探索新型墙材作为必要预制构件（部品部件）在装配式建筑方式下的应用开辟了新途径。

第五节　体现我国新型墙体材料未来需求的最新研究成果案例

一、成果名称：建筑节能与结构一体化再生混凝土围护体系及应用示范

（一）立项背景

作者项目团队经过 25 年研究转化形成的科技成果，代表了我国建筑节能与结

构一体化墙体围护体系及产品的发展方向。建筑节能和再生骨料利用是建筑业实现绿色发展和低碳发展的基本要求。围护外墙是建筑节能的关键部位，是决定建筑物能否实现终身节能的关键。建筑物非承重围护墙体和楼板、屋面板等"三板"体系，是消化再生骨料，实现资源综合利用的有效途径。

有机保温材料因为其良好的保温性和资源的广泛性，其薄抹灰外墙外保温系统成为近二十年来我国外墙保温工程的主流做法。随着该系统防火问题的频繁发生，以岩棉板等无机保温材料为主的所谓"A级"保温材料薄抹灰系统成为主流，包括工厂化制作的装饰保温一体板外保温系统，所有这些外保温系统设计寿命只有25年，加上过程质量的不可控性、地域条件的不平衡性、行业结构调整的滞后性，有机保温材料不防火，无机保温材料不耐久，保温层着火、开裂、脱落等问题已经严重影响了建筑业的行业形象，直接威胁人民群众生命财产的安全。截至目前，全国多个省市已明确限制或禁止这种以粘锚结合的二次保温做法。

建筑节能与结构一体化已经成为大势所趋，但是，能够真正实现全国各气候区域尤其是北方地区建筑物节能结构一体化的技术体系几乎处于空白。装配式建筑是建筑业发展的新阶段、新模式。在以聚苯板、岩棉板等单一材料为主的外墙外保温薄抹灰体系逐渐退出历史舞台的同时，装配式建筑已经不可能再容忍外墙二次保温，所以，实现建筑节能与结构一体化，是建筑业发展的必然归宿。大量的建筑垃圾是我国必须面对的现实问题，绿色建筑和绿色建材作为国民经济实现绿色发展的"孪生"行业，其节能减排、低碳发展责任重大。

本项目从行业发展的短板入手，充分发挥无机保温材料的防火性能和有机发泡材料的绝热保温性能，通过材料复合、优势互补，有效解决了"围护结构与建筑节能结构的一体化"、"三板"体系的装配化这两个"卡脖子"问题，为"建筑垃圾再生资源综合利用"寻求了新的途径，为我国建筑围护体系节能结构一体化、装配式建筑"三板"问题解决做出了实质性的行业贡献。

（二）详细技术内容

1. 总体思路

针对行业短板问题，通过全面创新，解决技术难题。推行了十多年的外墙外保温薄抹灰系统由于耐久性、防火安全和开裂脱落问题不可能长期成为建筑业外墙保温的主要做法。有机发泡材料保温好，但容易着火。无机保温材料不着火，但容易开裂脱落，并且保温厚度有限制。很多保温性能极好的高端材料，由于来源、数量、价格、施工并不能适应建筑业的需要。通过对传统材料的功能优化、墙材制品的结构创新、制造技术的智能可控、应用技术的低碳方便，实现物美价廉、耐久防火、功能全面、永久服役，这是解决建筑业节能围护体系短板问题的现实方案。本项目通过胶凝材料轻量化、制品构造复合化、制造装备配套化、生产工艺自动化、墙材制品系列化、围护系统体系化，全面解决了各气候区域、所有结构形式的建筑物围护墙体的结构与节能一体化。使建筑节能外墙外保温薄抹灰系统彻底退出历史舞台具有了替代者。使装配式建筑的"三板"问题从根本上得到了缓解。

项目的总体思路如图 11-1 所示。

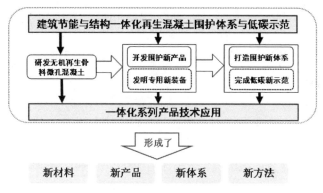

图 11-1　项目总体思路框图

图 11-1 中"建筑节能与结构一体化"是指，建筑围护墙体在实现围护结构功能的同时直接实现节能保温要求，建筑围护墙体不再进行二次保温。这个"一体化"就是目前外墙外保温薄抹灰体系的终结方法。"再生混凝土"就是将建筑垃圾资源化再生为骨料制备的新型生态混凝土。"围护体系"就是建筑物外墙围护系统的总称，不是简单的墙体，而是包含填充墙和梁柱等所有部分的外立面，形成节能、防火、耐久、隔音、防水、抗震，与建筑物同寿命服役的建筑物外围护系统。"低碳示范"是指将再生混凝土用于建筑物非承重节能围护墙体和楼板、屋面板等"三板"体系，合理消纳建筑垃圾，实现再生混凝土高性价比利用。无论是装配式建筑，还是传统建筑，要实现节能减排与低碳发展，必须实现建筑物各组成部分的合理设计，实现节能、节材、减量、耐久、环保、可循环，避免建筑物通体依靠保守设计实现结构安全的"大马拉小车"现象和不合理设置而出现结构薄弱点的问题，通过技术创新开辟建筑墙体材料和围护体系低碳应用的新途径。

通过研发无机再生骨料微孔混凝土，为所有围护体系墙体制品和装配式建筑"三板"制品的制造提供物质基础。根据围护体系功能需要确定各种墙体制品的外观尺寸、复合方式和物理化学性能指标。根据墙体制品的技术指标确定微孔混凝土和夹芯材料的性能指标要求。根据墙体制品的技术指标开发制造专用成套设备，确定生产工艺，开发控制系统，制造定型全自动生产线。

墙材制品如何实现自身功能，就得研究应用技术，开发配套产品，制定标准设计图集和应用技术规程，建设示范工程，实现行业推广。形成现实可靠的基础理论、自动智能化的制造技术、科学合理的评价方法和评价标准，最终形成成熟可行的新型围护体系，全面解决建筑业发展的短板问题。

2. 技术方案

传统的聚苯板薄抹灰外墙外保温系统，因为其服役年限只有 25 年设计寿命，防火问题和开裂脱落问题层出不穷，质量通病无法得到过程控制。现有墙体材料功能单一，围护、保温、防火、抗震、隔音等功能都是靠传统材料在施工现场简单叠加来实现，材性不一致，过程不可控，墙体整体性差，质量事故成为常态。市场上缺乏优质多功能的墙材制品。很多所谓"高端材料"，根本不适合建筑业使用。任何单一材料，都不能解决建筑围护体系的多功能问题。只有通过传统材料的复合、工艺技术的创新，才能有效解决目前墙体围护材料功能单一、节能与结构一体化目标难以实现的建筑业短板问题。另外，随着社会进步和经济发展，传统高性能混凝土的概念必须拓展，非承重或者非结构用的，具有轻质、保温、防火、抗震等多功能的功能性混凝土应该成为高性能混凝土一种新的表现形式。这种功能性混凝土用量很大，如何将建筑垃圾和工业废渣等再生粗骨料和细骨料合理地利用到非结构部位，对建筑工业碳达峰、碳中和的贡献意义是十分明显的。

本项目以快硬硫铝酸盐水泥和少量普通硅酸盐水泥为主，研制复合胶凝材料。以聚丙烯改性短纤维为增强材料，配以轻质骨料，引入微小泡沫即制成微孔混凝土。这种微孔混凝土作为一种全新的轻质混凝土，经过 20 年的使用和优化，已经在行业内产生了积极影响。通过在微孔轻质混凝土中加入轻骨料，增加微孔混凝土的强度和抗碳化性能，形成轻骨料微孔混凝土材料体系；通过短切纤维增加制品柔韧性和抗开裂性；通过稳泡剂的研制和胶凝材料的改进，实现微孔结构的优化；通过提高再生骨料利用量，实现资源的综合利用。本项目微孔混凝土，将有关纤维增强理论、轻骨料混凝土理论、多孔混凝土理论结合起来，形成了具有自身理论支持的新的材料体系。这为本项目墙体制品特殊性能的实现奠定了材料基础。在微孔混凝土材料基础之上，通过与高效有机发泡保温材料的宏观复合，解决了墙体材料多功能和"三板"制品多样化问题。根据产品要求研究生产工艺，开发制造装备，研发全自动智能化生产线，确保产品生产过程可控、质量稳定。研究应用技术，编制标准设计图集和应用技术规程，合理确定低碳 LCA 评价体系，引导产业科学发展和持续创新。

项目总体技术方案如图 11-2 所示，项目科学问题提炼与解决如图 11-3 所示。

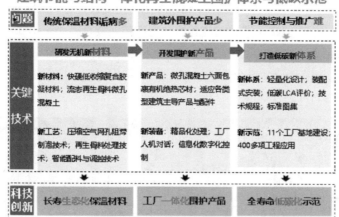

图 11-2　项目技术方案图

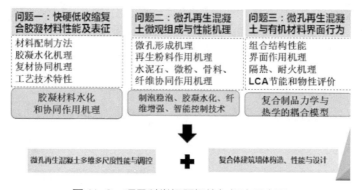

图 11-3　项目科学问题提炼与解决示意图

1）发明"压缩空气网孔阻滞制泡"技术，制备纤维增强的流态生态微孔轻质混凝土，为节能结构一体化体系所需要的复合制品和构件开发奠定原材料基础。

（1）发明用于微孔混凝土的压缩空气网孔阻滞制泡技术。

混凝土实现轻质保温有两种途径：一是加入轻骨料；二是混凝土实现多孔。

对于多孔混凝土，孔越小，数量越多，形成的界面就越多，阻燃、隔热、保温、隔音性能就越好。传统泡沫混凝土的泡沫形成方式以高速搅拌为主，加气混凝土以化学反应发气为主，共同的特点是稳泡难、孔径大、吸水率高，均质性不易保证，干缩大，无法加入增强纤维。

本项目微孔轻质再生混凝土彻底改变了传统多孔混凝土泡沫形成方式，采用发明的"压缩空气网孔阻滞制泡"技术，利用空压机，在大于 0.5MPa 的压力下，将 pH 值为 8 左右的 HF-1 型磺酸盐系列微泡剂转换成直径小于 1mm 的细小泡沫，然后与水灰比大于 0.6 的自流平复合胶凝材料混凝土料浆搅拌，制成体积质量为 $700 \sim 1400 kg/m^3$ 的微孔混凝土浆料，微孔形成均匀稳定。压缩空气网孔阻滞制泡技术原理如图 11-4 所示。

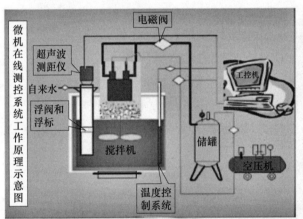

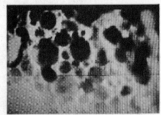

图 11-4　压缩空气网孔阻滞制泡技术原理

与国内外现有技术相比，"压缩空气网孔阻滞制泡"技术采用不同网孔以不同间距组合和多层级气压调控，使成型的微孔孔径可调控，以获得最佳孔径，此技术所制备的流态骨料微孔混凝土与其他同密度等级的加气和泡沫混凝土相比导热系数更低，抗压强度更高。

（2）开发快硬低收缩复合胶凝材料和流态再生骨料微孔混凝土。

采用"压缩空气网孔阻滞制泡"技术是项目最核心的技术发明之一。以快硬硫铝酸盐水泥和少量普通硅酸盐水泥为主，研制复合胶凝材料，称为铝硅基快硬低收缩复合胶凝材料。复合胶凝材料的设计出发点有三点：一是速度要快，达到快硬硫铝酸盐的凝结时间要求，利于微孔混凝土泡沫的快速稳定，利于制品生产周期的缩短以及模具的周转率和生产效率的提高；二是低收缩，通过硫铝酸盐成分的提高，增加水化硫铝酸盐水化矿物，减少水泥水化收缩和失水收缩；三是短切纤维增强，增加多孔轻混凝土的柔韧性、折压比和体积稳定性，利于制品轻质、中强、保温抗火等综合功能的实现。复合胶凝材料及微孔混凝土如图 11-5 所示。

图 11-5　复合胶凝材料及微孔混凝土

以这种复合胶凝材料为基础胶凝材料，以聚丙烯改性短纤维为增强材料，配以轻质骨料和再生骨料，引入微小泡沫即制成该再生骨料微孔混凝土。这为本项目墙体制品特殊性能的实现奠定了材料基础。流态纤维增强轻骨料微孔混凝土采用压缩空气丝网阻滞微孔成型技术调控孔径为 0.2mm 左右闭口孔，经试验研究，导热系数和抗高温热冲击性最好。与其他类型混凝土相比实现了快凝快硬、自密实成型、微孔可调控、热工性好、抗高温、抗弯折，是生产墙体制品比较理想的基础材料。

微孔混凝土，就是泡沫直径极为微小的特种泡沫混凝土。气泡的稳定因素有三个：一是泡沫破壁消解的速度；二是胶凝材料的初凝时间；三是泡沫与混合料均匀分散的时间。研发的十二烷基苯磺酸盐类泡沫剂，缓凝作用相对较小，泡沫壁的强度较好，消解速度较慢，泡沫保持时间较长。开发的复合胶凝材料初凝时间较短，能够快速将泡沫稳定在直径 0.2mm 左右的大小范围，均匀于水泥石当中形成微孔混凝土。由于引入功能调节材料膨胀珍珠岩，能够降低水泥混凝土合料的凝聚性，利于泡沫迅速均匀分布到混凝土混合料当中，缩短泡沫搅拌加入的时间，减少泡沫的消解和损失。

2）开发围护墙体系列产品、装配式建筑"三板"制品，实现围护体系节能与结构一体化。根据产品需要研制开发生产装备，形成智能化生产线，填补了我国节能结构一体化的技术空白。

（1）研发有机材料和无机材料复合一次成型技术、热桥阻断技术和防火阻断技术，开发围护墙体系列产品和装配式建筑"三板"制品。

开发复合材一次浇注成型技术，将保温外层与绝热芯材一次浇注成型，形成夹芯复合结构，实现无机保温材料与具有绝热性能的有机发泡芯材紧密无缝结合；针对建筑保温材料防火要求，开发的无机材料六面包覆有机材料的各种复合制品，制品芯材与空气完全隔绝，形成芯材不连续的箱型小防火分仓结构，彻底实现墙体整体防火，达到了防火墙的要求。微孔混凝土六面包敷有机保温芯材无间隙整体成型技术可以控制保温芯材的变形，提高抗变形能力，隔绝明火和空气实现高耐火性。最终形成五种产品：断热节能复合砌块、HF 永久性复合保温模板、LSP 水平自锁拼装板、钢骨增强微孔混凝土外墙复合大板、钢框增强复合楼板等。四种主要产品如图 11-6 所示。

（a）框架结构填充墙用断热砌块

（b）剪力墙和现浇梁、柱用 HF 保温模板

（c）装配式建筑 LSP 拼装板

（d）装配式建筑用外墙复合大板

图 11-6 项目四种主要产品

五种产品，分别解决不同建筑结构形式和不同使用部位的一体化问题。其中，断热节能复合砌块用于各地区框架结构、框剪结构和剪力墙结构非承重填充墙部位的围护、保温、防火一体化问题，填充部位直接用该产品砌筑，就可以全面解决墙体的围护、保温、防火、隔音问题，不用二次外保温就可以达到建筑节能标准设计要求。HF 保温模板主要解决各地区框架结构、剪力墙结构和框剪结构剪力墙、梁柱部位的保温问题。这些部位浇筑混凝土的时候，直接用保温模板作为外模板使用，用卡板勾筋连接件固定，浇筑完混凝土以后，模板通过卡板勾筋连接件与钢筋

混凝土墙体"筋、骨、肌"相连接，一体化施工，一体化服役，实现保温与围护功能的一体化。采用卡板勾筋连接件与钢筋混凝土连接，无间隙整体浇注，形成复合墙体，实现保温层与建筑物主体同寿命，耐火极限同等级。LSP 水平自锁拼装板，解决装配式建筑内外墙体的拼装，包括钢结构装配式建筑和 PC 装配式建筑。外墙200mm 厚，梁柱部分外包 100mm 厚，为装配式建筑提供规格大小介于砌体和大板之间，能够满足非砌筑、一点对面、灵活布置、拼接安装、节能结构一体化等要求的装配式墙体需要。内墙用 90mm 厚板，外墙填充部位用 200mm 厚板，梁柱外包部分用 90m 厚板。外墙复合大板是装配式建筑最理想的三板体系，根据建筑物内外墙需要，深度设计，工厂制造，现场吊装完成。外墙厚度 200mm，产品符合结构节能一体化要求，防火、隔音、防水等性能满足外墙标准要求，不用二次外保温，一次安装成功，性能达标。钢框增强微孔混凝土复合楼板实现一次性吊装施工，各项力学性能指标满足规范要求。针对五种产品编制了 11 部技术规范和标准设计图集，由行业主管部门和市场监督管理部门联合发文实施，由中国建筑工业出版社出版发行。

这些产品的共同特点是制品保温外层为纤维增强再生骨料微孔混凝土，绝热芯材可以是有机的挤塑聚苯板或模塑聚苯板，也可以是无机的高保温低强度材料。保温外层与绝热芯材一次浇注成型，形成夹芯复合结构。制品四面榫接，砌块砌筑墙体通过插砌或锁砌，消除墙体贯通灰缝。无机保温材料包裹有机芯材，深度阻断有机材料与空气的接触，在实现自保温和隔热的同时实现防火。保温外层与绝热内层一次浇注成型，紧密结合，没有间隙。在制品结构尺寸和强度满足建筑模数和墙体结构力学指标要求的前提下实现制品保温隔热效果的最优化。制品外层的无机材料—纤维增强微孔轻质混凝土厚度超过 30mm，在具备较好耐火性能的同时克服了目前推行的薄抹灰系统罩面层易开裂脱落的通病，实现了墙体耐久性与建筑物主体同寿命。

前四种产品均为非承重墙体制品，共同技术指标为：体积密度在 400~600kg/m³之间；基材抗压强度 ≥ 3.5MPa；当量导热系数为 0.035~0.061W/（m·K）；耐火极限 3.0h，达到防火墙要求；空气声计权隔声量 ≥ 45dB；干燥收缩值 < 0.5mm/m。这几种基础技术指标同时满足保证了本项目墙材系列制品能够实现各种气候地区、各种类型结构形式的建筑物围护体系的建筑节能与结构一体化，能够满足作为围护墙体所应有的各项功能。

除了共有性能以外，

HF 永久性复合保温模板：气干面密度 ≤ 35~50kg/m²；抗冲击强度 ≥ 10J；

抗弯荷载≥2000N；耐火极限≥3.0h；收缩性≤0.5mm/m；抗冻性质量损失率≤5.0%。

LSP水平自锁拼装板：面密度≤100kg/m²；抗弯荷载≥2000N；产品耐火极限≥3.0h；燃烧性能达到复合A级。

钢骨增强微孔混凝土外墙复合大板：面密度≤200kg/m²；当量导热系数≤0.06W/（m·K）；微孔轻质混凝土基体抗压强度≥5.0MPa；干燥收缩值≤0.80mm/m；产品耐火极限≥3.0h；单点吊挂力为1000N；荷载静置24h板面无宽度超过0.5mm的裂缝；抗冲击性：经30kg沙袋落差500mm，5次抗冲击试验后板面无裂纹。

钢框增强复合楼板：承载力满足钢结构建筑楼板承载力设计要求，且≥250kg/m²，复合楼板面密度≤200kg/m²。

（2）开发专用装备，建设全自动智能控制生产线，实现生产过程人机对话，确保质量。

根据材料特性开发专用设备和自动化生产线，本生产线生产工艺和90%以上设备全部为自主开发，包括配料系统、泡沫制作与供泡系统、搅拌浇注与料浆刮平系统、成型系统、产品夹出与脱模吊机系统、自动码垛系统、链板传送系统、模车摆渡系统、太阳能集热及红外补偿养护系统等，开发适合材料特点的PLC、DCS自动控制系统。保证工艺水平国际化、制作成本国产化，以利于成果推广。生产线包括生产五种主要墙材产品、三板构件、装配式异性构件制造的设备和工艺，还包括生产特种专用砂浆、卡板勾筋连接件、水平自锁拉结件的所有辅助产品小型生产线，可满足本项目所有产品和产业内原材料的加工生产。研发的生产线如图11-7所示。

图11-7　研发的生产线

3）确定生命周期评价指标，主编技术规程和标准设计图集，实现了低碳应用新示范并产生良好的社会经济和实践效益。

建筑物保温围护体系必须轻量化设计、装配式安装、全寿命评价、高质量施工。开发配套产品，保证工程质量，打造产品低碳应用新体系，包括墙体围护体系和装配式建筑"三板"体系。为了实现全面配套，全面开发用于产品砌筑的干粉砂浆、LSP 板专用轻钢龙骨、钢骨增强微孔混凝土复合大板专用连接件等配套产品，为了便于项目成果的推广应用，5 年来，项目组坚守施工一线，研究施工工法，为该产品共编制了 20 部标准设计图集和技术应用规程。

（1）开发装配式建筑用 LSP 拼装板墙体、复合大板墙体，大幅度提高施工效率和节能效果。

为了解决剪力墙和框架梁柱部位的节能保温问题，研发了"一种钢筋混凝土用永久复合保温模板"，并研发了卡板勾筋连接件，解决了钢筋混凝土剪力墙及框架梁柱部位的保温结构一体化问题。"筋、骨、肌"相连接的一体化墙体系统的核心是不同材料间复合后在荷载和非荷载作用下的变形协调和界面粘结状态的结合性，经过试验研究，设计采用专用连接件与钢筋连接，同时无间隙整体浇注复合成型是实现同寿命一体化的关键技术。开发的免支撑保温模板（块），现浇工艺不用模板，省去传统现浇混凝土剪力墙和梁柱施工 50% 以上的工序。针对装配式建筑，研发了"一种水平自锁拼装墙板及其内嵌于建筑墙体的施工方法"，将保温砌块做成水平自锁拼装形式，实现墙体装配化。复合大板采用双排 T 形榫接结构，彻底消除有效冷桥灰缝，实现整体断热。模板墙体、模壳墙体示意图如图 11-8 所示，其应用工程如图 11-9 所示。微孔轻质混凝土外墙复合大板及楼板施工安装如图 11-10 所示。

正在研发的免支撑内外复合保温模壳（板）墙体，将形成新农村免支撑模壳保温与风光互补一体化零能耗抗震房。这种新体系可免去钢筋混凝土墙体浇筑、免模板、免支撑、免穿墙螺栓。建筑结构为全板结构，省去了梁柱，保温墙体整体浇筑，一体化施工完成，是我国多层框架结构的替代体系。

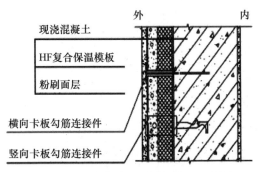

图 11-8 永久复合保温模板施工示意图

图 11-9　墙材的应用工程

图 11-10　微孔轻质混凝土外墙复合大板及楼板施工安装

（2）开发生命周期碳排放评价方法，确定生命周期评价指标。

通过涵盖外围护结构体系多工序的生命周期评价（LCA），量化评定了其环境效益水平，验证了其低碳生态与环境效益；跟踪外围护结构运行阶段能耗及碳排放，基于生命周期评价方法，建立了适用于建筑节能与结构一体化再生混凝土围护体系环境影响评价的闭环生命周期评价方法。采用该方法，量化证实了建筑节能与结构一体化再生混凝土围护体系在生命周期减少 50% 左右的碳排放，再生材料的使用，尤其是再生粉的使用可在胶凝材料制备环节减少 90% 以上的碳排放，具有显著减碳效益。

墙体材料的科学评价问题已经成为影响复合墙体制品健康发展的关键问题。现有相关标准及传统技术思维对项目产品的评价不够完全和充分，项目要在国家标准制定上实现大的突破。

关于强度问题的评价。作为非承重保温墙体材料，应该重点关注产品的耐久性和体积稳定性，而不仅仅是产品的强度。对于产品强度的评价，应该以抗折强度和抗冲击强度为主，而不应单纯以抗压强度为主。我国现有墙材产品的标准，都立足于单一材料和传统材料的基础和前提，过度强调抗压强度，而忽视了抗折强度和抗冲击强度、吸水率、软化系数、收缩变形和产品的柔韧性。抗压强度试验强调用整块产品直接去做，而不考虑复合产品容重减少对保温性、耐火性及抗震性的正面贡献，抗压强度试验做法不科学，不利于大尺寸薄壁制品和复合制品的发展，不能科学反映非承重墙体材料的实际功能。

墙体材料复合制品和构件应该以《建筑构件耐火试验方法》GB/T 9978 系列标准的规定为主，采用"耐火极限"评定，而不能简单地用适合于单一材料评价的《建筑材料及制品燃烧性能分级》GB 8624—2012 进行评价。墙体材料的防火性能是为建筑物墙体的最终耐火极限提供保证的，一味地单方面追求材料全无机或"A级防火"，已经对有机发泡绝热材料的科学利用和建筑物耐久性、保温性和室外安全性产生了不利的影响。近年来一味单方面追求"A级"防火，对建筑保温材料的科学应用和复合保温制品的发展产生了消极影响。

项目的后续研究重点是外墙保温与结构一体化复合墙体制品的功能评价方法研究。正在制定科学有效、能推动建筑墙体向正确方向发展的行业标准和国家标准。本项目产品代表了我国外墙保温与结构一体化墙体材料的发展方向。经过近12 年的推广应用，产品已经成为山东省及甘肃省建筑节能与结构一体化墙体材料首推产品。但对以其为代表的复合型墙材产品评价方法和指标过于陈旧，跟不上发展要求。必须通过产品推广和工程应用验证，用工程实例和试验数据以及科学的评价方法统一行业认识，实现理论突破，打破长期以来因为产品技术评价指标的创新不足给复合产品发展带来的负面影响，推动我国建设领域复合型墙体材料制品的健康发展。

（3）编制技术规范、标准图集，打造产品低碳应用新示范。

以科学性、公益性、协调性和可拓展性为原则，针对建筑外围护结构，打造墙体围护体系和装配式建筑"三板"体系等产品低碳应用新体系，共编制了 20 部标准设计图集和技术应用规程。编制了《建筑节能与结构一体化墙体保温系统应用技术规程》DB62/T 3176—2019、《LSP 板内嵌轻钢龙骨装配式墙体系统技术规程》DB62/T 25-3120—2016、《装配式微孔混凝土复合外墙大板应用技术规程》DB62/T 3162—2019 等标准；基于该技术体系，共建设 11 个工厂基地、400 多项应用示范工程。

3. 实施效果

1）客观评价

项目研发的四种主要墙体材料解决了我国五个气候区域各种类型建筑物（框架结构、框剪结构、剪力墙结构、钢结构）的墙体问题，包括自保温问题［200mm厚墙体传热系数≤ 0.3W/（m^2·K）］、防火安全问题（耐火极限 3.0h）、耐久性问题（与混凝土主体同寿命）和装配式建筑的"三板"问题（理想的自保温墙板、自保温屋面板和楼板严重短缺），是建筑外墙围护及保温方式的一次重大创新，对推动建筑业整体科技进步具有重大作用。本项目不仅开发了四种主要墙材产品，还开发了关键设备和全套自动化生产线，同时研究了 5 种工程应用技术，编制了两省20 部标准设计图集和应用技术规程，形成 110 多项国家专利，出版专著 5 部，发表文章 60 多篇，具有全面创新、全部转化的特点。在甘肃、山东等地均处于产品供不应求的状态。本项目在 2010—2020 年先后获甘肃省科技进步一、二、三等奖，2015 年获住房和城乡建设部全国优秀勘察设计标准设计二等奖，2016 年获全国高校科技进步二等奖，2016 年获中国产学研合作创新成果优秀奖，2018 年获甘肃省专利三等奖，2020 年获甘肃省专利二等奖。

（1）成果鉴定及项目验收

① 2012 年 4 月 26 日，国家住房和城乡建设部科技发展促进中心组织对嘉禾公司生产的保温砌块进行科技成果评估，认为产品"达到国内领先水平"，并被列为"2012 年度国家住建部科技成果推广项目"。

② 2012 年 7 月 13 日，甘肃省科技厅组织对甘肃省科技重大专项计划"外墙保温及围护用断热节能复合砌块与工艺设备成套技术的研发及应用示范"（项目编号：092GKDA037）进行了验收。

③ 2014 年 6 月 8 日，甘肃省住房和城乡建设厅组织对省建设科技计划项目"HF永久性微孔混凝土复合保温模板的研制与应用"（项目编号：JK2013-33）进行了项目验收和成果鉴定，结论为"该模板保温与防火性能突出，可与建筑物同寿命，实现了建筑节能与结构一体化，项目填补了国内外空白，达到国际先进水平"。

④ 2014 年 4 月，科技部科技型中小企业技术创新基金管理中心组织专家对兰州海锋建材科技有限公司承担的创新基金计划项目"外墙保温及围护用断热节能复合砌块与工艺设备成套技术"（项目编号：11 C26216206149）进行了验收。

⑤ 2018 年，甘肃省住房和城乡建设厅对甘肃省建设科技计划项目"微孔轻质混凝土水平拼装板式砌块的研制与应用"（项目编号：JK2015-8）进行了验收；

2019 年，对甘肃省建设科技计划项目"HF 永久性复合保温模板现浇混凝土建筑保温体系的研制与应用"（项目编号：JKR2018-036）进行了验收。

⑥ 2017 年，甘肃省科技厅自然科学基金项目"新型免拆复合保温模板现浇混凝土节能墙体结构体系研究"（项目编号：1506RJZA271），完成项目结题。2018 年 11 月，甘肃省科技厅对甘肃省科技支撑计划项目"新型吨袋装运及移动连续搅拌仓应用预拌干混砂浆成套技术"（项目编号：1504GKCA104）进行了验收。

⑦ 2021 年 7 月 30 日，经中科院上海科技查新咨询中心查新，2021 年 8 月 3 日，经甘肃省土木建筑学会组织的专家鉴定评价，项目综合技术达到了国内领先、国际先进水平，在再生骨料微孔混凝土的制备、微孔混凝土与绝热芯材复合制品制造技术以及免支撑卡板勾筋保温模板施工技术三个方面达到国际领先水平。

（2）各地政府主管部门对项目产品授予的新型墙材及建筑节能产品认定证书

① 2010 年 6—8 月，复合砌块首次获得甘肃省新型墙体材料产品和兰州市建筑节能产品认定证书。2016 年 11 月 16 日，第三次获证。2017 年 6 月 8 日，HF 永久性复合保温模板第二次获得甘肃省新型墙体材料产品认定证书。

② 2011 年 12 月 29 日，山东省住房和城乡建设厅为山东嘉禾公司生产的断热节能复合砌块颁发"新型墙材建筑节能技术产品应用认定证书"。2013 年 9 月 17 日，山东嘉禾集团产品被列为"山东省建筑节能与结构一体化技术产品"。

③ 2012 年 5 月 20 日，青岛市建筑节能与墙体材料革新办公室为青岛玮玛固得新材料科技有限公司生产的断热节能复合砌块颁发"青岛市新型墙体材料与建筑节能产品（企业）备案证"。2016 年 4 月 25 日，山东省住房和城乡建设厅颁发"山东省建筑节能技术与产品应用认定证书"。2016 年 9 月 20 日，青岛市为青岛玮玛固得新材料科技有限公司生产的 WM 断热节能复合模板颁发"青岛市建设工程材料登记备案证"。

④ 2012 年 5 月 18 日，新疆墙改办为潞安新疆煤化工（集团）昌达建筑安装有限责任公司生产的断热节能复合砌块颁发"自治区新型墙体材料认定证书"。

⑤ 2017 年，《甘肃省新型墙体材料推广应用行动方案》（甘墙组发〔2017〕1 号）第三项重点工作的第（二）条明确提出"积极推广断热节能复合砌块、HF 复合保温模板、LSP 微孔混凝土水平自锁拼装板和微孔混凝土装配式墙体复合大板，满足省内各种结构体系建筑行业的发展需求"。

⑥ 2018 年 10 月 31 日，榆中县住房和城乡建设局《关于在全县推广使用 HF 永久性复合保温模板和断热节能复合保温砌块的通知》（榆住建发〔2018〕43 号），积极引导本项目产品和技术的推广应用。

⑦ 2019 年 5 月，兰州市发部第二次《新型墙体材料推广目录》，将 HF 永久性复合保温模板外墙保温体系和断热节能复合砌块保温体系列为兰州市首推的新型墙材及建筑节能保温构造。

⑧ 2019 年 8 月 8 日，甘肃省住房和城乡建设厅将本项目围护体系应用工程"西北新村校区棚户区改造项目 3、4、5 号楼工程"列为甘肃省"建筑节能示范"工程，项目编号为 KJ2019-55。

⑨ 2020 年 3 月 17 日，甘肃省住房和城乡建设厅发布《甘肃省住房和城乡建设厅关于进一步做好建筑节能绿色建筑工作的通知》，工作重点之一就是"推动外墙围护结构与节能一体化技术应用"。

⑩ 2020 年 8 月 19 日，兰州市住房和城乡建设局下发《关于设计推广应用建筑节能与结构一体化技术的通知》（兰建字〔2020〕296 号），指出"我市西北民族大学西北新村小区棚户区改造项目作为省住房和城乡建设厅节能示范工程和科技示范工程，率先采用该项技术，取得良好效果"，明确要求"各有关单位要以示范为引领，在各类建筑应积极采用建筑节能与结构一体化技术，并应符合甘肃省地方标准《建筑节能与结构一体化墙体保温系统应用技术规程》DB62/T 3176—2019"。

⑪ 2021 年 7 月 3 日，中科院上海查新咨询中心对项目总体评价：综合技术国际先进，三个关键创新达到"国际领先"。2021 年 8 月 3 日，甘肃省土木建筑学会，2021 年 9 月 17 日，中国建筑材料联合会先后组织专家对成果进行鉴定评价，评价结论为：项目综合技术达到了国内领先、国际先进水平，在再生骨料微孔混凝土的制备、微孔混凝土与绝热芯材复合制品制造技术以及免支撑卡板勾筋保温模板施工技术三个方面达到国际领先水平。

（3）产品检测

2008 年至 2020 年，项目产品分别在国家防火建筑材料质量监督检验中心、国家建筑工程质量监督检验中心、国家建筑材料工业房建材料质量监督检验测试中心、国家建筑防火产品安全质量监督检验中心以及山东、甘肃、新疆等省的法定检测机构检测 20 多次。

四种产品性能指标除达到相应的产品标准要求以外，容重 400~600kg/m³，当量导热系数 0.035~0.061W/(m·K)，砌筑的墙体耐火极限超过 3.0h，达到防火墙要求，隔音系数超过 45dB，满足规范要求。

西安建筑科技大学建筑工程材料检验测试中心、兰州理工大学防震减灾研究所十年来对产品隔音性能和抗震性能进行跟踪检测，开展深入研究，发表多篇研究论文。应用砌块产品，与传统做法相比，节约资金 115 元 /m³，使用寿命增加至少一倍。可利用工业废渣 250kg/m³，节约标煤 152kg/m³。应用板材产品，与传统做法相比，可节约资金 200 元。

2）与当前国内外同类技术主要参数、效益、市场竞争力的比较

墙体材料主要由结构材料、围护材料和保温材料三大部分组成。结构材料包括梁柱和剪力墙所用的钢筋混凝土。围护材料包括框架结构填充墙和装配式建筑装配墙体。保温材料主要是附着在这些结构和围护墙体上的外保温材料，如：有机的聚苯板和无机的岩棉板、泡沫玻璃板等，即建筑物穿的"棉袄"。本项目产品最大的特点是去掉"穿棉袄"，实现一体化。

（1）砌块产品技术性能比较优势：

目前，国内填充墙主要是采用加气混凝土和烧结空心砌块外加聚苯板薄抹灰系统为保温层的做法。与传统砌块相比，该类墙体断热节能复合砌块墙体主要技术经济指标见表 11-1。

断热节能复合砌块与传统砌块技术经济指标对比　　　　　表 11-1

墙体类别	主墙体厚度（mm）	聚苯板保温层厚度（mm）	墙体总厚度（mm）	墙体重量（kg/m²）	墙体平均传热系数[W/(m²·K)]	每平方米墙体造价（元/m²）
加气混凝土墙	300	40	360	238	0.50	340
烧结空心砌块墙	300	50	380	238	0.53	340
断热砌块墙	200	0	240	138	0.52	317

注：断热节能复合砌块：售价 550/m³，可砌墙体 5m²，墙体造价 317 元 /m²（产品 550÷5 = 110 元 /m²，砌筑 207 元 /m²，不用二次保温）。加气混凝土和黏土空心砌块售价 280 元 /m³，可砌墙体 3.33m²，每平方米造价 340 元（产品 280÷3.33 = 84 元 /m²，砌筑费 106 元 /m²，保温层 150 元 /m²）。

断热砌块与传统做法相比，直接节约资金：（340−317）元 /m²×5m²/m³ = 115 元 /m³。间接节约资金：200 元 /m²×5m²/m³ = 1000 元 /m³（外墙保温层终身免修或更换一次，节省拆除费 50 元 /m²，重做费 150 元 /m²）。

（2）HF 保温模板产品与外墙外保温薄抹灰系统技术性能比较优势：

应用 HF 永久性复合保温模板，可实现梁柱部位与剪力墙部位一体化施工，免去二次保温施工，省去常规模板，直接工程费用"人、材、机"，加措施费总计可降低 5%～10%；与外墙外保温薄抹灰系统 25 年规范要求寿命相比，全寿命服役，最少减少一次保温更换，每平方米外墙节约资金 200 元。与近期市场出现的以塑料

钉连接方式的非六面包覆结构免拆保温模板相比，连接可靠，平整度高，安装便捷，成本相当，具有较高的性价比。

（3）LSP自锁拼装板和钢骨增强微孔混凝土复合大板产品市场竞争优势：

作为非承重填充墙使用，主要用于框架结构填充部位和钢结构装配式墙体。每平方米造价200元，与传统做法相比，直接节约资金：318－200＝118元。省去一次重修费用，节约资金200元/m²。作为钢结构装配式墙体使用，还可以彻底解决钢结构防火问题和耐高温问题，保证钢结构建筑主体耐火极限大于3.0h。

（4）四种墙体均实现了严寒寒冷地区自保温，墙体重量减少100kg/m²，墙体厚度减少120mm以上，抗震、轻量、自保温、耐久特点明显。

（5）项目在节能减排方面的优势：

① 每立方米砌块利用废渣250kg，每平方米板材利用废渣25kg。

② 以寒冷地区为例，每立方米本产品在节能建筑中使用时，可节约采暖能耗119kg标煤。

计算如下：1万m³砌块，可砌筑5万m²墙体，可建造10万m²建筑，75%节能，1m²建筑物节能27W/h，10万m²建筑物总节能2700kW/h。折合成热量为2700×860＝2322000千卡/h，折标煤为331.71kg/h，标煤发热7000千卡/kg，采暖期按150d计算，总节煤量则为1194吨。每立方米砌块则可节约119kg标准煤。

③ 与加气混凝土相比节约生产能耗33kg标煤。

按照配方，断热砌块生产能耗为40kg标煤/m³，加气混凝土为73kg标煤/m³，烧结砖为107kg标煤/m³。②＋③＝119＋33＝152kg标煤/m³。折合成200mm厚墙，30.4标煤/m²。折合成100mm厚墙，15.2标煤/m²。

④ 按全国每年新型墙材总量6.74亿m³计算，如果本产品市场占有率能达到30%，则可节支3619.38亿元，节能3073万吨标煤，利用工业废渣5055万吨，减少CO_2排放7661万吨。

砌块总的节能量为119＋33＝152kg标煤/m³，折合成200mm厚墙，30.4kg标煤/m³。节能减排是根据墙材行业的计算方法进行计算的：节能指标确定以后，按照"碳"排放计算公式计算排放数。节约1千克标准煤＝减排2.493千克二氧化碳、减排0.075千克二氧化硫、减排0.0373千克氮氧化物、减排0.6825千克碳粉尘。每节约1度电，就相应节约了0.4千克标准煤。常规经验计算，每使用1亿块新型墙材，节约生产能耗0.62万吨左右，1m³建筑砌块＝684块标砖。

3）项目经济效益和社会效益

7家转化企业10年统计：销售25.22亿元，利润5.55亿元；4家主要转化企业3年统计：销售8.42亿元，利润1.85亿元。按全国每年新型墙材总量6.74亿 m³ 计算，如果市场占有率达到30%，则可节支3619.38亿元。

项目社会效益体现在：第一，节材。比现有墙体减薄1/3，减轻40%。第二，节能减排。砌块废渣利用量250kg/m³，标煤节约量152kg/m³。板材废渣利用量25kg/m²，标煤节约15.2kg/m²。第三，安全便利。解决了常规外墙保温工程"耐久性、防火安全、结构保温一体化、墙体装配化"四个问题。第四，改善民生。使外墙保温脱落、着火、失效这种现象成为历史！彻底消除了外墙外保温存在的安全隐患！第五，可循环。产品可以作为保温材料回收使用。第六，较好地解决了农村装配式轻钢房屋节能墙材短缺问题。

二、针对农村建筑节能实际，大力发展秸秆墙材，变废为宝

当前我国农村建筑的节能问题十分紧迫。据有关资料统计，我国人口14亿，农村占41.48%。农村建筑面积约63848km²，占全国建筑面积30%以上。2018年，我国农村建筑用能约3.1亿吨标准煤，占全国建筑总用能的30%。其中包括1.3亿吨标准煤的散煤、0.9亿吨标准煤的生物质直接燃烧，这些都属于典型的非清洁用能，产生了大量的污染物。农村住宅外墙一般为240mm砖墙或370mm砖墙，屋面为混凝土楼板上铺焦渣找坡兼保温，窗户为单玻，冬季室温不超过8℃，耗煤量一般为30~40kg/m²。农村的房子烧了城里房子3倍多的煤，室内温度非但没有达到18℃，反而只有8℃。主要是农村建筑房子不保温。

利用秸秆、麦草及稻草等植物废弃物资源，以氯氧镁水泥或石膏等作为胶凝材料，以无机填料和各种外加剂作为改性材料，通过压制成型或浇注成型，开发具有隔热保温性能的复合砌块和夹芯板材，开发配套构件。

农村地区的发展水平和交通条件决定了墙材必须就地供应，农村墙体材料除了黏土烧结制品以外别无选择。所以，农村市场期待价格低廉、制作方便、保温隔热效果好的以废弃植物为原料的墙体材料。生产工艺要简单，便于操作。产品价格要低廉，原材料就地供应。把用于取暖的柴禾变为保温隔热的墙材，市场前景好。

如何最大限程地使植物纤维原有结构不被压碎、挤密和破坏，同时还要实现制品的中强、耐气候、耐冻、耐风压、耐火、耐水、防潮等性能。这从材性分析，有实现的可行性，需要科技攻关。实现轻质保温，除基材材性影响较大以外，另一个关键就是制品的结构形式。包括空心结构的大小、形状和设置。每个地区房屋的结构形式和风格都有各自的特点，施工方法和条件千差万别，这也是制品形状确定

的影响因素。

开发主体是墙体材料，但是，适应于新的墙体材料，屋面材料、结构材料、门窗制品及相应的固定件、地面材料等都要有配套品种。当墙材变成轻质的植物纤维材料制品时，屋面必须是轻质的复合夹芯轻质板材，并且主要材料要与墙体材料一致。

农村草砖及建造房屋举例如图 11-11 所示。

图 11-11　农村草砖及建造房屋

本 章 小 结

本章从建设行业对新型墙体材料的未来需求、多功能一体化新型墙体材料必须坚持的技术原则、保温技术发展方向和作者团队 25 年来在新型墙体材料研究开发和建筑节能与结构一体化围护体系开发应用经验总结和项目案例几方面，论述了新型墙体材料的未来需求。

（1）我国新型墙材的未来需求及行业发展趋势体现在 7 个方面：即复合化、多功能化、资源利用化（包括耐久性的提高）、节能绿色化、轻质高强抗震化、生产工业化及规模化、技术配套化。

（2）开发功能多样、结构组合科学合理的新型墙材必须坚持的技术原则是：资源节约的原则、生产节能和建筑节能的原则、不同用途制品评价指标的准确判断和确定性原则、耐久性原则、施工方便原则、性价比最高原则和地域性原则。

（3）我国建筑物外墙保温技术的发展方向，一是从单一材料为主向复合制品方向发展；二是坚持建筑节能与结构一体化，实现保温墙体与建筑物同寿命、防火性能与建筑物要求同等级、围护体系装配化、超低能耗多层建筑抗震化，这是新阶段建筑业发展的新要求，也是墙体围护体系发展的新方向。

（4）体现我国新型墙材未来需求，针对不同地域，在制品结构和组合模式上进行六大定位，可以基本实现新型墙材的全面提升及推广应用。

一是针对框架结构或框剪结构外墙保温及围护选用非承重墙体，开发一种无机微孔保温材料包裹有机绝热制品形成的断热型节能复合砌块，能够通过结构变化，阻断灰缝贯通热桥，在各地区一次性直接实现超低能耗建筑节能要求。

二是针对多层建筑承重墙体，建筑物外墙保温应该以夹芯保温现场施工为主。同时，开发承重保温装饰复合砌块。

三是针对既有建筑和剪力墙结构建筑必须进行外墙外保温层的墙体，开发装饰保温一体化的轻质板材。

四是针对农村建筑节能实际，大力发展秸秆墙材，实现原材料就地供应和农业废弃物的资源综合利用。

五是针对框架结构和钢结构体系，改变小砖砌筑的既有习惯，积极开发满足建筑功能要求和工人砌筑习惯的轻质板式砌块、轻质内隔墙板和外墙保温复合板。

六是针对南方隔热要求高、保温要求低的情况，开发隔热保温轻质普通砖及其专用砌筑砂浆，开发轻质多孔砖、轻质空心砖及其专用砌筑抹面砂浆。

（5）各地应根据当地实际编制新型墙体材料及其建筑外墙保温体系推广应用目录。以推动新型墙体材料的发展，详见附录 A。

第十二章 我国新型墙体材料发展战略研究

第一节 新型墙体材料行业发展面临的挑战和应对措施

一、专业人才培养不足，鼓励高等院校设置建筑材料与制品类本科专业，支持建筑材料类科研院所的发展

新型墙材作为一个量大面广，影响我国国民经济可持续发展的重要行业，生产力水平不高，人才需求十分迫切，但是，2000年之前，教育部对材料类本科专业和研究生培养学科目录调整以后，取消了建筑材料专业，建筑节能作为交叉学科，没有专业设置。与建筑业需要有关的材料学专业只有无机非金属材料工程比价接近。

新型墙材不是单一材料的研究、生产和应用，它要求技术人员既要掌握材料基本性能，还要掌握材料生产工艺，更要掌握建筑应用方面的基本知识，包括建筑气候、建筑结构、建筑抗震、建筑物理等综合知识。没有经过全面系统培养的技术人才，行业发展就是一句空话。从影响新型墙材发展的四大因素来看，最重要的因素依然是技术人才的匮乏。

建筑材料与制品，是介于建设行业基础材料与建筑结构构件之间，对建筑功能有重大影响的复合材料与制品。本专业是材料基础科学、生产工艺学和建筑施工技术相结合的大跨度学科，具有巨大的社会需求，应该尽快得到恢复。

建材及制品类大学专业设置与行业经济总量的发展极不相称，国内建材类科研设计单位和重点实验室数量也较少，这一历史现象导致的结果就是建筑材料尤其是墙体材料没有技术队伍，科研基础薄弱，行业水平很低。五个国家级科研单位，中国建筑材料科学研究总院主要进行建材与无机非金属材料领域科研开发；中国新型建材设计研究院有限公司主要以建材行业设计业务为主；苏州混凝土水泥制品研究院有限公司主要以混凝土与水泥制品应用研究为主，是国内专业从事混凝土水泥

制品的科研及设计单位；西安墙体材料研究设计院有限公司为从事墙体屋面材料制品研究设计的科研设计院所；中国建筑材料工业规划研究院是全国建材行业产业咨询机构，从事国家级信息化和"两化融合"专业咨询。四个国家级水泥设计单位：天津水泥工业设计研究院有限公司、南京水泥工业设计研究院有限公司、合肥水泥研究设计院有限公司和成都建筑材料工业设计研究院有限公司，都是以水泥工艺设计为主的设计单位。

国内建筑材料类国家级重点实验室有两个，最近十年，以建筑材料为主的省级重点实验室只有10多个，均以新型建材、固废利用和功能建筑材料研发为主。建筑节能重点实验室和技术中心数量有10多个，都是以建筑节能应用研究为重点，与建筑材料、墙体材料、围护体系研究相交叉的不多。甘肃省新型建材与建筑节能重点实验室从事建筑节能与结构一体化墙体围护系统研究开发及建筑节能检测评价技术研究，通过学科交叉，解决建筑节能问题。

全国30多个省级建材科研设计院，除了少数单位进行烧结制品、新型建材小型生产线设计以及建材行业技术咨询为主的工作以外，科研工作的比重都不大。

全国有30多个省级建材科研设计院，科研设计院全部改制为企业，绝大多数院所都在从事建筑材料及制品、墙体材料、防水材料、混凝土外加剂等新型建材质量监督检验，以及工程检测，科研工作的比重不大。原有的10多个建材专业中专学校，近十年都进行了职业化技术院校的合并，没有建材专业职业技术人才独立培养学校了。毕业的学生全部融入各行业生产工艺一线，进行技术工作。

建筑材料尤其是墙体材料研发机构少，理论基础弱，这一现象直接影响建筑业健康发展，由于本行业专业人才队伍的萎缩，话语权更少，这种局面并没有引起社会的高度重视。以绿色建筑和建筑节能发展情况为例，统计数字很乐观，但现实状况有差距。国家要求严格执行设计标准，在具体施工过程中完全落实建筑节能目标，但达到标准和设计要求的保证度并不高。即使按照节能标准施工，所用的节能材料品质保证度也很低。

新型墙体材料的应用，对建筑工程总成本的增加很有限，从建筑物全寿命分析来看，不但不增加成本，反而降低成本。建筑品质并不一定和建造成本成正比，建筑材料更是普遍存在这种现象，通过技术创新和合理应用完全能实现价廉物美的目标。但是，由于行业内就墙体材料对建筑业质量和寿命影响的重视程度不够，用户对材料的评价错位，节能检测和评价技术滞后，以及短期效益的利益驱动，新型墙材缺乏高起点、高质量的名牌产品和自有技术，一直处于散、乱、弱的状态，这种状况成为制约建筑业可持续发展的主要问题，但是并没有引起全社会的高度重视。大力支持建材类科研机构的发展和鼓励该领域的应用基础研究，是适应建筑业发展需要的首要任务。教育部要重点扶持建筑材料或土木工程材料类本科专业的设置和学科建设的发展，为我国低碳发展的重点行业建筑建材领域的可持续发展补上人才短板。

二、墙体材料革新和建筑节能管理工作需要持续加强

墙体材料革新和建筑节能工作是保证建筑行业可持续发展的重要环节。从技术层面讲，墙体材料和建筑节能技术欠账多，过程监管难，管理任务重；从行业特点看，墙体材料和建筑节能是保证国计民生、资源节约、低碳发展的关键行业，存在短期效益和长期效益、近期技术指标和全寿命周期指标互为矛盾的特点，必须要求政府主管部门进行质量管理和过程监督，才能保证质量发展。

我国设置了各级墙材革新与建筑节能工作领导小组，但常设机构墙改节能办公室的设置和归属不统一，职能发挥差距大。

早在 20 世纪 90 年代，国家就意识到墙体材料是我国节能减排、节约土地的一个重点行业，在压缩行政机构的大背景下成立了各级墙材革新与建筑节能领导小组，组长由各级政府分管领导直接担任，设立常设机构"墙材革新与建筑节能领导小组办公室"（简称"墙改节能办"），参照公务员的事业单位编制组建。

机构设置及归属全国不是一盘棋，政策执行力度差别很大。有些省市墙改办和节能办设在一起，统称墙改节能办公室，挂靠于建设主管部门。有些省市墙改办和节能办是分开的，墙改办有些设在原来的建材局所属行政管理部门，建材局撤并以后又归入经济委员会，经济委员会合并改革以后一同归入现在的工业与信息化委员会，也有很多墙改办设在建设主管部门，而建筑节能办公室大都设在建设主管部门。

由于管理机构设置不顺，行政执行力度不统一，政策落实就不到位。事实证明，把墙改节能办统一归口建设主管部门，管理工作更加顺畅。

第二节　双碳目标背景下墙体材料的发展思路

一、正确理解碳达峰、碳中和

碳达峰、碳中和成了 2021 年开年热词。所谓"碳达峰"简言之就是二氧化碳的排放不再增长，达到峰值之后再慢慢减下去。"碳中和"就是针对排放的二氧化

碳要利用能源革命、节能减排、植树绿化等各种方式全部抵消掉。

2020 年 9 月，在第七十五届联合国大会上，中国向世界郑重宣布将提高国家自主减排贡献力度，二氧化碳排放力争于 2030 年前达到峰值，努力争取 2060 年前实现碳中和。2020 年 12 月中央经济工作会议确定 2021 年要抓好八项重点任务，其中就包括做好碳达峰、碳中和工作。在做好碳达峰、碳中和工作方面，会议从根本和源头上做出部署，明确加快调整优化产业结构、能源结构，以及大力发展新能源，继续打好污染防治攻坚战等。

10 年实现碳排放达峰、40 年实现碳中和，任务艰巨、时间紧迫。对标欧盟在 20 世纪 90 年代二氧化碳排放达到 45 亿吨的峰值、美国在 2007 年达到 59 亿吨左右的峰值，预测我国二氧化碳排放峰值将达到 106 亿吨左右，是欧盟的 2.4 倍，美国的 1.8 倍；按照欧盟 21 世纪中叶实现碳中和目标，其碳达峰至碳中和历经 60 年，而我国从碳达峰到碳中和的时间仅有 30 年，这是我国向世界的承诺，彰显了我国向绿色低碳转型的决心。

节能是牵动绿色低碳发展的"牛鼻子"，是实现二氧化碳排放大幅下降的最主要途径。作为高耗能的建筑行业，在"双碳目标"背景下，新型墙体材料其作用与意义举足轻重。

二、双碳目标对我国建材行业的影响

我国提出的碳达峰、碳中和目标，将对建材行业产生巨大的影响。首先，它将加快建材产业结构性调整。长期以来，以规模和数量增长为特征的建材工业体系在我国国民经济中占据重要地位，但同时也带来了产能过剩、环境污染、产业集中度不高等问题，严重影响了建材行业的高质量发展。要实现碳达峰、碳中和的目标，就必须从根本上改变这种现状，加快建材行业产业结构调整，加快高能耗、高消耗、高污染的产品退出的步伐。

其次，这个目标的提出，将会加快推动绿色建材产业的发展。传统建材行业如水泥、玻璃、陶瓷、砖瓦等由于能耗高、排放大，加上产能过剩，增长空间已极其有限，在碳达峰、碳中和的压力下，将会面临全面收缩。而我国建筑的高质量发展，依然离不开建材行业的支撑，唯一的途径就是加快绿色建材产业的发展。

最后，在这个大目标下会加快建材行业的技术创新。在推行绿色建材产业的过程中，要节约资源就要实现固废资源化利用，要节约能源就要实现可再生资源利用和全产业链的节能降耗，要保护环境就要实现排放的严格控制。而这一切都离不开先进的材料、工艺和装备的科技支撑，从而促使建材行业在产品、工艺、装备、应用标准等各方面的创新。

　　绿色建材已经成为建材行业未来发展的趋势，在"双碳目标"的影响下对于绿色建材的发展又是新的机遇与挑战。绿色建材作为国家绿色发展的一个组成部分，其概念和发展理念已经在全社会大力推行，并成为行业发展的共识。在天然资源的保护、固体废弃物的循环利用、可再生资源利用、工业污染排放的无害化和减量化等方面已经取得明显的成效。但是，跟碳达峰、碳中和标准相比，整个行业还存在较大的差距，尤其在制造环节的低碳化方面，仍有很大的提升空间。在下游建筑应用领域，情况也不容乐观，按照当前发展态势，建筑领域碳达峰时间预计是2039 年，比国家指定的全口径碳达峰年限晚了 9 年，所以说任重道远。

　　当然，这个目标的确定，本身又给行业带来了很多发展机遇。以前靠控制原料资源和能源取得价格竞争优势的格局将发生重大变化，高消耗、高能耗建材产品将真正走到尽头，取而代之的是以技术创新形成的迭代产业和产品，行业的技术创新能力和由此形成的国际竞争力将得到很大加强。

三、在双碳目标背景下墙体材料行业的发展趋势

　　从宏观层面来看，在新的时代背景下，以绿色环保、低碳节能为现阶段目标的新型墙体材料行业必将迎来发展的黄金时期。可以在以下几个大的方面看到诸多利好因素。

　　我国不仅是全球第二大经济体，也是世界上建筑面积规模最大的国家，同时还是最大的建筑材料生产国和消费国。目前，我国城镇总建筑存量大约为 650 亿 m^2，单单在使用建筑的过程当中，每年碳排放的总量就已超过 20 亿吨，大约占我国碳排放总量的五分之一，这个数字是惊人的！

　　2021 年是国家"十四五"规划的开局之年，以国内大循环为主体、国内国际双循环相互促进的新发展格局将逐渐建立。在当前碳中和、碳达峰的大背景下，绿色建筑、绿色建材和装配式建筑的发展需求愈发强烈，尤其是最近几年，发展势头更是风靡云蒸，已成为推进建筑业转型升级和高质量发展的重要抓手并上升为国家战略。从中央到地方，相关的新政接踵而至，正在形成倒逼式的正能量推动建筑行业革故鼎新，持续地健康发展。

　　传统的烧结类建材制品，譬如黏土砖等墙体材料，在生产的过程中，不仅消耗大量的土地资源，而且对生产环境造成严重威胁。有关数据显示，前些年我国每年因烧制黏土砖所消耗的煤炭资源约为 7000 多万吨标准煤，约产生 1.5 亿吨的二氧化碳及 2 亿 m^3 的雾霾，同时还产生大量的粉尘污染。

绿色建材是绿色建筑的根本支撑，绿色建筑要实现"双碳目标"，必定要围绕绿色建材全产业链生产方式的拓新来开展。毋庸置疑，建材行业的节能减碳对建筑领域实现"双碳目标"来说，其作用及意义举足轻重。建材产业只有通过转型，走绿色发展之路，在阵痛中消除生态环境方面的沉疴宿疾，才能真正实现"涅槃重生"。

装配式建筑是绿色建筑的强劲发展支撑，在上游的建材生产环节采用高度集约化的生产方式，在中游的建筑施工阶段，采用预制构件建造方式。这些方式都可在很大程度上减少建筑垃圾及废弃物的排放。和传统的现浇方式相比，仅仅是在建造施工阶段，装配式建筑碳排放量就可减少约十分之一，废弃物排放量可减少约四分之一。

未来几年，装配式建筑将会迎来爆发式增长，并将持续释放出更多的政策红利。2020 年，全国新开工装配式建筑共计 6.3 亿 m²，较 2019 年增长 50%，远远超出前几年预测的 25% 复合增长率水平。装配式建筑的强劲发展态势可见一斑。

在以上宏观形势和背景下，一系列的利好因素正在进一步刺激新型墙体材料行业的发展。建筑节能与结构一体化墙体系统作为绿色建筑和装配式建筑的生动载体，迎来发展的春天是顺理成章的。

四、建筑节能与结构一体化墙体系统对双碳目标的意义

我国每年墙体材料需求约为 5 亿 m³，但是复合型墙体材料和制品还是存在严重短缺的问题。随着全国各地对建筑装配率要求的不断提高，具有装配化施工特点的复合型墙体制品和构件将迎来更大的市场空间。

由西北民族大学联合兰州海峰建材科技有限公司、甘肃海能新材料科技有限公司等单位开发的"建筑节能与结构一体化装配式墙体围护体系成套技术"，包括微孔轻质混凝土断热节能复合砌块、HF 永久性复合保温模板、LSP 水平自锁拼装板和钢骨增强微孔混凝土复合大板及其应用技术，通过系列产品及其配套产品开发，系统解决了各类建筑节能形式的建筑物围护结构与节能保温一体化关键技术，建立了墙体材料和制品形成围护结构所有部位的新体系。

以西北民族大学项目团队历史 25 年不断开发、应用、改进、完善所形成"建筑节能与结构一体化装配式墙体围护体系"为例，一是改善了民生问题。该围护体系改变了建筑外墙外保温薄抹灰体系长期存在的耐久性问题和防火安全问题；彻底根除了外墙脱落和着火对人民生命财产构成的威胁；较好地解决了一带一路沿线国家和地区农村装配式轻钢房屋节能墙材短缺问题。二是对节能减排、环境保护和节

材节地有重大意义。10 多年项目转化形成的总节能量约为 44.156 万吨标准煤。利用工业废渣总计达到 72.625 万吨。该围护体系产品可以作为保温材料循环利用。按全国每年新型墙材总量 6.74 亿 m³ 计算，如果本产品市场占有率能达到 30%，则可节能 3073 万吨标煤，利用工业废渣 5055 万吨，减少 CO_2 排放 7661 万吨，对践行"双碳目标"来说意义深远。并且，该围护体系产品形成的墙体与传统做法的节能墙体相比，在不增加造价的前提下，墙厚减薄约 33%，墙体重量减少 40% 以上，保温墙体寿命增加 1 倍以上。作为新型墙材，代替黏土烧结制品，对节约土地贡献很大。

　　总的来说，建筑节能与结构一体化围护体系作为全国十多个省市发文推广，代替外墙外保温薄抹灰系统的新型外保温体系，不仅高度契合了绿色建筑和装配式建筑发展方向，也非常符合"宜业尚品，造福人类"的发展理念，更加符合"双碳目标"下以技术创新为基础推动绿色低碳发展和高质量发展的要求；不仅可以带来非常可观的市场价值和经济效益，还能产生非常突出的社会价值和环保效益，更为整个建材行业的绿色发展带来了很多有益的启发和思考。节能围护一体化体系本身的绿色环保性能及实用价值，很好地适应了经济发展新常态要求，打破了传统建材的"三高一耗"的痛点（高成本、高污染、高能耗、耗资源）。建筑节能与结构一体化系统在绿色建筑和装配式建筑领域成为必然选择。

第三节　推广建筑节能与结构一体化墙体系统

　　所谓建筑节能与结构一体化墙体系统，就是指通过单一材料使用，不用二次附加保温层就可实现建筑节能要求的墙体系统。所谓绿色建材，是指在全生命周期内可减少对自然资源消耗和生态环境影响，具有"节能、减排、安全、便利和可循环"特征的建材产品。

一、发展绿色建筑，逐步实现装配化，是建造技术发展的新特征

　　所谓绿色建筑，是指在全生命周期内，最大限度地节约资源（节能、节地、节水、节材）、保护环境、减少污染，为我们提供健康、适用和高效的使用空间，与自然和谐共生的建筑（四节一环保、和谐共生）。

　　所谓装配式建筑，就是指建筑物建造方式实现标准化设计、工厂化制造、装配化施工、信息化管理、智能化应用。包括钢筋混凝土装配式建筑（PC 装配式）和钢结构装配式建筑。

PC 装配化，需要大量的预制混凝土构件制造基地，需要强有力的预制混凝土制造技术大军，需要巨大的运输量，需要三板系统的预制化及建筑节能与结构的一体化，其发展任重而道远。

钢结构建筑的特点是建造速度快、抗震好、耗材少、可循环，具有储钢、环保的特点。对结构制造的要求并不比预制混凝土构件高，对现场安装的要求也远低于 PC 构件，建筑物总重量也要少得多，运输量比较小。

大力发展装配式建筑，加快标准化建设，提高建筑技术水平和工程质量，是国家从 2016 年开始大力推广的新型建造模式和新发展要求。

二、推广建筑节能与结构一体化，是落实建筑业绿色发展的主要技术保证

（一）墙体材料一直是影响我国建筑业发展水平的主要因素

建筑业是节能减排重点行业之一，建筑围护结构必须保温，才能达到节能设计标准要求。现在采取的办法就是施工现场采用胶粘剂或锚栓以及两种方式组合的外墙外保温薄抹灰系统，即二次"穿棉袄"的方式。这种方式保温层规定寿命只有25 年。着火和脱落成为常态，尤其是目前使用岩棉保温，所有新建建筑开裂、脱落已经成为普遍现象，严重危害民众安全，严重影响建筑业形象。为此，近两年，先后有上海、新疆、重庆、河北、嘉兴、开封、烟台等地住房和城乡建设部门发文，明确禁止使用粘锚构造薄抹灰技术。

能够代替外保温薄抹灰系统的成熟可靠的建筑节能与结构一体化技术和产品的缺乏成为制约建筑业发展的"卡脖子"问题。尤其是正在推广的装配式建筑，外墙的保温结构一体化问题更加突出，外墙板、内墙板及屋面板，也就是行业所称的"三板"，成为装配式建筑发展的关键，随着城市化和乡村振兴战略的实施，村镇建筑的节能保温、防火安全和城市建筑要求越来越趋于一致，围护结构与节能保温一体化、建造便捷化、装配化成为村镇建筑的新要求。

（二）新型墙体材料是实现建筑物耐久性和保证建筑品质的物质基础，是实现建筑业绿色发展和实现资源综合利用的重点行业

作为决定建筑功能与品质的关键因素和物质基础之一，墙体材料的地域性特点、经济性特点、资源性特点以及发展不平衡特点，是任何产业都无法比拟的。目前，城镇人均住宅建筑面积达到世界中高收入水平。但是，居住建筑的保温隔热性

能、隔声防噪性能、绿色环保性能、循环利用性能、建造方便性能、抗震安全性能、长期耐久性能等与国外发达地区相比还有很大差距。建造环保、廉价、耐用的装配式住宅，一个关键的因素是缺乏适合装配式建筑的环保、廉价、配套、耐用的新型墙体材料。

建筑物墙体，是伴随建筑物全寿命服役的。门窗可以换，装修可以变，墙体是建筑物的主体，更换和维修都得付出资源代价、环境代价和时间代价。

预计未来 5～10 年，我国墙体产业将发展成为产值数以万亿计的产业。我国工业和城市固体废弃物大约 70% 的量要靠新型墙体材料产业来消化。墙体材料上游与相关原材料产业相关联，下游与建筑业相关联，产业融合要求很高，如何转变发展方式，开发引进先进技术和工艺装备，适应建筑业发展的新要求，实现建筑业"供给侧"改革，生产出具有环保、节能、利废等综合性能的墙体材料，是新型墙体材料行业发展永远追求的主题。

（三）就全国而言，缺乏能够实现结构与保温一体化的复合外墙材料

装配式建筑是我国建造方式的重大革新，但是，装配式建筑"三板"问题没有较好解决，墙体自保温问题更加突出。复合型墙体材料和制品的严重短缺成为我国钢结构和装配式建筑发展的短板。钢结构和装配式建筑"三板"问题，即内墙板、外墙板和屋面板的产品选择、解决方案，尤其是墙体板块，依然缺乏理想的产品。目前，通行的解决方案只有两种，一种是继续使用加气混凝土作为填充材料，装饰复合保温板作为外保温进行外墙处理；另一种就是使用重混凝土夹芯保温大板整体组装。这些解决办法都是权宜之计。墙体材料必须向着生产自动化、规模现代化、功能复合化、废物资源化、使用装配化的方向发展。实现保温与结构一体化是最紧迫的任务。新型墙体材料必须适应建筑业发展的新要求，绿色墙体材料要成为绿色建筑发展的拉动器。墙体材料产业作为建筑产业"供给侧"改革的主战场，要在技术进步、创新驱动、结构调整、提质升级方面下功夫。

三、推广建筑节能与结构一体化围护体系的措施

一是发挥政府在科技成果推广中的作用，促成有实力的企业与项目单位合作，尽快实现科技成果在全国的转化，彻底实现对现有建筑保温体系的代替，实现建筑节能与结构一体化的真正实现，完成一次真正意义上的技术革新和保温体系的重大革命。

二是加大建筑节能与结构一体化墙体材料应用力度，逐步淘汰外墙外保温做

法。建筑业因防火问题、耐久性问题、质量问题付出巨大代价和争议，墙体材料在经历近30年的低水平发展阶段以后，功能单一、品质较差的传统材料必然成为历史。高品质、多功能的墙材产品将成为今后建筑业发展的必然选择，将迎来新一轮高水平发展时期。

三是发挥墙改基金等政府基金的杠杆作用。加大节能保温墙材税收减免力度和黏土烧结制品资源税征收力度，形成制度，严格执行，实现优质优价。

四是把耐久性作为主要评价指标选择墙体材料。以建筑物的全寿命周期为基础评价消耗成本，按照性价比大小选择使用墙体材料，防止重复维修和资源浪费。

五是加大对劣质墙体材料的监督检查力度，制定产品准入制度并严格执行。制定各种产品的最低工艺要求和规模要求，制定产品推广和限制使用目录，严格市场准入，确保劣质产品不进入市场。

六是抓实节能建筑达标率。建筑节能指标不落实，节能墙材就无法与不节能的墙材展开竞争。城镇供热计量实行分户热计量，继续推行按用量缴费的采暖方式，督促节能墙材使用。

七是发展节能建筑和绿色建筑的评价检测技术，为建筑工程的验收、评价、分级提供科学决策的依据。建筑节能评价长期采用依据建筑物所用建筑材料的热工参数进行计算的办法，从客观上加剧了节能评价的随意性和系统误差的不确定性，无法保证科学与公正。由于建筑节能检测技术的严重滞后，给政府制定政策造成很大被动。主要的问题是没有科学、简便、可操作、行业公认的成熟的现场检测方法。支持这一技术领域的开发研究也是当务之急。

八是建材工业必须将发展重点放在"建筑构件与墙体制品"的产业发展上。墙体和构件的发展已经成为影响建筑业发展的短板，要实现建筑装配化，首先要实现墙体的装配化，建筑工程目前最头疼的问题集中反映在"墙"上，包括建筑保温墙体的耐久性问题、防火安全问题、隔音防水问题、开裂脱落问题等。建材工业必须将发展重点放在"建筑构件与墙体制品"的产业发展上，这是建材工业必须正视的现实。

九是要实现建筑物的装配化，墙体的装配化是基本要求，否则就失去了装配式建筑发展的意义。钢结构建筑是目前最现实、发展动力和发展基础最好的装配式建筑建造形式。如果钢结构的墙体不能实现装配化，则钢结构建筑的优势就会大打折扣，推广就会受阻，所以，墙体的装配化和建筑节能与结构一体化是装配式建筑和钢结构建筑得以发展的基本保证。

十是根据墙体材料地域性，针对传统建筑结构体系，做好墙体材料的产业布局。新型墙材最大的特点是地域性。各地应因地制宜结合当地建筑结构体系、资源情况、气候特点和经济发展水平，确定适合本地区特点的新型墙材产品和发展方向。甘肃各地都应该重点发展符合建筑工业化、装配化要求的建筑保温与结构一体化复合板块，发展钢结构装配式建筑。以精准扶贫为契机，大力发展价格适中、本质安全、符合农民意愿的墙体材料。轻钢结构装配式节能建筑使村镇住宅的节能水平、抗震水平和绿色化水平快速提升变为可能，可以鼓励推广。

本 章 小 结

本章从新型墙体材料发展面临的挑战和应对措施、双碳目标下墙体材料发展思路和推广建筑节能与结构一体化墙体系统方面综合阐述了新型墙体发展战略方向。

（1）鼓励高等院校设置建筑材料与制品类本科专业，支持建筑材料类科研院所的发展，为我国低碳发展的重点行业建筑建材领域的可持续发展补上人才短板。提出墙体材料革新和建筑节能管理工作需要持续加强，由于管理机构设置不顺，行政执行力度不统一，政策落实就不到位。事实证明，把"墙改节能办"统一归口建设主管部门，管理工作更加顺畅。

（2）高度重视我国提出的碳达峰、碳中和目标。"双碳目标"将对建材行业产生巨大的影响。建筑节能与结构一体化围护体系不仅高度契合了绿色建筑和装配式建筑发展方向，也非常符合"宜业尚品，造福人类"的发展理念，更加符合"双碳目标"下以技术创新为基础推动绿色低碳发展和高质量发展的要求；不仅可以带来非常可观的市场价值、生态效益和经济效益，还能产生非常突出的社会价值和环保效益，更为整个建材行业的绿色发展带来了很多有益的启发和思考。

（3）新型墙材发展必须紧跟绿色建筑需要，把握好绿色建筑的发展。一是发展绿色建筑，是我国建筑业发展的新要求。逐步实现装配化，是建造技术发展的新特征。二是推广建筑节能与结构一体化墙体系统是新型墙体材料的发展趋势。三是推广建筑节能与结构一体化绿色复合墙材，是落实建筑业绿色发展和实现装配化的主要技术保证。

第十三章　发展新型墙体材料的政策建议

一、发展新型墙材，首先必须解决学科设置缺位、科研力量薄弱、管理机构不顺的硬件不足问题

1. 学科设置

大学应该大量增加"建筑材料及制品"以及与建筑节能有关的专业，改变建筑材料与建筑节能专业人才培养缺失的现状。

全国普通高校本科专业目录和研究生培养学科目录应该根据社会经济发展而发展，尽快在与建筑业有关的学院重新开设建筑材料专业，改变建筑材料人才培养缺位、科研力量薄弱的现状。

1997年至1998年教育部对材料类本科专业目录进行了调整，1998年《普通高等学校本科专业目录》和1997年《授予博士、硕士学位和培养研究生的学科、专业目录》，都将"建筑材料"专业取消，归并到"材料科学与工程"一级学科，专业名称统一改为"无机非金属材料"。这样，建筑材料专业就脱离了建筑业的需求和方向，在"材料科学与工程"的大背景下开设课程，配置师资，完全脱离建筑业需求，不可能培养出建设行业需要的建筑材料专业人才。这一现状持续了20多年，造成建筑材料、专业人才奇缺的现状。应该尽快改变这一局面。

2. 鼓励发展和壮大我国建材行业科研开发机构

与其他行业相比，作为我国国民经济发展和节能减排工作的重点行业，建筑材料行业共有五个国家级建材科研单位和四个设计单位，由于行业需求大，几个国家级科研设计单位忙于行业服务，并且服务对象80%以上是传统建材行业，新型墙体材料研发投入很少。全国20多个省级建材科研设计单位，近二十年经历了上级主管部门连续调整、开发类院所改制、企业改制、股份制改造、混合所有制改造

等各种变化，都以产品检测、工程检测和咨询设计为主，科学研究比例不大，作为影响建设行业可持续发展的科研力量，其实力和需求不对等，国家应该重点支持建材科研院所的发展，把建筑材料列为国家"十四五"科技发展计划重点领域，从科研立项到人才队伍建设方面，给予重点支持。

3. 各省墙改办和节能办合并，统一归建设主管部门领导，开展工作

墙改节能管理部门任务艰巨，面对这一新兴专业，管理基础很弱，对管理部门技术力量的要求很高。凡是有高水平专家队伍的墙改节能办公室，其工作就开展得好，否则，工作难度大，质量不高，政策制定和实施的科学性和执行效果就差。由于管理机构设置不顺，行政执行力度不统一，政策落实就不到位。事实证明，把墙改节能办公室统一归建设主管部门是比较科学的，可以有效地实施政策，促进行业发展。

二、加大墙材革新和建筑节能立法的力度

1. 加快墙材革新和建设领域节能减排立法工作，做到有法可依

在 20 多年的发展过程中，制定了很多政策、条例、制度，但都是根据当时社会发展现状而确定的，立法实践短，有局限性，实施力度不大。应该根据多年经验积累，制定更加严格的法律制度，加大力度，实现可操作性。

2. 墙材革新和建筑节能立法要加大力度

墙材革新和建筑节能对我国社会发展的影响巨大，在国民经济碳排放总量中的影响比例很大，单靠处罚和奖励以及吊销执照等措施已经不能达到应有的效果，短期利益的驱动无法落实建筑围护体系耐久性和建筑节能标准要求，造成的后果比较严重。应该加大墙材革新和建筑节能立法的力度，对于各环节没有执行建筑节能标准的当事人除追究行政和经济责任外，情节特别严重情况下要让当事人承担刑事责任，并且实施质量责任终身制，纳入自然保护范畴加大执法力度。

3. 抓实节能建筑达标率

必须抓实节能建筑达标率，达不到要求的不验收，对不达标企业不但要处罚，还要向社会公示，同时追究有关人员法律责任。

如果不按照节能标准设计，牺牲建筑节能指标，新型墙材就永远不能和传统

墙材展开竞争。加大监督力度，把建筑节能作为建筑质量验收最重要的指标之一，达不到节能要求的建筑不予竣工验收和使用，每年年底公布一批没有执行节能标准的企业，吊销资质、处罚并追究责任。

三、加强标准制定，保证有标准可依

针对各地区气候条件，确定适合当地情况的新型墙材推广目录和建筑节能体系。制定建筑节能设计地方标准、施工规范和检测标准。力求标准制定要科学、合理、可操作性强。要保证标准的落实，如果达不到要求，是哪一环节的责任，由哪一环节负责，按照国家法律和地方法规承担相应责任。

四、必须抓好北方地区城镇供热计量改革，通过激励机制形成良好的改革氛围

北方地区只有实行分户热计量，实行按用量缴费的采暖方式，才能促进节能墙材健康发展。凡是推行供热计量改革，而且供热计量面积达到总建筑面积30%以上的城市才有资格申请国家级城市类的有关奖项或荣誉称号，才能享受中央财政的补贴。用户只有实行用热计量，才有积极性推动外墙保温和门窗的改造。要把固定的热计价比率在全国统一为30%，这样浮动热计价比率为70%，有利于调动老百姓节能积极性。供热计量改革可以达到城市清洁、国家减排、老百姓增收，"一石三鸟"的效果。

五、建立墙材行业发展低碳经济的监管机制、工艺过程中的能耗监测和标识制度，强制监督和市场引导双管齐下

一是加大对立项、设计、建设及生产过程中的节能减排情况的监督检查力度。

二是研究墙材行业发展低碳经济的立法和政策。一方面采用行政立法；另一方面探索建立低碳市场化的机制。利用政策调控引导企业节能减排。

三是建立墙材行业工艺过程中的能耗监测和标识制度。

尽快研究制定不同工艺过程的能耗和碳排放的检测方法标准，统一标识制度并开展培训。有关协会组织建立检查监管的相应机制，切实推进全行业低碳经济。

开展绿色建筑的示范推广将会推动绿色墙体材料的大力发展。遵循四项准则。第一，绿色建筑要有我国的特点，即"因地制宜"。第二，要采取全寿命周期的分析方法。第三，低品质能源在建筑中的应用达到最大化。第四，精专化和系统集成创新将成为绿色建筑技术队伍培育的两个主要方向。

六、加快进行结构调整

制定各地区墙材发展目录和产业发展导向，按照行业发展现状，制定各种产品最低工艺要求和规模要求，鼓励先进工艺，限制和淘汰落后工艺。我国水泥、玻璃、陶瓷、商品混凝土等传统建材通过结构调整，实现了健康发展，为我国节能减排工作做出了巨大贡献。墙体材料行业结构调整工作任务艰巨，只有强制进行产业结构调整，才能实现行业健康发展。结构调整存在短期效益和长期效益、国家利益和个人利益的巨大矛盾，这一工作必须由政府牵头强制实施。

新型墙材产业结构很不合理，直接影响可持续发展。为了实现结构调整，一是加大科研开发、新工艺改造力度，确保技术保证；二是制定现实有效的鼓励和限制目录，做到有据可依；三是严格执法，抓好落实。解决了这三个问题，结构调整才有可能真正得到落实。

七、推广住宅全装修和装配式施工，节约资源浪费，减少对墙体材料的二次浪费

通过企业带动、政策鼓励、标准规范的制定，推广全装修和装配式施工等更多新材料、新技术、新的施工方法，减少资源浪费，提高墙材附加值。

八、通过绿色建筑的示范推广带动绿色墙体材料的大发展

激励政策，对达到绿色建筑星级标准的建筑应该给予相应的优惠政策支持。加快绿色建筑标准的编制，使标准覆盖所有气候区和不同类型的建筑和住宅。推进材料和系统的集成创新，加强评估队伍的培训工作，使绿色建筑的示范推广有标准、有政策、有技术、有队伍，具备示范推广的基本条件，得到迅速实施。

九、落实《新型墙材推广应用行动方案》

2017年2月，国家发展改革委办公厅、工业和信息化部办公厅发布了《关于印发〈新型墙材推广应用行动方案〉的通知》（发改办环资〔2017〕212号），其中特别提出了我国当下应该加快创新发展，具体做到以下四方面：一是完善产品体系。适应装配式建筑发展，重点发展适用于装配式混凝土结构、钢结构建筑的围护结构体系，大力发展轻质、高强、保温防火与建筑同寿命的多功能一体化装配式墙材及其围护结构体系，加强内外墙板、叠合楼板、楼梯阳台、建筑装饰部件等部品部件的通用化、标准化、模块化、系列化。开发适用于绿色建筑，特别是超低能耗

被动式建筑围护结构的新产品。二是改善技术装配。加强适用于新型墙体材料的专用施工机具、辅助材料等研发和生产，重点发展满足各类装配式建筑墙材的装配机具、高性能防水嵌缝密封材料配套专用砂浆等。三是完善标准规范。强化产品标准、规范设计、应用规程的联动衔接，构建完善标准体系。四是搭建创新平台。依托大型企业集团、科研院所、高等院校等，完善产学研用相结合的新型墙材创新体系。

本 章 小 结

发展新型墙材的政策性建议有：

（1）必须解决学科设置缺位、科研力量薄弱、管理机构不顺的硬件不足问题。大学应该大量增加"建筑材料及制品"以及与建筑节能有关的专业。发展我国建材行业科研开发机构，把建筑材料列为国家"十四五"科技发展计划重点领域，从科研立项到人才队伍建设方面，给予重点支持。各省墙改办和节能办合并，统一归建设主管部门领导，开展工作。

（2）加强建筑节能立法，严格执法力度。建筑节能立法要加大法律力度，对于各环节没有执行节能标准的当事人除追究行政责任和经济责任以外，视情节严重程度必须追究其刑事责任。加大监督力度，把建筑节能作为建筑质量验收最重要的指标之一，达不到节能要求的建筑不予竣工验收和使用，每年年底公布一批没有执行节能标准的企业，吊销资质、处罚并追究责任。

（3）加强标准制定，保证有标准可依。

（4）必须抓好北方地区城镇供热计量改革，通过激励机制形成良好的改革氛围。

（5）建立墙材行业发展低碳经济的监管机制、工艺过程中的能耗监测和标识制度，强制监督和市场引导双管齐下。

（6）抓紧进行结构调整。按照行业发展现状，制定各种产品最低工艺要求和规模要求，鼓励先进工艺，限制和淘汰落后工艺。

（7）推广住宅全装修和装配式施工，节约资源浪费，减少对墙体材料的二次浪费。

（8）通过绿色建筑的示范推广带动绿色墙体材料的大发展。

（9）落实《新型墙材推广应用行动方案》。

第十四章　总体结论

一、建筑材料产业是我国重要的基础原材料产业之一，对国民经济可持续发展具有重要影响

建筑材料是建筑业发展的物质基础，是影响我国城镇住宅节能减排和行业技术进步的主要因素。有三大特点：地域性特点、资源消耗性特点以及发展不平衡特点。

建筑材料分为传统建筑材料和新型建筑材料两大类。传统建筑材料包括水泥、玻璃、陶瓷、钢材、砂石、混凝土、黏土烧结制品等。新型建筑材料包括新型墙体材料、新型保温隔热材料、防水屋面材料、装饰装修材料、新型门窗及构件等。我国传统建筑材料生产工艺与发达国家相比，差距不大，主要问题依然是能耗指标过高。

二、影响我国建筑业健康发展的产业主要是新型墙体材料

传统意义上的墙体材料主要指砖、砌块、墙板，随着时代的发展，建筑结构形式的变化，保温材料、围护结构部品部件，包括预拌混凝土、干混砂浆等墙体部位使用的产品、部件都成为墙体材料的重要组成部分。

新型墙体材料是指不以消耗耕地、破坏生态和污染环境为代价，具有"节能、减排、安全、便利和可循环"特征，适应建筑业绿色化、装配化等发展要求的，品种和功能处于增加、更新、完善状态的建筑墙体用所有材料、制品和构件。

墙体材料是建筑围护结构实现围护、保温、隔热、防火、隔音、耐久等综合功能的物质基础，是影响我国城镇住宅节能减排和低碳发展的主要因素。墙体材料曾经是建筑材料工业中仅次于水泥的第二耗能行业和碳排放源。2015年以后墙体材料行业产业结构调整步伐加快，砖瓦企业锐减到目前的2.1万家，砖产量只有高峰时期的60%，使碳排放明显下降，"禁实限黏"成效显著。随着装配式建筑的发展，墙体材料的主体变为建筑节能与结构一体化装配式部品部件和构件，商品混凝土、预拌砂浆、保温材料成为补充，传统墙体材料成为过度。

三、墙体材料发展的基本现状

近20年，由于建筑业飞速发展，墙体材料一直被迫跟进，结构调整和技术创新欠账较多，行业水平普遍偏低。墙体材料功能比较单一，评价指标简单，墙体的围护、保温、耐火、隔音、抗震、防水、装饰等功能全靠工程现场不同材料的叠加来完成。行业门槛低，龙头企业少，生产制造技术不能满足时代发展要求。在建筑业属于乙方的乙方，未得到全社会足够重视，没有形成体系，成为建筑业发展的短板。产品结构不合理，传统产品占主体格局的现状仍未得到根本改变；节能墙材产品配套化、技术配套化和标准配套化程度不高；作为新兴产业，技术沉淀少，工艺水平普遍偏低。

墙体制品，只有通过材料复合、功能集成、减少运输、降低消耗才能实现低碳发展。长期以来，由于我国高等院校学科专业调整和建材行业主管部门的撤并，建筑材料尤其是制品专业本科生培养相对停滞，专业人才的基本数量与建筑业和土木工程发展的需要极不相称，直接影响产业的全面创新和可持续发展。

四、绿色建筑和低碳发展对墙体材料发展提出了新要求

绿色发展、低碳发展、质量发展和结构调整是建筑业发展的新阶段和新要求。逐步实现装配化，是建造技术发展的新特征，是降低建造碳排放的新手段。乡村振兴战略为村镇低能耗建筑提供了新机遇和新挑战。

我国建筑行业全过程碳排放总量占全国碳排放的比重约为51%，其中建材（钢铁、水泥、铝材等）占28%，施工阶段占1%，建筑运行阶段占22%。影响运行能耗的关键点之一在于围护墙体的保温隔热。当我国逐步推行装配式建筑以后，围护墙体制品、部品部件以及梁、板、柱等构件对我国碳排放的影响应该在20%左右。绿色建筑要实现"双碳目标"，必须围绕绿色建材全产业链生产方式的拓新来开展。

伴随建筑业建造模式的改变，功能化、精品化、装配化成为墙材产业发展的新要求。本土化、生态化、资源化是墙材产业发展的新目标。尤其是通过技术革新，外墙实现建筑节能与结构一体化，取代外墙外保温粘锚构造薄抹灰体系，即二次"穿棉袄"的方式，实现保温隔热与结构主体共同全寿命周期服役，防火性能达到结构耐火等级要求，根除建筑外墙保温层开裂、脱落、着火问题，成为外墙用墙体材料发展的必然出路。

五、墙材革新工作的新使命

墙材工作"禁实限黏"历史使命已经完成，适应建筑业发展的新要求，推进建筑业低碳发展、绿色发展，满足现代建筑墙体结构保温、隔热、隔音、防火、防水、抗震、安全等功能的新需求，成为墙材革新工作的新定位。墙材革新工作还应该向服务乡村振兴战略，推动新农村建设延伸。墙材工作的重点应该是技术创新、体系创新、质量发展和结构调整。

六、新型墙体材料行业发展面临的挑战和应对措施

一是鼓励高等院校设置建筑材料与制品类本科专业，支持建筑材料类科研院所的发展，改变专业人才培养不足的局面。建筑材料与制品是介于建设行业基础材料与建筑结构构件之间，对建筑功能有重大影响的复合材料与制品。本专业是材料基础科学、生产工艺学和建筑施工技术相结合的大跨度学科，具有巨大的社会需求，应该尽快得到恢复。二是墙体材料革新和建筑节能管理工作需要持续加强。三是抓住低碳发展机遇，在双碳目标实施中有所作为。作为高耗能的建筑建材行业，在"双碳目标"背景下，新型墙体材料行业在建筑节能、自然资源的保护、固体废弃物循环利用、建筑垃圾再生利用、工业污染排放的无害化和减量化处理等方面，尤其在制造环节的低碳化方面大有可为。四是推广建筑节能与结构一体化墙体系统，实现墙体多功能和装配化。

七、我国新型墙材的未来需求及行业发展趋势体现在十个方面

产品复合化、功能多样化、资源利用化、评价科学化、节能绿色低碳化、轻质抗震化、生产自动化、技术配套化、墙体装配化、建筑节能与结构一体化。

八、开发多功能一体化新型墙材必须坚持的技术原则

资源节约的原则、生产节能和建筑节能的原则、评价指标的准确判断和确定原则、耐久性原则、施工方便原则、性价比最高原则、地域性原则。

九、发展新型墙体材料的政策建议

发展新型墙体材料，首先必须解决学科设置缺位、科研力量薄弱、管理机构不顺的硬件不足问题；加大墙材革新和建筑节能立法的力度；加强标准制定，保证有标准可依；必须抓好北方地区城镇供热计量改革，通过激励机制形成良好的改革

氛围；建立墙材行业发展低碳经济的监管机制、工艺过程中的能耗监测和标识制度，强制监督和市场引导双管齐下；加快进行结构调整；推广住宅全装修和装配式施工，节约资源，减少对墙体材料的二次浪费；通过绿色建筑的示范推广带动绿色墙体材料的大发展；认真落实《新型墙材推广应用行动方案》。

附　录

附录 A 甘肃省新型墙体材料推广应用目录（2020 年报批稿）

类别	序号	产品名称	执行标准	适用范围	相关说明	发展类型
砖	1	烧结装饰砖	《烧结装饰砖》GB/T 32982—2016	各种建筑墙体	以页岩、废渣为主，不含黏土	鼓励发展类
	2	烧结保温砖	《烧结保温砖和保温砌块》GB 26538—2011	框架、框剪结构填充墙、分户墙	以页岩、废渣为主，不含黏土。作为填充外墙，可以减薄墙体外保温层	鼓励发展类
					以页岩、废渣为主，黏土含量不高于 25%（平庆地区不高于 70%，可耕种黏土为 0）	一般发展类
						兰州、嘉峪关限制发展
	3	烧结空心砖	《烧结空心砖和空心砌块》GB 13545—2014	框架、框剪结构填充墙、室内隔断墙、卫生间墙	以页岩、废渣为主，不含黏土	鼓励发展类
					以页岩、废渣为主，黏土含量不高于 25%（平庆地区不高于 70%，可耕种黏土为 0）	一般发展类
						兰州、嘉峪关限制发展

续表

类别	序号	产品名称	执行标准	适用范围	相关说明	发展类型
砖	4	装饰混凝土砖	《装饰混凝土砖》GB/T 24493—2009	建筑物墙体围护与墙面装饰一体化，墙面装饰	资源、条件适宜的地区建筑使用	一般发展类
	5	蒸压粉煤灰多孔砖	《蒸压粉煤灰多孔砖》GB 26541—2011	单层、多层建筑承重墙、框架、框剪结构填充墙、室内隔断墙、卫生间墙	粉煤灰排放压力较大地区推广	一般发展类 / 酒嘉地区鼓励发展
	6	蒸压灰砂多孔砖	《蒸压灰砂多孔砖》JC/T 637—2009	单层、多层建筑承重墙、框架、框剪结构填充墙、室内隔断墙、卫生间墙	页岩资源稀缺地区推广	一般发展类 / 酒嘉地区鼓励发展
	7	烧结多孔砖	《烧结多孔砖和多孔砌块》GB 13544—2011	单层、多层建筑承重墙、框架、框剪结构填充墙、室内隔断墙、卫生间墙	以页岩、废渣为主，黏土含量不高于 25%（平庆地区不高于 70%，可耕种黏土为 0）	一般发展类
	8	承重混凝土多孔砖	《承重混凝土多孔砖》GB 25779—2010	单层、多层建筑承重墙	最低抗压强度等级为 MU15.0	兰州、嘉峪关限制发展（鼓励再生骨料利用）
	9	非承重混凝土空心砖	《非承重混凝土空心砖》GB/T 24492—2009	框架、框剪结构填充墙、分户墙	最低抗压强度等级为 MU7.5	一般发展类（鼓励再生骨料利用）
砌块	10	断热节能复合砌块	产品企业标准及《断热节能复合砌块墙体保温体系技术规程》DB62/T 25-3068—2013，《建筑节能与结构一体化墙体保温系统应用技术规程》DB62/T 3176—2019	框架结构、框剪结构填充外墙、内墙；屋面保温	填充墙体满足所有气候区自保温，免贴外保温层	鼓励发展类

续表

类别	序号	产品名称	执行标准	适用范围	相关说明	发展类型
砌块	11	石膏砌块	《石膏砌块》JC/T 698—2010	建筑物分户墙、分室墙	以工业脱硫石膏为主要原材料，室内非潮湿部位使用	鼓励发展类
	12	蒸压加气混凝土砌块	《蒸压加气混凝土砌块》GB/T 11968—2020	建筑物非承重填充外墙、分室、分户墙；屋面保温	严寒寒冷地区填充墙，需做外保温；夏热冬冷地区自保温墙体	一般发展类
	13	烧结空心砌块	《烧结空心砖和空心砌块》GB/T 13545—2014	框剪结构、框剪结构填充墙	以页岩、废渣为主，黏土含量不高于25%（平庆地区不高于70%，可耕种黏土为0）	一般发展类 兰州、嘉峪关限制发展
	14	烧结保温砌块	《烧结保温砖和保温砌块》GB 26538—2011	框架、框剪结构填充墙分户墙	以页岩、废渣为主，黏土含量不高于25%（平庆地区不高于70%，可耕种黏土为0）。作为填充墙可减薄墙体外保温层	一般发展类 兰州、嘉峪关限制发展
	15	复合保温砌块	《复合保温砖和复合保温砌块》GB/T 29060—2012	框架、框剪结构填充墙分户墙	作为填充墙，可以减薄墙体外保温层	一般发展类
	16	自保温混凝土复合砌块	《自保温混凝土复合砌块》JG/T 407—2013	严寒寒冷地区非承重填充墙，夏热冬冷地区自保温墙体	在严寒寒冷地区外墙使用，不能实现自保温，可以减薄墙体外保温层	一般发展类
	17	轻集料混凝土小型空心砌块	《轻集料混凝土小型空心砌块》GB/T 15229—2011	建筑物非承重墙	最低抗压强度MU2.5	一般发展类

续表

类别	序号	产品名称	执行标准	适用范围	相关说明	发展类型
砌块	18	装饰混凝土砌块	《装饰混凝土砌块》JC/T 641—2008	建筑外墙装饰	控制吸水率和色差	一般发展类
	19	烧结多孔砌块	《烧结多孔砖和多孔砌块》GB 13544—2011	框架结构、框剪结构填充墙	以页岩、淤泥和工业废渣为主，黏土含量不高于 25%（平庆地区不高于 70%，可耕种黏土为 0）	一般发展类 兰州、嘉峪关限制发展
	20	粉煤灰小型空心砌块	《粉煤灰混凝土小型空心砌块》JC/T 862—2008	建筑物非承重墙	最低抗压强度 MU3.5	一般发展类
板材	21	HF 永久性复合保温模板	产品企业标准及《HF 永久性复合保温模板现浇混凝土建筑保温体系技术规程》DB62/T 3083—2017、《建筑节能与结构一体化墙体保温系统应用技术规程》DB62/T 3176—2019	框架结构梁柱外保温；框剪结构钢筋混凝土剪力墙及梁柱部位外保温；地下室顶板保温；屋面板保温	通过卡板勾筋连接方式实现现浇混凝土剪力墙及梁柱部位钢筋混凝土墙体的自保温、同寿命和一体化施工	鼓励发展类
	22	LSP 水平自锁拼装板	产品企业标准及《LSP 板内嵌轻钢龙骨装配式墙体系统技术规程》DB62/T 25-3120—2016	钢结构建筑、框架结构建筑装配式围护墙体。墙体自保温，传热系数满足严寒冷地区及夏热冬冷地区建筑节能设计标准	通过专用轻钢龙骨及钢质连接件，将 LSP 板墙体与建筑主体牢固连接在一起形成节能与结构一体化装配式墙体系统	鼓励发展类
	23	装配式微孔混凝土复合外墙大板	《装配式微孔混凝土复合外墙大板应用技术规程》DB62/T 3162—2019	钢结构装配式建筑外墙板、PC 装配式建筑外墙板。墙体自保温，传热系数满足严寒冷地区及夏热冬冷地区建筑节能设计标准	解决装配式建筑节能与结构一体化问题和"三板"问题	鼓励发展类

续表

类别	序号	产品名称	执行标准	适用范围	相关说明	发展类型
板材	24	石膏空心条板、纸面石膏板	《石膏空心条板》JC/T 829—2010、《纸面石膏板》GB/T 9775—2008	建筑物内隔墙、室内墙体隔断、屋面装饰、吸音	非潮湿部位分室、分户墙及室内墙体、屋面装饰、吸音	鼓励发展类
	25	蒸压加气混凝土板	《蒸压加气混凝土板》GB/T 15762—2020	建筑物内隔墙，夏热冬冷地区建筑外墙	严寒寒冷地区外墙使用可减少保温层厚度；夏热冬冷地区外墙通过结构处理可实现自保温	鼓励发展类
	26	建筑隔墙用保温条板	《建筑隔墙用保温条板》GB/T 23450—2009	建筑物内隔墙，夏热冬冷地区建筑外墙	严寒寒冷地区分户墙，有隔热作用；夏热冬冷地区外墙通过结构处理可实现自保温	一般发展类
	27	建筑用轻质隔墙条板、建筑隔墙用轻质条板、纤维水泥夹芯复合墙板	《建筑用轻质隔墙条板》GB/T 23451—2009、《建筑隔墙用轻质条板通用技术要求》JG/T 169—2016、《纤维水泥夹芯复合墙板》JC/T 1055—2007	建筑物内隔墙	建筑物分室、分户墙	一般发展类
	28	钢筋陶粒混凝土轻质隔墙条板、玻璃纤维增强水泥轻质多孔隔墙条板（简称GRC板）	《钢筋陶粒混凝土轻质隔墙条板》JC/T 2214—2014、《玻璃纤维增强水泥轻质多孔隔墙条板》GB/T 19631—2005	建筑物内隔墙	建筑物分室、分户墙	一般发展类

续表

类别	序号	产品名称	执行标准	适用范围	相关说明	发展类型
板材	29	纤维增强低碱度水泥建筑平板，纤维增强硅酸钙板，维纶纤维增强水泥平板	《纤维增强低碱度水泥建筑平板》JC/T 626—2008，《纤维增强硅酸钙板 第1部分：无石棉硅酸钙板》JC/T 564.1—2018，《纤维增强硅酸钙板 第2部分：温石棉硅酸钙板》JC/T 564.2—2018，《维纶纤维增强水泥平板》JC/T 671—2008	室内墙体隔断，屋面装饰，吸音，复合墙体制品用面板	分室、分户龙骨隔墙用面板，屋面装饰，吸音，制品面板	一般发展类
	30	保温装饰板	《保温装饰板外墙外保温系统材料》JG/T 287—2013	建筑外墙外保温与装饰一体化	装饰保温一体化，芯材防火性能B1级以上，25年使用年限的保证率高于普通薄抹灰系统	鼓励发展类
外墙保温材料与制品	31	发泡陶瓷保温板，泡沫玻璃绝热制品	《发泡陶瓷保温板应用技术规程》T/CECS 480—2017，《泡沫玻璃绝热制品》JC/T 647—2014	建筑外墙外保温，围护保温一体化墙体	参照《泡沫玻璃建筑节能保温构造》DBJT25-112—2008等技术标准施工	一般发展类
	32	岩棉制品	《岩棉薄抹外墙灰外墙外保温系统材料》JG/T 483—2015，《建筑外墙外保温用岩棉制品》GB/T 25975—2018，《建筑绝热用岩棉绝热制品》GB/T 19686—2015	建筑物屋面保温，地面和底板保温，墙体夹芯保温，外墙外保温	按照《岩棉薄抹灰外墙外保温工程技术标准》JGJ/T 480—2019 施工	一般发展类

续表

类别	序号	产品名称	执行标准	适用范围	相关说明	发展类型
外墙保温材料与制品	33	模塑聚苯乙烯泡沫塑料板（膨胀型模塑聚苯板EPS）	《模塑聚苯板薄抹灰外墙外保温系统材料》GB/T 29906—2013、《绝热用模塑聚苯乙烯泡沫塑料（EPS）》GB/T 10801.1—2021	建筑物屋面保温、地面和底板保温，墙体夹芯保温，外墙外保温	按照《外墙外保温工程技术标准》JGJ 144—2019 施工，防火等级符合设计要求	一般发展类
	34	挤塑聚苯乙烯泡沫塑料板（挤塑聚苯板XPS）	《挤塑聚苯板（XPS）薄抹灰外墙外保温系统材料》GB/T 30595—2014、《绝热用挤塑聚苯乙烯泡沫塑料（XPS）》GB/T 10801.2—2018	建筑物屋面保温、地面和底板保温，墙体夹芯保温，外墙外保温	按照《外墙外保温工程技术标准》JGJ 144—2019 施工，防火等级符合设计要求	一般发展类
	35	硬质聚氨酯泡沫塑料板（硬泡聚氨酯板PUR）	《建筑物隔热用硬质聚氨酯泡沫塑料》GB 10800—89	建筑物屋面保温、地面和底板保温，墙体夹芯保温，外墙外保温	按照《外墙外保温工程技术标准》JGJ 144—2019 施工，防火等级符合设计要求	一般发展类
	36	热固复合聚苯乙烯泡沫保温板	《热固复合聚苯乙烯泡沫保温板》JG/T 536—2017	建筑物屋面保温、地面和底板保温，墙体夹芯保温，外墙外保温	按照《外墙外保温工程技术标准》JGJ 144—2019 施工，防火等级符合设计要求	一般发展类
	37	岩棉纸面石膏板	《岩棉纸面石膏板外墙内保温系统技术规程》DB62/T 3137—2017	建筑外墙面内保温	按照《岩棉纸面石膏板外墙内保温系统技术规程》DB62/T 3137—2017 施工	一般发展类
其他材料	38	预拌混凝土	《预拌混凝土》GB/T 14902—2012	各种混凝土工程，钢筋混凝土剪力墙，屋面、底板，梁柱	按照工程要求配制、运输、现浇	鼓励发展类

续表

类别	序号	产品名称	执行标准	适用范围	相关说明	发展类型
其他材料	39	预拌干混砂浆、特种专用砂浆	《预拌砂浆》GB/T 25181—2019，国家、行业或地方专用砂浆标准或规范	建筑墙体各种抹灰工程、砌筑工程、饰面工程	鼓励采用干混砂浆，不鼓励使用湿拌浆料	鼓励发展类
	40	其他：（1）利用工业废渣生产的高性能墙体材料制品；利用固废等为主要原料生产的"陶粒及其制品"。（2）适合装配式建筑使用的单一装饰墙体材料制品、复合楼板、预制	国家标准、行业标准、地方标准（包括产品技术规程和标准图集）。无国标、行标、地标和团体标准的，企业标准须符合《墙体材料应用统一技术规范》GB 50574—2010 要求，且其中重要性能质量控制指标不低于相应的国家标准、行业标准、地方标准规定（没有编制地方技术规程和标准图集的，可以试点，不宜推广）	（1）利用工业废渣产品性能必须达到国家标准和行业标准要求，产品废渣掺量必须达到资源综合利用有关规定，放射性核素限量符合《建筑材料放射性核素限量》GB 6566—2010 要求；（2）装配式墙材制品必须实现严寒寒冷地区建筑节能与结构一体化，不能有二次外保温；（3）绿色建材认定必须由法定认定机构颁布；（4）改性保温材料、复合墙材制品必须取得省级新型墙材产品认定证书	—	

注：1. 标准引用说明：所有产品必须执行最新版本标准。
2. 本目录不包括依附于墙体的单一装饰材料及制品。
3. 本目录页页岩：指由黏土沉积形成的，含石英、长石碎屑以及其他化学物质，具有塑性和烧结性能，不可耕种和无法生长植物的页状或薄片层状岩石。黏土：一般指含沙粒很少、有粘结性能、可耕种和生长植物的土壤。
4. 平凉和庆阳地区简称平庆地区，黄土层深，非耕种的土壤以坡资源丰富。酒泉和嘉峪关地区简称酒嘉地区，页岩和黏土资源稀缺。

附录 B　甘肃省墙体材料产业发展导向（2020 年报批稿）

一、鼓励发展的墙体材料产品和生产工艺及规模

1. 利用废渣生产的各类烧结装饰砖、空心砖和保温砖

指利用页岩、各类工业废渣和建筑垃圾、河道淤泥等烧制的装饰砖、空心砖和具有保温功能的砖，原料中不含黏土。

原料中除了页岩以外的废渣合计掺量在 30% 以上，原料经陈化均匀，采用 70 型以上挤砖机、大中断面（4.6m 及以上）带余热烘干窑（室）的标准隧道窑、自动码卸坯、烟气脱硫除尘，年生产能力 6000 万块标准砖以上，产品符合国家标准、行业标准和地方标准。

2. 断热节能复合砌块

断热节能复合砌块是以快硬硫铝酸盐水泥为主复配的水硬性材料为胶凝材料，轻集料为骨料，短切纤维为增强材料，以物理发泡方式形成具有保温功能和防火功能的纤维增强轻骨料微孔混凝土基体，通过流态制浆工艺与聚苯板等绝热芯材一次性复合制成的复合夹芯砌块。

微孔混凝土基体六面包裹绝热芯材，阻断了空气和明火，形成的单层墙隔热保温性能满足包括严寒寒冷地区在内的各气候区域建筑墙体自保温，耐火极限不小于 3h，实现了与建筑物主体同寿命。原料中废渣合计掺量在 30% 以上，采用计算机在线控制和管理。单线年生产能力在 5 万 m³ 以上，年总规模 10 万 m³ 以上。产品符合企业标准和《断热节能复合砌块墙体保温体系技术规程》DB62/T 25-3068—2013 及《建筑节能与结构一体化墙体保温系统应用技术规程》DB62/T 3176—2019 的要求。

3. 石膏砌块

以脱硫石膏为主要胶凝材料制作的气硬性板式砌块，主要用于防水防潮要求较低的建筑室内隔墙。

脱硫石膏合计掺量在 70% 以上。采用自动化、清洁化、带烘干的生产工艺，单线年生产能力在 30 万 m^2 以上。产品符合《石膏砌块》JC/T 698—2010 的要求。

4. HF 永久性复合保温模板

HF 永久性复合保温模板是以快硬硫铝酸盐水泥等复配的水硬性材料为胶凝材料，以物理发泡方式形成具有保温功能的纤维增强微孔混凝土基体，通过流态制浆工艺与聚苯板等绝热芯材一次性复合制成的微孔混凝土六面包敷保温芯材形成的箱型结构体，通过卡板勾筋连接方式与剪力墙及梁柱一体化施工，实现最终免拆且永久服役的复合保温板。

产品以短切纤维作为微孔混凝土基材的增强材料，以两层耐碱玻纤网格布和一层水泥布为最终制品的多层增强材料，微孔混凝土六面包敷保温芯材，形成小防火分仓隔绝明火。卡板勾筋连接件实现产品与现浇混凝土剪力墙及梁、柱外表面"筋骨相连"，形成的墙体隔热保温性能能够满足包括严寒寒冷地区在内的各气候区域墙体自保温、保温结构同寿命，耐火极限不小于 2.5h。采用计算机在线控制和管理。单线年生产能力在 50 万 m^2 以上。产品符合企业标准和《HF 永久性复合保温模板现浇混凝土建筑保温体系技术规程》DB62/T 3083—2017 及《建筑节能与结构一体化墙体保温系统应用技术规程》DB62/T 3176—2019 的要求。

5. LSP 水平自锁拼装板

LSP 水平自锁拼装板是以轻集料微孔混凝土为基材，以岩棉保温板、挤塑聚苯板、模塑聚苯板等为填充芯材，以短切纤维及耐碱玻璃纤维网格布为增强材料，通过整体无间隙复合而制成的、四边均设有水平自锁功能的拼装连接榫头或榫槽，可实现现场直接装配安装的复合板块。

产品基材六面包裹芯材，阻断芯材与空气的接触，实现防火耐久及节能结构一体化。通过专用轻钢龙骨及钢质连接件，将 LSP 板墙体与建筑主体牢固连接在一起，四边榫接拼装，实现墙体装配化。形成的装配式墙体单层墙隔热保温性能能够满足包括严寒寒冷地区在内的各气候区域建筑节能设计标准，实现建筑结构与节能一体化，墙体耐火极限不小于 3h。采用计算机在线控制和管理。单线年生产能力应在 50 万 m² 以上。产品符合企业标准和《LSP 板内嵌轻钢龙骨装配式墙体系统技术规程》DB62/T 25-3120—2016 的要求。

6. 装配式微孔混凝土复合外墙大板

装配式微孔混凝土复合外墙大板指采用轻钢龙骨框架和钢丝网增强,通过流态制浆工艺将短切纤维增强的轻骨料微孔混凝土与岩棉或聚苯板等高效保温芯材一次浇注而成的,具有微孔混凝土夹芯保温结构的复合外墙大板。

芯材两面的微孔混凝土设有钢丝网,与钢骨框架相连,实现钢丝网双增强。实现围护、保温、装饰一体化,工厂化生产,装配式施工。其微孔混凝土基材是以低收缩性的快硬水泥为主要胶凝材料,以陶粒、膨胀珍珠岩等轻集料为骨料,以短纤维为增强材料,以多种外加剂为功能调节材料,在水泥石中引入微小泡沫而制成的微孔轻质混凝土。外墙复合大板形成的墙体单层墙隔热保温性能能够满足包括严寒寒冷地区在内的各气候区域建筑节能设计标准,耐火极限不小于 3h。采用计算机在线控制和管理。合计年生产规模应在 5 万 m³ 以上。外墙复合大板性能满足产品企业标准及《装配式微孔混凝土复合外墙大板应用技术规程》DB62/T 3162—2019 的要求。

7. 石膏空心条板、纸面石膏板

石膏空心条板指以工业副产石膏为主要胶凝材料,以短切纤维为增强材料,以各种轻骨料为集料生产的具有单排圆孔结构的空心条板。

纸面石膏板指以工业副产石膏为主要胶凝材料,掺入适量添加剂与短切纤维,以特制的板纸为护面和增强材料加工制成的厚度不大于 15mm 的轻质板材。一般作为室内吊顶、装饰底板或内墙隔断使用。

石膏空心条板采用自动化、清洁化、带烘干生产工艺,生产线单线年生产能力在 30 万 m² 以上,企业年生产规模 100 万 m² 以上。纸面石膏板单线年生产能力在 3000 万 m² 以上。

8. 蒸压加气混凝土板

蒸压加气混凝土板指用钙质材料(如水泥、石灰)与硅质材料(如砂、粉煤灰、矿渣),配料中加入铝粉作为加气剂,经加水搅拌、浇注成型、发气膨胀和预养切割,再经过高压蒸汽养护,通过水热合成而形成多孔结构,根据结构要求配置添加不同数量经防腐处理的增强钢筋网片而制成的轻质板材。

采用4.8m以上切割机、余热回收利用系统、双班年生产规模在20万m^3以上的全自动化生产线。

9. 保温装饰板

保温装饰板也叫装饰保温一体化板，指通过胶粘复合方法将保温材料与饰面材料通过工厂复合而形成的具有保温和装饰两种功能的外墙保温制品。

保温层防火性能B_1级以上，25年使用年限的保证率高于普通薄抹灰系统，附加了饰面层。采用自动化生产线复合，年生产规模在100万m^2以上。

10. 预拌混凝土

预拌混凝土也称商品混凝土，指将混凝土各种原材料按照一定比例，在工厂搅拌站经计量、拌制后出售的，采用运输车，在规定时间内运至使用地点的混凝土拌合物。

包括预拌高性能混凝土、再生骨料混凝土、环保型混凝土及特种混凝土等绿色混凝土，地级以下城市年生产规模在30万m^3以上，兰州市年生产规模在60万m^3以上，生产线全线自动控制。建有混凝土标准试验室，并且通过检验检测机构资质认定并取得省级以上认定证书。

11. 预拌砂浆

预拌砂浆指由水泥、砂以及所需外加剂和掺合料等成分，按照一定比例，经工厂内集中计量拌制后，通过专用设备运输到工地使用的拌合物，包括预拌干混砂浆和特种专用砂浆。

采用自动配料、清洁能源或余热利用烘干工艺，全线自动控制。年生产规模在10万吨以上，鼓励干混砂浆、机械化喷涂施工，不鼓励发展湿拌工艺。

12. 其他产品

包括利用工业废渣生产的高性能墙体材料制品，适合装配式建筑使用的装配式墙体材料制品、复合楼板、预制混凝土楼梯和阳台板等水泥预制构件。取得绿色建材产品认定证书的墙体新产品。经过改性、复合、自动化工艺生产的复合墙材制品、墙体保温材料及其配套产品。其中：利用工业废渣产品性能必须达到国家标准和行业标准要求；装配式墙体材料制品必须实现严寒寒冷地区建筑节能与结构的一体化，不能有二次外保温；绿色建材认定证书必须由法定认定机构颁布；改性保温材料、复合墙材制品必须取得省级新型墙材产品认定证书。生产自动控制，年生产规模达到 10 万 m³ 以上，单线生产能力根据产品工艺优化确定。

二、一般发展的墙体材料产品和生产工艺及规模

1. 砖类

装饰混凝土砖、蒸压粉煤灰多孔砖、蒸压灰砂多孔砖、承重混凝土多孔砖、非承重混凝土空心砖。生产线包含自动计量配料、人工养护（包括太阳能养护）、机械码坯，单线年生产规模达 3000 万块标砖以上。

烧结多孔砖：采用以煤矸石、粉煤灰、页岩、建筑渣土等为主要原料生产的烧结制品。

经过原料精细化处理（包括建设陈化库），55 型以上成型砖机、人工干燥、自动码卸坯，4.6m 以上断面的隧道窑、自动控温，单线年生产规模达 3000 万块标砖以上。

2. 砌块类

蒸压加气混凝土砌块指用钙质材料（如水泥、石灰）与硅质材料（如砂、粉煤灰、矿渣），配料中加入铝粉作为加气剂，经加水搅拌、浇注成型、发气膨胀和预养切割，再经过高压蒸汽养护，通过水热合成而形成多孔结构的具有一定强度的硅酸盐砌块制品。

产品必须达到《蒸压加气混凝土砌块》GB/T 11968—2020 的要求，采用 4.2m 以上切割机，年生产规模达 20 万 m³ 以上。

烧结空心砌块、烧结多孔砌块、烧结保温砌块指采用以煤矸石、粉煤灰、页岩、建筑渣土、污泥、为建设用地平整土丘荒坡土等为原料烧制的各型砌块。

黏土含量不高于 25%（平庆地区不高于 70%，可耕种土地不可用），原料精细化处理（包括建设陈化库）、55 型以上成型砖机、人工干燥、自动码卸坯、4.6m 以上断面的隧道窑、自动控温，单线年生产规模达 6000 万块标砖以上。平庆地区鼓励发展含有黏土的烧结制品，而兰州、嘉峪关则已经完全实现禁止。烧结保温砌块仅对外墙保温层的减薄有贡献，夏热冬冷地区如果通过施工措施可以实现结构保温一体化，可以鼓励在当地发展。

轻集料混凝土小型空心砌块、装饰混凝土砌块、粉煤灰小型空心砌块、复合保温砌块、自保温混凝土复合砌块，指通过压制成型，二次填塞保温材料，或通过孔型优化实现一定保温效果，或外立面加工有装饰功能的小型砌块。

通过消纳利用工业废渣及建筑垃圾作再生骨料，自动计量配料，清洁能源或余热利用养护，机械码坯生产。复合保温砌块、自保温混凝土复合砌块通过施工措施有可能实现夏热冬冷地区的节能与结构的一体化，适宜在夏热冬冷地区应用，其他地区仅仅对墙体保温层的减薄有贡献。所以，只能作为一般性发展，单线年生产能力达 5 万 m³ 以上。

3. 板材类

指用各种工艺生产的建筑内隔墙板，如：建筑用轻质隔墙条板、建筑隔墙用轻质条板、纤维水泥夹芯复合墙板、钢筋陶粒混凝土轻质隔墙条板、玻璃纤维增强水泥轻质多孔隔墙条板（简称 GRC 板）、建筑隔墙用保温条板等。采用自动化、清洁化、成组立模生产工艺生产。生产线单线年生产能力达 30 万 m² 以上。

纤维增强低碱度水泥建筑平板、纤维增强硅酸钙板、维纶纤维增强水泥平板指以水泥为胶凝材料，短切纤维增强，经过压制成型的用于装饰、防护、隔断等功能的，一般厚度不超过 10mm、标准板最小单边尺寸不小于 1200mm 的薄型板材。生产线单线年生产能力达 1000 万 m² 以上。

4. 外墙保温材料与制品

发泡陶瓷保温板、泡沫玻璃绝热制品指以煤矸石、废玻璃等为主要原料，经过高温发泡烧制而成的多孔保温绝热材料。废渣掺量达到 70% 以上。隧道窑烧成，生产线自动配料、烧成温度自动控制，年生产能力达 20 万 m³ 以上。

岩棉制品指建筑外墙外保温用岩棉制品。生产线自动控制，单线年生产能力达 10 万 m³ 以上。

模塑聚苯板（EPS）、挤塑聚苯板（XPS）、热固复合聚苯板、硬泡聚氨酯板（PUR）指建筑外墙外保温用有机发泡保温板材。生产线自动控制，单线年生产能力达 10 万 m³ 以上。保温板经过改性，燃烧性能级别不应低于《建筑材料及制品燃烧性能分级》GB 8624—2012 规定的 B₂ 级要求。

岩棉纸面石膏板指用纸面石膏板与岩棉板夹芯材料复合而成的板材。生产线自动控制，单线年生产能力达 10 万 m³ 以上。产品性能指标满足企业标准及《岩棉纸面石膏板外墙内保温系统技术规程》DB62/T 3137—2017 的要求。

三、限制的墙体材料产品

（1）原料中虽掺有废渣，但其与页岩的合计重量掺量比小于 75% 的黏土烧结墙体材料制品（平庆地区除外）。

（2）蒸压灰砂砖（酒泉与嘉峪关地区除外）。

（3）蒸压粉煤灰砖（酒泉与嘉峪关地区除外）。

（4）普通混凝土小型砌块（县级以下城市和农村除外）。

（5）建筑用金属面绝热夹芯板。

四、淘汰的墙体材料产品

（1）破坏农田、耕地和破坏环境取土烧制的烧结墙体材料制品。

（2）制成品中有害物质不符合国家有关规定的墙体材料制品。

（3）使用非耐碱玻璃纤维非低碱水泥生产的玻纤增强水泥（GRC）空心条板。

（4）非蒸压硅酸盐水泥基泡沫混凝土砌块及制品。

（5）非烧结、非蒸压粉煤灰砖。

（6）各种保温浆料。

（7）燃烧性能等级为 B_3 级及以下的有机发泡保温材料。

（8）建筑用膨胀珍珠岩保温板。

（9）不适合当地气候条件，性能指标有疑义的产品。

注：① 鼓励发展类，指代表墙体材料发展方向，5～10 年内应大力发展和推广应用的产品；一般发展类，指代表目前墙体材料主流，可以满足建筑业目前发展需要，需要继续推广和不断改进的墙材产品；限制发展类，指业已存在，5～10 年内，将被逐步更新或淘汰的产品；淘汰类产品，指经过市场应用，问题太多，目前必须禁止使用的产品。

② 综合利用的废渣资源中不应含有危险废物。如属于危险废物，应当按国家及省有关规定执行。

③ 文中"以上"均含本数，"以下"均不含本数。

④ 生产的黏土实心砖，只能用于修缮古建筑、近代现代重要史迹和代表性建筑等不可移动文物，以及建设、修缮经依法批准的仿古建筑，不得销售给其他单位和个人。

附录 C 《建筑节能与结构一体化墙体保温系统应用技术规程》DB62/T 3176—2019 条文

1 总 则

1.0.1 为促进建筑节能与结构一体化墙体保温系统的应用，规范 HF 永久性复合保温模板现浇混凝土墙体保温系统和断热节能自保温复合砌块墙体保温系统的设计、施工及验收，明确建筑节能与结构一体化体系的保温性、防火性和耐久性设计技术指标及工程质量验收要求，做到质量可靠、技术先进、经济合理、安全适用，特制定本规程。

1.0.2 本规程适用于严寒和寒冷及夏热冬冷地区，抗震设防烈度 8 度及以下的新建、改建和扩建的民用与工业建筑，采用 HF 永久性复合保温模板和断热节能自保温复合砌块建筑节能与结构一体化墙体保温系统的建筑工程。建筑高度超过 100 m 时需进行专项论证。

1.0.3 建筑节能与结构一体化墙体保温系统的设计、施工及验收，除应执行本规程外，尚应符合国家及甘肃省现行有关标准的规定。

2 术 语

2.0.1 建筑节能与结构一体化墙体保温系统 integrated wall insulation system of building energy efficiency and structure

集建筑保温与结构墙体围护功能于一体，不需另行采取保温措施，就可满足现行建筑节能标准的要求，实现保温层与建筑主体同寿命的墙体保温系统。包括 HF 永久性复合模板现浇混凝土墙体保温系统和断热节能自保温复合砌块墙体保温系统。

2.0.2 HF 永久性复合保温模板 high-performance formwork permanent composite insulation formwork

采用微孔混凝土六面包覆保温芯材，整体复合工艺在工厂预制而成，在现浇混凝土施工中起外模板作用的复合保温板材。由水泥布及玻纤网格布双增强面层、外侧微孔混凝土保温过渡层、聚苯板（或岩棉板）保温层、内侧粘结加强肋层等部分构成，简称 HF 复合保温模板。

2.0.3　HF 永久性复合保温模板现浇混凝土墙体保温系统　HF permanent composite insulation formwork cast-in-place concrete building insulation system

以 HF 复合保温模板为免拆外模板，内侧浇筑混凝土，外侧做水泥砂浆抹面层及饰面层，通过专用的卡板勾筋连接件将 HF 复合保温模板与钢筋混凝土牢固连接在一起而形成的保温与结构一体化系统，简称 HF 复合保温模板墙体保温系统。

2.0.4　断热节能自保温复合砌块　heat-blocking energy-saving self-insulation composite block

以低收缩快硬水泥为胶凝材料，轻集料为骨料，短切纤维为增强材料，以发泡剂形成水泥石微孔基体，通过流态制浆工艺与聚苯板或岩棉板等保温芯材一次浇注整体复合制成的微孔混凝土砌块，其自身的保温隔热性能可满足现行建筑节能标准要求，简称断热复合砌块。

2.0.5　断热节能自保温复合砌块墙体保温系统　for composite block wall heat-blocking energy-saving self-insulation composite block

以断热复合砌块为墙体围护材料，采用专用砂浆砌筑后，围护墙体自身保温性能即能达到节能要求的保温墙体，简称断热复合砌块墙体保温系统。

2.0.6　微孔混凝土　microporous concrete

以快硬低收缩水泥为胶凝材料，以短纤维为增强材料，采用压缩空气制泡工艺在基体水泥石中形成直径小于 1mm 的微小封闭气孔而制成的一种纤维增强轻质混凝土，用于构成复合制品的内外结构层。

2.0.7　保温芯材　heat preservation core material

以有机或无机保温材料为芯材的构造层，主要包括挤塑聚苯板（XPS 板）、模塑聚苯板（EPS 板）和岩棉板等。

2.0.8　水泥布及玻纤网格布双增强面层　double reinforcement surface layer of cement cloth and glass fiber mesh cloth

以水泥布覆面及玻纤网格布增强微孔混凝土作为 HF 复合保温模板外侧面层材料的构造层，赋予模板抗弯折力学性能和抗开裂耐久性。

2.0.9　粘结加强肋　bond stiffener

以纤维增强微孔混凝土为主要材料，辅以玻璃纤维网格布增强材料而制成的水泥基构造层。在 HF 复合保温模板中，以微孔混凝土填充于保温层内燕尾或矩形槽中形成的增强肋；在断热复合砌块中，由微孔混凝土在断热复合砌块中央分隔保温层形成的增强肋。用以增强产品的强度、刚度和整体粘结性能。

2.0.10 微孔混凝土六面包覆复合体结构 microporous concrete six-cladding composite structure

以纤维增强微孔混凝土材料将聚苯板或岩棉板芯板六面包覆连接形成的箱型结构体，既可有效限制保温层因环境强烈变化产生的较大应变，防止体系抹面层开裂，又能形成小防火分仓，提高制品的防火性能。

2.0.11 专用连接件 private connections

连接 HF 复合保温模板与现浇混凝土的卡板勾筋连接件。卡板勾筋连接件有横向和纵向两种，由 1.5mm 厚镀锌钢板冲压而成，包括卡板槽和勾筋头两部分。是用以辅助拼装 HF 复合保温模板并将其与现浇混凝土结构牢固连接的专用构件。

2.0.12 专用找平砂浆 special leveling mortar

在 HF 复合保温模板及断热复合砌块外侧，起找平和保护作用的砂浆，包括找平普通砂浆和找平保温砂浆，即掺加少量聚合物胶粉的普通水泥砂浆、胶粉聚苯颗粒浆料或玻化微珠保温浆料。

2.0.13 抗裂抹面砂浆 the polymer cement mortar

以水泥、骨料、掺合料为主要原材料，添加部分有机聚合物、外加剂等在工厂预制而成的聚合物水泥砂浆。主要用于找平砂浆层外侧起抗裂和抹面作用。

2.0.14 耐碱玻纤网格布 alkali resistant fiberglass mesh

表面经高分子材料涂覆处理的具有耐碱功能的玻璃纤维网格布，作为增强材料内置于专用找平砂浆或抗裂抹面砂浆中，用于提高抹面层的抗裂性。

2.0.15 增强防裂网 robust mesh

本规程特指热镀锌电焊网，用于构造交接处和特定部位加强抗裂处理。

2.0.16 支模次楞 the minor support beam of formwork

HF 复合保温模板墙体保温系统中用于支撑 HF 复合保温模板的小型楞梁或整体楞梁架。可采用 50mm×100mm 木方，或采用木方和竹胶合板钉制、金属方管焊接而成的整体式次楞架。

2.0.17 支模主楞 the main support beam of formwork

HF 复合保温模板墙体保温系统中直接支撑次楞并固定穿墙螺栓的结构件，一般采用 ϕ48×3.5mm 钢管。

2.0.18 当量导热系数 equivalent thermal conductivity coefficient

表征 HF 复合保温模板及断热复合砌块制品热传导能力的参数，采用制品实测热阻值计算而得，为制品厚度与实测热阻的比值，是制品的平均导热系数。

3 基 本 规 定

3.0.1 建筑节能与结构一体化墙体保温系统的现浇混凝土墙体应优先设计使用 HF 复合保温模板墙体保温系统，填充墙体应优先设计使用断热复合砌块墙体保温系统。

3.0.2 建筑节能与结构一体化墙体保温系统主要组成材料，包括 HF 复合保温模板、专用卡板勾筋连接件、断热复合砌块、专用砂浆、耐碱玻纤网格布等宜由产品制造商配套提供。

3.0.3 建筑节能与结构一体化墙体保温系统应具有良好的保温、防火和耐久性能，能适应基层的正常变形。在长期自重荷载、风荷载和气候变化的情况下，不应出现裂缝、空鼓、脱落等破坏现象。HF 复合保温模板在规定的抗震设防烈度范围内不应从基层上脱落，使用寿命年限应与主体结构一致。

3.0.4 建筑节能与结构一体化墙体保温系统应具有良好的防水渗透性和透气性，所有组成材料应具有物理化学稳定性，并应彼此相容紧密复合为一体。

3.0.5 建筑节能与结构一体化墙体保温系统的防火性能应按建筑节能与结构一体化墙体要求评价其耐火极限指标，可不再限定复合制品内部保温芯材的燃烧性能等级，耐火极限值符合《建筑设计防火规范》GB 50016 等有关标准的规定时，复合制品燃烧性能可按照 A（A_2）级评定。

3.0.6 建筑节能与结构一体化墙体保温系统热工性能应满足国家及甘肃省现行节能设计标准的要求。

3.0.7 HF 复合保温模板及模板支撑系统应具有足够的承载能力、刚度和稳定性，应能承受现浇混凝土的自重、侧压力和施工过程中所产生的荷载。

3.0.8 现浇混凝土结构外侧采用 HF 复合保温模板，内侧模板宜采用常规竹（木）胶合板、金属模板等，内外侧支模系统宜采用金属质整体式次楞架或木方与胶合板制成的整体次楞和双钢管主楞，并通过对拉螺栓固定连接成为整体。内、外支撑体系应符合《建筑施工模板安全技术规范》JGJ 162 的规定。

3.0.9 建筑节能与结构一体化墙体保温系统宜采用专用砌筑、找平和抹面砂浆。

3.0.10 外墙饰面宜采用弹性防水涂料、真石漆、柔性材料等。当采用面砖时应采取加强措施并应满足相关标准的高度限制要求，确保安全。

4 性 能 要 求

4.1 HF复合保温模板墙体保温系统

4.1.1 HF复合保温模板墙体保温系统的构造见表4.1.1。

表4.1.1 HF复合保温模板墙体保温系统的构造

构造层	组成材料	构造示意图
① 基层	现浇钢筋混凝土结构	
② 保温层	HF复合保温模板（＋专用连接件）	
③ 找平层	20mm厚找平砂浆	
④ 抗裂抹面层	5mm厚抗裂砂浆复合耐碱玻纤网格布	
⑤ 饰面层	涂装饰面	

4.1.2 HF复合保温模板墙体保温系统的性能指标应符合表4.1.2的规定。

表4.1.2 HF复合保温模板墙体保温系统的性能指标

项目		单位	性能要求	试验方法
耐候性	外观	—	不得出现开裂、空鼓或脱落等破坏，不得产生渗水裂缝	JGJ 144
	系统拉伸粘结强度	MPa	≥0.10（保温层为聚苯板时）	
			≥0.04（保温层为岩棉板时）	
耐冻融（D₃₀）	外观	—	无粉化、空鼓、脱落，无渗水裂缝	
	系统拉伸粘结强度	MPa	≥0.10（保温层为聚苯板时）	
			≥0.04（保温层为岩棉板时）	
抗冲击性		J	≥10（带饰面层）	
吸水量（水中浸泡1h）		g/m²	＜500	

续表 4.1.2

项目		单位	性能要求	试验方法
水蒸气湿流密度	涂料饰面	g/(m²·h)	≥ 0.85	JGJ 144
	面砖饰面		—	
抹面层不透水性	涂料饰面	—	2h 不透水	
	面砖饰面		—	
耐火极限 （70mm 厚模板＋200mm 厚 钢筋混凝土）		h	≥ 3.0	GB/T 9978
复合墙体热阻		(m²·K)/W	符合设计要求	GB/T 13475

注：试验结束后，应检验拉伸粘结强度，HF 复合保温模板与混凝土结构的拉伸粘结强度不得小于 0.10MPa；对饰面砖系统，饰面砖与抹面层的拉伸粘结强度不得小于 0.40MPa。

4.1.3　HF 复合保温模板应符合下列要求：

1　HF 复合保温模板由外侧水泥布及内、外侧玻纤网格布双增强微孔轻质混凝土保护层、保温层、燕尾（或矩形）加强肋（采用岩棉芯材时用塑料锚钉代替）等部分构成，其结构为微孔混凝土六面包覆保温芯材的箱型复合体。HF 复合保温模板的基本构造见图 4.1.3。

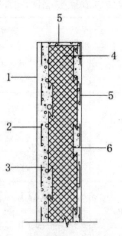

图 4.1.3　HF 复合保温模板的基本构造示意

1—水泥布；2—玻纤网格布；3—≥ 15mm 微孔混凝土外侧层；4—聚苯板或岩棉板保温层；
5—≥ 5mm 玻纤网格布增强微孔混凝土内侧及封边层；
6—粘结加强燕尾或矩形肋（采用岩棉芯材时用塑料锚钉代替）

2 HF复合保温模板及其各构造层的性能要求应符合表4.1.3-1和表4.1.3-2的规定。

表4.1.3-1　HF复合保温模板的性能要求

试验项目	单位	性能指标	试验方法
气干面密度	kg/m²	≤ 45	GB/T 23451
抗冲击性	J	≥ 3	JGJ 144
抗弯荷载	N	≥ 2000	GB/T 23451
当量导热系数	W/(m·K)	≤ 0.035（保温层为XPS板时）	GB/T 10294
干燥收缩值（快速法）	mm/m	≤ 0.8	GB/T 23451
抗冻性（D_{30}）	%	质量损失率，≤ 5	GB/T 23451
水泥布板面拉伸粘结强度　原强度	MPa	≥ 0.10	JGJ 144
水泥布板面拉伸粘结强度　耐水后		≥ 0.08	

表4.1.3-2　HF复合保温模板构造层材料的性能指标要求

试验项目		单位	性能指标	试验方法
微孔混凝土	表观密度	kg/m³	≤ 1200	GB/T 11969
	抗压强度	MPa	≥ 3.5	GB/T 50081
	导热系数	W/(m·K)	≤ 0.14	GB/T 10294
	燃烧性能	—	A（A_1）级	GB 8624
岩棉板	表观密度	kg/m³	≥ 140	GB/T 25975
	压缩强度	kPa	≥ 40	GB/T 13480
	导热系数	W/(m·K)	≤ 0.040	GB/T 10294
	燃烧性能	—	A（A_1）级	GB 8624
模塑聚苯板（EPS）	表观密度	kg/m³	18～24	GB/T 10801.1
	压缩强度	MPa	≥ 0.1	GB/T 8813

续表 4.1.3-2

试验项目		单位	性能指标	试验方法
模塑聚苯板（EPS）	导热系数	W/(m·K)	≤ 0.039	GB/T 10294
	燃烧性能	—	B₁、B₂ 级	GB 8624
挤塑聚苯板（XPS）	表观密度	kg/m³	25～32	GB/T 10801.2
	压缩强度	MPa	≥ 0.2	GB/T 8813
	导热系数	W/(m·K)	≤ 0.028	GB/T 10294
	燃烧性能	—	B₁、B₂ 级	GB 8624

3 HF 复合保温模板的规格尺寸应符合表 4.1.3-3 的规定。

表 4.1.3-3 HF 复合保温模板的规格尺寸（mm）

板类型	厚度	保温芯材厚度	宽度	长度
标准板	70	40、45、50	600、400、300 250、200、150	2400、1200
	95	65、70、75		
	120	90、95、100		
非标准板	按供需双方协议要求制作			

4 HF 复合保温模板的尺寸允许偏差应符合表 4.1.3-4 的规定。

表 4.1.3-4 HF 复合保温模板的尺寸允许偏差（mm）

项目	允许偏差
长度	±3
宽度	±2
厚度	+2 −1
板面平整度	≤ 2

续表 4.1.3-4

项目	允许偏差
对角线差	≤ 5
板侧面平直度	≤ $L/750$

5 HF复合保温模板的外观质量应表面平整、无明显影响使用的可见缺陷，如掉角、变形、开裂、残缺等。

4.1.4 HF复合保温模板墙体保温系统的专用连接件包括卡板勾筋横向连接件和卡板勾筋竖向连接托件，均采用1.5mm厚镀锌钢板压制而成，C20及以上混凝土基层墙体上单个连接件抗拉承载力标准值不小于0.50kN。埋入混凝土有效深度不小于50mm。

4.1.5 专用找平砂浆的性能应符合《预拌砂浆》GB/T 25181 的规定。若采用玻化微珠保温浆料或胶粉聚苯颗粒保温浆料等找平保温砂浆，其性能指标应符合表 4.1.5 的规定。

表4.1.5 找平保温砂浆的性能指标

项目	单位	性能指标	试验方法
干表观密度	kg/m³	250～400	GB/T 5486
抗压强度	MPa	≥ 0.30	GB/T 5486
软化系数	—	≥ 0.50	GB/T 20473
线性收缩率（28d）	%	≤ 0.30	JGJ/T 70
拉伸粘结强度	MPa	≥ 0.10	JG/T 158
导热系数	W/（m·K）	≤ 0.085	GB/T 10294
燃烧性能等级	—	A 级	GB 8624

4.1.6 抗裂抹面砂浆采用聚合物水泥砂浆的性能指标应符合《外墙外保温工程技术标准》JGJ 144 的规定。

4.1.7 耐碱玻纤网格布的性能指标应符合表 4.1.7 的要求。

表4.1.7 耐碱玻纤网格布的性能指标

项目	单位	性能指标	试验方法
单位面积质量	g/m²	≥160	GB/T 9914.3
耐碱拉伸断裂强力（经、纬向）	N/50mm	≥900	GB/T 20102
耐碱拉伸断裂强力保留率（经、纬向）	%	≥75	
断裂伸长率（经、纬向）	%	≤5.0	GB/T 7689.5

4.1.8 柔性腻子应与系统组成材料相容，其性能指标应符合《外墙柔性腻子》GB/T 23455 或《建筑外墙用腻子》JG/T 157 中柔性建筑外墙用腻子的有关要求。

4.1.9 饰面材料的规定主要包括涂料、饰面砖、面砖粘结砂浆和面砖勾缝料，其性能指标应符合《外墙外保温工程技术标准》JGJ 144 的规定。

4.1.10 增强防裂网采用热镀锌电焊网，其性能指标应符合《外墙外保温工程技术标准》JGJ 144 的规定。

4.1.11 支模主楞所用钢管应符合《直缝电焊钢管》GB/T 13793 中的规定，不得使用有严重锈蚀、弯曲、压扁及裂纹的钢管。

4.1.12 支模次楞所用木材材质标准和树种应符合《木结构设计规范》GB 50005 和《建筑施工模板安全技术规范》JGJ 162 的规定。

4.2 断热复合砌块墙体保温系统

4.2.1 断热复合砌块墙体保温系统的基本构造见表4.2.1。

表4.2.1 断热复合砌块墙体保温系统的基本构造

构造层	组成材料	构造示意图
①基层墙体	断热复合砌块＋专用砌筑砂浆	
②找平层	20mm 厚找平砂浆	
③抗裂抹面层	5mm 耐碱玻纤网格布增强抗裂抹面砂浆	
④饰面层	涂装饰面：柔性耐水腻子＋涂料、真石漆、饰面砖或其他	

4.2.2 断热复合砌块墙体保温系统使用力学性能指标应符合表4.2.2的要求。断热复合砌块墙体应进行抗冲击性能和单点吊挂力测试。

4.2.3 断热复合砌块应符合下列要求：

1 断热复合砌块由纤维增强微孔混凝土保护层、保温芯材和侧面抗剪构造槽等部分构成。其结构为微孔混凝土六面包覆保温芯材的箱型复合体。断热复合砌块的构造见图4.2.3。

表4.2.2 断热复合砌块墙体保温系统使用力学性能指标

测试项目	指标要求	试验方法
墙体单点吊挂力（N）≥	1000（荷载1000N静置24h板面无宽度超过0.5mm的裂缝）	GB/T 23451
墙体抗冲击性（次）≥	5次后板面无裂缝（30kg，落差0.5m）	

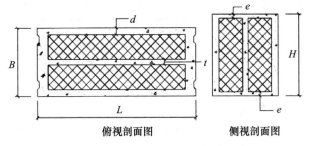

图4.2.3 断热复合砌块的构造示意

注：1. 图中 B 为砌块宽度；L 为砌块长度；H 为砌块高度。

2. 图中 d 为最小壁厚，最小壁厚≥25mm；t 为最小肋厚，最小肋厚≥15mm；e 为上下包覆层厚，上下包覆层厚≥5mm。

2 断热复合砌块的性能应符合下列要求：

断热复合砌块的性能要求应符合表4.2.3-1的规定。

表4.2.3-1 断热复合砌块的性能要求

项目	单位	性能指标	试验方法
干密度	kg/m³	≤ 650	GB/T 50081
基体混凝土抗压强度	MPa	≥ 2.5	
含水率	%	≤ 10	

续表 4.2.3-1

项目		单位	性能指标	试验方法
质量吸水率（饱和）		%	≤ 30	GB/T 50081
干燥收缩值（标准法）		mm/m	≤ 0.50	
抗冻性（D_{25}）	质量损失率	%	≤ 5	
	冻后强度损失率	%	≤ 25	
碳化系数		—	≥ 0.85	GB/T 4111
软化系数		—	≥ 0.85	
耐火极限（250mm 厚砌块双面抹灰墙体）		h	≥ 3.0	GB/T 9978
当量导热系数		W/（m·K）	≤ 0.06	GB/T 10294
放射性核素限量		—	应符合 GB 6566 的规定	GB 6566

　　断热复合砌块的保温芯材主要采用模塑聚苯板和岩棉板，其主要性能指标应符合表 4.2.3-2 的规定。

表4.2.3-2　断热复合砌块保温芯材的性能指标

试验项目		单位	性能指标	试验方法
岩棉板	表观密度	kg/m³	≥ 120	GB/T 25975
	压缩强度	kPa	≥ 40	GB/T 13480
	导热系数	W/（m·K）	≤ 0.040	GB/T 10294
	燃烧性能	—	A（A_1）级	GB 8624
模塑聚苯板（EPS）	表观密度	kg/m³	10～18	GB/T 10801.1
	压缩强度	MPa	≥ 0.1	GB/T 8813
	导热系数	W/（m·K）	≤ 0.039	GB/T 10294
	燃烧性能	—	B_1、B_2 级	GB 8624

　　断热复合砌块的微孔混凝土主要性能指标应符合表 4.2.3-3 的规定。

表4.2.3-3　断热复合砌块的微孔混凝土性能指标

项目	单位	性能指标	试验方法
干密度	kg/m³	≤ 1200	GB/T 11969
抗压强度	MPa	≥ 2.5	GB/T 50081
质量吸水率	%	≤ 20	GB/T 11969
干燥收缩值（标准法）	mm/m	≤ 0.50	GB/T 50081
导热系数	W/（m·K）	≤ 0.14	GB/T 10294
燃烧性能等级	—	A（A₁）级	GB 8624

3　断热复合砌块的规格尺寸应符合表4.2.3-4 的要求。

表4.2.3-4　断热复合砌块的规格尺寸（mm）

类型	长度	厚度	高度
标准型	600	200、250、300	300
非标准型	按供需双方协议要求制作		
备注	最小壁厚不低于25mm，最小肋厚不应小于15mm		

4　断热复合砌块的尺寸偏差和外观，应符合表4.2.3-5 的规定。

表4.2.3-5　断热复合砌块的尺寸偏差和外观

项目		单位	性能指标	试验方法
尺寸允许偏差	长度 L	mm	±3	JC/T 1062
	厚度 B	mm	±3	
	高度 H	mm	±2.5	
缺棱掉角	个数	个	≤ 1	
	最大尺寸	mm	≤ 70	
	最小尺寸	mm	≤ 30	
平面弯曲		mm	≤ 5	

续表 4.2.3-5

项目		单位	性能指标	试验方法
裂纹	条数	条	≤ 2	JC/T 1062
	任一面上的裂纹长度不得大于裂纹方向尺寸的	—	1/2	
	贯穿一棱二面的裂纹长度不得大于裂纹所在面的裂纹方向尺寸综合的	—	1/3	
	爆裂、粘模和凹坑深度	mm	≤ 20	
	表面疏松、层裂	—	不允许	
	表面油污	—	不允许	

4.2.4　断热复合砌块专用砌筑砂浆的性能指标，应符合表4.2.4的规定。

表4.2.4　断热复合砌块专用砌筑砂浆的性能指标

项目		单位	砌筑砂浆	试验方法
表观密度		kg/m³	≤ 1800	JC/T 890
抗压强度		MPa	≥ 5.0	
拉伸粘结强度		MPa	≥ 0.20	
保水性		%	≥ 88	
抗冻性（D₂₅）	质量损失率	%	≤ 5	
	强度损失率	%	≤ 25	
凝结时间		h	3～9	
干燥收缩值		mm/m	≤ 1.1	JGJ/T 70
导热系数（有热工要求时）		W/(m·K)	≤ 0.3	GB/T 10294

4.2.5　专用普通水泥找平砂浆的性能指标应符合《预拌砂浆》GB/T 25181的规定。若采用玻化微珠保温浆料或胶粉聚苯颗粒保温浆料等找平保温砂浆，其性能指标应符合表4.1.5的规定。

4.2.6　抗裂抹面砂浆的性能指标应符合《外墙外保温工程技术标准》JGJ 144的规定。

4.2.7 耐碱玻纤网格布的性能指标应符合表4.1.7的要求。

4.2.8 增强防裂网采用热镀锌电焊网,其性能指标应符合《外墙外保温工程技术标准》JGJ 144 的规定,并应符合表4.2.8的要求。

表4.2.8 热镀锌钢丝网的性能指标

项目	单位	性能指标
丝径	mm	0.9±0.04
网孔大小	mm	12.7×12.7
焊点抗拉力	N	≥ 65
镀锌层质量	g/m²	≥ 122

4.2.9 柔性腻子的性能指标应符合《外墙柔性腻子》GB/T 23455 或《建筑外墙用腻子》JG/T 157 中柔性建筑外墙用腻子的有关要求。

4.2.10 涂料、真石漆、面砖及仿石面板等材料性能应符合现行相关标准要求,并应与体系组成材料相容。

5 设 计

5.1 一般规定

5.1.1 建筑节能与结构一体化墙体保温系统设计应包括 HF 复合保温模板现浇混凝土墙体和断热复合砌块填充墙体保温系统等,并应符合《绿色建筑评价标准》GB/T 50378 的相关要求。采用 HF 复合保温模板墙体保温系统建筑工程的现浇混凝土承重结构及其内部构造仍按国家及甘肃省现行有关标准设计。

5.1.2 建筑节能与结构一体化墙体保温系统应做好密封和防水构造设计,重要部位应有节点详图。水平或倾斜的出挑部位以及延伸至地面以下的部位应做防水处理。安装在外墙上的设备或管道及幕墙结构件应固定于混凝土基层墙体上,并应做密封和防水设计。

5.1.3 建筑节能与结构一体化墙体保温系统的节能设计除应符合现行《民用建筑热工设计规范》GB 50176、《公共建筑节能设计标准》GB 50189 和《严寒和寒冷地区居住建筑节能设计标准》JGJ 26 及《夏热冬冷地区居住建筑节能设计标准》JGJ 134 的规定外,尚应符合下列规定:

1 建筑节能与结构一体化墙体保温系统包含的门窗框外侧洞口、女儿墙、阳台以及出挑构件等热桥部位应进行保温处理。

2 HF复合保温模板墙体保温系统的墙体热阻可按各构造层厚度分别计算确定，各组成材料的导热系数和其修正系数应按表5.1.3取值；墙体热阻也可通过HF复合保温模板的当量导热系数计算确定，当量导热系数≤0.035W/（m·K）时，其修正系数取1.0。

在外墙平均传热系数满足当地限值要求的同时，且应确保HF复合保温模板保温层内表面温度高于0℃。

表5.1.3 HF复合保温模板墙体保温系统各组成材料的导热系数和修正系数

材料名称	导热系数［W/（m·K）］	修正系数
微孔混凝土	≤0.140	1.10
EPS板	≤0.039	1.10
XPS板	≤0.028	1.00
岩棉板	≤0.040	1.10
找平普通砂浆	≤0.930	1.00
找平保温砂浆	≤0.085	1.25
抗裂抹面砂浆	≤0.930	1.00

3 断热复合砌块墙体保温系统的墙体热阻按实测热阻值乘以相应的修正系数进行计算，修正系数取0.9。断热复合砌块墙体保温系统的墙体热阻可按下式计算：

$$R_{设计值} = R_{实测值} \times 0.9 \qquad (5.1.3)$$

断热复合砌块墙体保温系统的墙体热阻也可通过断热复合砌块的当量导热系数计算确定，当量导热系数≤0.06W/（m·K）时，其修正系数取1.0。

4 断热复合砌块墙体用于有节能要求的分户墙或隔墙，当断热复合砌块墙体部位面积大于总墙体面积的70%时，墙体传热系数可取断热复合砌块墙体的传热系数，否则取平均传热系数，应按面积加权法计算平均传热系数，墙体两侧表面换热阻可取0.11（m²·K）/W。

5.1.4 建筑节能与结构一体化墙体保温系统外侧应采用专用找平砂浆统一找平，然后在面层抗裂抹面砂浆中压入耐碱玻纤网格布。可按照外墙普通抹灰做法进行设计，宜采用 20mm 厚专用找平砂浆抹面，并在面层压入耐碱玻璃纤维网格布增强防裂；或专用找平砂浆找平后，用玻纤网格布增强抗裂抹面砂浆抹面。外墙大面积抹灰时，应根据建筑物外立面层设置水平和垂直分格缝，水平分格缝间距不应大于 6m，垂直分格缝宜按墙面面积设置，不宜大于 30m²。缝内应采用符合设计要求的密封材料嵌缝。

5.1.5 建筑节能与结构一体化墙体保温系统中现浇混凝土部分采用 HF 复合保温模板，填充墙部分采用断热复合砌块。断热复合砌块填充墙体外侧应同 HF 复合保温模板外侧在同一垂直立面上。

5.1.6 HF 复合保温模板变形值为模板构件计算跨度的 1/400。

5.1.7 当现场浇筑施工采用内部振捣器时，HF 复合保温模板强度验算要考虑现浇混凝土作用于模板的侧压力标准值。依据《混凝土结构工程施工规范》GB 50666，现浇混凝土侧压力计算取值为下列公式中的较小值：

$$F = 0.28\gamma_c t_0 \beta V^{\frac{1}{2}} \tag{5.1.7-1}$$
$$F = \gamma_c H \tag{5.1.7-2}$$

当浇筑速度大于 10m/h，或混凝土坍落度大于 180mm 时，侧压力（G4）的标准值可按公式（5.1.7-2）计算。

式中：F——新浇筑混凝土作用于模板的最大侧压应力值（kN/m²）；

　　　γ_c——混凝土的重力密度，取 24.0kN/m³；

　　　t_0——现浇混凝土的初凝时间（h），当缺乏资料时取 200/（T + 15）；

　　　T——混凝土的入模温度（℃）；

　　　H——混凝土侧压力计算位置处至现浇混凝土顶面总高度（m）；

　　　V——混凝土的浇筑速度（m/h）；

　　　β——混凝土坍落度影响修正系数，当坍落度在 50mm 且不大于 90mm 时取 0.85；当坍落度为 90mm 且不大于 130mm 时取 0.9；当坍落度大于 130mm 且不大于 180mm 时取 1.0。

5.2 HF 复合保温模板墙体保温系统

5.2.1 采用 HF 复合保温模板墙体保温系统构造的一体化墙体的耐火极限应满足《建筑设计防火规范》GB 50016 的要求。

5.2.2 HF 复合保温模板墙体保温系统抗拉强度验算时，应综合考虑自重、风荷载和水平地震作用。HF 复合保温模板与基层抗拉验算时，应在不考虑模板与现浇混凝土粘结力的条件下，设计计算专用连接件的数量，墙面每平方米连接件数量应不少于 5 个，每块板上连接件数量应不少于 3 个，墙角及窗洞边等边角部位连接件数应不少于 9 个。连接件进入现浇钢筋混凝土构件的有效锚固深度应不低于 50mm，连接件布置示意见图 5.2.2。

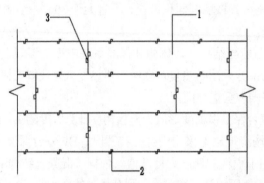

图 5.2.2　HF 复合保温模板墙体保温系统的连接件布置

1—HF 复合保温模板；2—卡板勾筋横向连接件；3—卡板勾筋竖向连接件

5.2.3　HF 复合保温模板阴阳角处以及与断热复合砌块交接处，应附加一道 200mm 宽耐碱玻纤网格布以防止墙体开裂。

5.2.4　外墙门窗洞口四角部分采用抗裂砂浆压入一道 300mm×200mm 耐碱玻纤网格布加强抗裂处理。门窗洞口四角附加耐碱玻纤网格布及排板布置示意如图 5.2.4 所示。

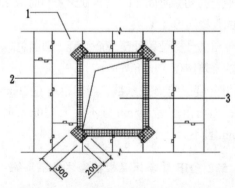

图 5.2.4　门窗洞口四角附加耐碱玻纤网格布及排板布置（单位：mm）

1—HF 复合保温模板；2—玻纤网格布；3—窗洞口

5.2.5　HF 复合保温模板墙体保温系统上安装装饰线条应采用粘钉结合方式，以聚合物水泥粘结砂浆粘贴，并用膨胀钉穿透 HF 复合保温模板固定在钢筋混凝土结构上。线条等装饰构件构造见图 5.2.5。

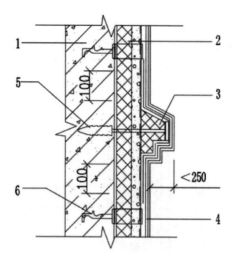

图 5.2.5 装饰线条安装构造（单位：mm）

1—现浇混凝土墙；2—HF 复合保温模板；3—装饰线条；
4—玻纤网格增强抗裂抹面砂浆；5—膨胀钉；6—卡板勾筋竖向连接件

5.2.6 与 HF 复合保温模板配套的断热复合砌块设计应符合国家和甘肃省有关标准规定；断热复合砌块填充墙外侧应同 HF 复合保温模板外侧在同一垂直立面上。断热复合砌块挑出宽度大于 1/3 砌块厚度时，应采取钢板挑檐结构加强措施处理。框架梁墙 HF 复合保温模板与断热复合砌块交接构造见图 5.2.6。

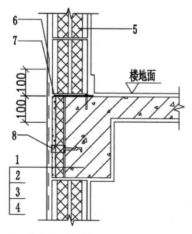

图 5.2.6 框架梁墙 HF 复合保温模板与断热复合砌块交接构造（单位：mm）

1—现浇混凝土梁；2—HF 复合保温模板；3—找平砂浆；4—玻纤网格增强抗裂抹面砂浆；
5—断热复合砌块；6—防裂网；7—钢托件；8—卡板勾筋竖向连接件

5.2.7 HF复合保温模板墙体保温系统适用于涂料饰面、面砖饰面。当采用面砖做饰面时，面砖粘贴高度应不超过24m，并应每两层（或6m）间隔1200mm设置钢板承托，加强模板承载力。钢板托件厚度不小于5mm。面砖饰面剪力墙HF复合保温模板拼装构造见图5.2.7。

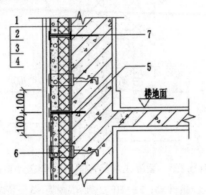

图5.2.7 面砖饰面剪力墙HF复合保温模板拼装构造（单位：mm）

1—现浇混凝土剪力墙；2—HF复合保温模板；3—粘结砂浆；
4—饰面砖；5—钢板托件；6—卡板勾筋竖向连接件；7—卡板勾筋横向连接件

5.2.8 HF复合保温模板基础部分墙体应做防水隔潮处理；采暖与非采暖空间的楼板部位保温可采用HF复合保温模板水平铺放支模施工，卡板勾筋连接件与楼板钢筋连接，每平方米连接件数量应不少于6个，每块板上连接件数量应不少于4个。基础墙体防潮和楼板部位保温构造见图5.2.8。

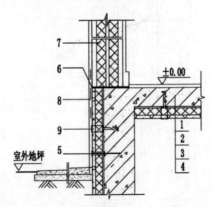

图5.2.8 基础墙体防潮和楼板部位保温构造

1—现浇混凝土楼板；2—HF复合保温模板；3—找平抹面砂浆；
4—玻纤网格增强抗裂抹面砂浆；5—卡板勾筋横向连接件；6—防潮层；7—断热复合砌块；
8—防水层；9—卡板勾筋竖向连接件

5.2.9 HF复合保温模板墙体窗洞口应采取局部保温处理措施。飘窗上下底板可采用HF复合保温模板水平支模保温构造措施，窗洞口设计构造见图5.2.9-1和图5.2.9-2。

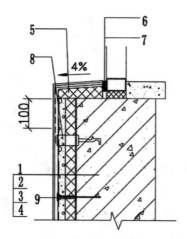

图 5.2.9-1 窗洞口设计构造（单位：mm）

1—现浇混凝土墙；2—HF复合保温模板；3—找平抹面砂浆；
4—玻纤网格增强抹面砂浆；5—保温浆料及防裂网；6—密封膏；7—背衬；
8—卡板勾筋竖向连接件；9—卡板勾筋横向连接件

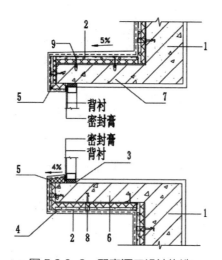

图 5.2.9-2 飘窗洞口设计构造

1—现浇混凝土墙；2—HF复合保温模板；3—窗框；4—玻纤网格增强抹面砂浆；
5—保温浆料及防裂网；6—飘窗底板混凝土；7—飘窗顶板混凝土；
8—卡板勾筋竖向连接件；9—膨胀钉连接件

5.2.10 HF 复合保温模板墙体保温系统设计在外墙平均传热系数满足当地限值要求的同时，且应确保 HF 复合保温模板保温层内表面温度高于 0℃。

5.2.11 HF 复合保温模板墙体保温系统包含的门窗框外侧洞口、女儿墙、封闭阳台以及出挑构件等热桥部位应做保温处理。

5.3　断热复合砌块墙体保温系统

5.3.1 对卫生间、厨房等有防水要求的断热复合砌块墙体宜设置高度大于 200mm 的现浇混凝土带并进行防水处理；长期处于潮湿环境的墙体，墙面应采用专用抗裂、抗渗砂浆抹面。

5.3.2 断热复合砌块挑出砌筑的宽度不宜大于砌块厚度的 1/3，当大于 1/3 时，应在每层结构梁处设置钢构件挑板，钢挑板设置间距为 600mm，厚度应大于 5mm，以满足承载要求。挑出砌筑构造参见图 5.2.6。

5.3.3 当断热复合砌块墙长大于 5m 时，墙顶与梁应有拉结，且应增设间距不大于 3m 的构造柱；墙高超过 4m 时，墙体半高处宜设置与柱连接且沿全长贯通的钢筋混凝土水平系梁。墙体无约束的端部必须增设构造柱，且构造柱外侧采用 HF 复合保温模板进行保温处理。

5.3.4 断热复合砌块与混凝土墙交接面构造应符合下列要求：

1 断热复合砌块与框架柱（构造柱）连接处沿墙高每隔两皮即 600mm 应设置 2ϕ6 拉结钢筋，一端预埋在框架柱内或通过植筋等后锚固措施，保证其与框架柱的有效连接；另一端钢筋伸入墙体内，拉筋伸入墙体内的长度，当抗震设防烈度为 7 度时宜沿墙全长贯通，8 度时应沿墙全长贯通。

2 断热复合砌块墙体采用小于 6mm 的薄灰缝砌筑时，所用拉结筋应采用 3mm 厚镀锌扁铁条拉筋。

3 断热复合砌块与混凝土梁、柱、剪力墙的交接处应采用热镀锌电焊网或耐碱玻纤网格布增强抗裂抹面砂浆进行处理。

5.3.5 其他部位如外门窗洞口窗台板及四周侧面、室外空调机搁板、外墙挑出构件及附墙部件等热桥部位均应做保温、防水处理，且应满足最小传热阻的要求并保证其内表面温度不低于室内空气露点温度。填充墙外门窗洞口窗台板保温可采用保温浆料处理，填充墙窗台板保温构造见图 5.3.5。

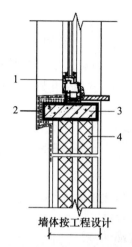

图 5.3.5 填充墙窗台板保温构造

1—窗框；2—玻璃纤维网格布增强保温浆料层；3—钢筋混凝土窗台板；4—断热复合砌块

5.3.6 断热复合砌块墙体保温系统可采用不同厚度的砌块配砌出装饰线条，也可将成品装饰线条采用粘钉结合方式，以聚合物水泥粘结砂浆粘贴，并用膨胀钉固定在砌块墙体上，其构造做法参见图 5.2.5。

5.3.7 断热复合砌块砌筑宜采用具有一定保温功能的专用砌筑砂浆，且砂浆强度等级不应低于 M5.0。

5.3.8 断热复合砌块墙体抹灰宜采用专用找平砂浆抹面，外墙砌体外侧面应采用满挂耐碱玻璃纤维网格布增强抗裂，窗洞口处应沿 45° 方向粘贴一道 300mm×400mm 网格布。

5.3.9 断热复合砌块墙体采用两层组砌方式时，应在内、外叶墙体灰缝中设置墙间拉结钢筋，并与墙体纵向拉结钢筋连接。

5.3.10 断热复合砌块墙体空气声计权隔声量设计值不宜小于 40dB。

5.3.11 断热复合砌块墙体耐火极限设计值应满足《建筑设计防火规范》GB 50016 规定的要求。

6 施 工

6.1 一般规定

6.1.1 建筑节能与结构一体化墙体保温系统施工前应按绿色施工标准要求编制专项施工方案，并组织施工人员进行培训和技术交底。现场应建立相应的质量管理体系、施工质量控制和检验制度。

6.1.2　建筑节能与结构一体化墙体保温系统产品的型号等必须符合设计要求，系统材料配套齐全，附有出厂合格证，经收货检验后方可进入施工现场。

6.1.3　砌筑和抹面砂浆材料宜选用专用砌筑、找平砂浆，并按照产品说明书的要求配制，配制好的材料应在规定时间内用完，严禁过时使用。对于饰面层采用面砖时，应进行粘结强度拉拔试验。

6.1.4　施工产生的墙体缺陷，如穿墙套管、孔洞等，应按照施工方案采取隔断热桥措施，不得影响墙体热工性能。

6.1.5　建筑节能与结构一体化墙体保温系统完工后应做好成品保护。

6.1.6　建筑施工应符合《建筑工程绿色施工规范》GB/T 50905、《建筑工程绿色施工评价标准》GB/T 50640 的要求；施工安全应符合《建设工程施工现场消防安全技术规范》GB 50720、《建筑施工安全技术统一规范》GB 50870、《建筑施工高处作业安全技术规范》JGJ 80 和《建筑施工模板安全技术规程》JGJ 162 的有关规定。

6.2　HF复合保温模板墙体保温系统

6.2.1　HF复合保温模板的型号等必须符合设计要求，满足 28d 以上的养护龄期方可进入施工现场。HF复合保温模板运输时应轻拿轻放，运到施工现场的 HF复合保温模板、专用找平砂浆、抗裂抹面砂浆、专用连接件及其他配套材料应附有出厂合格证，并按规定取样复验。

6.2.2　进入施工现场的 HF复合保温模板应分类贮存、竖向码垛，对在露天存放的材料，应有防雨、防曝晒措施；在平整干燥的场地，最高不超过 2m；存放过程中应采取防潮、防水等保护措施，贮存期及条件应符合产品使用说明书的规定。施工现场应按有关规定，采取可靠的防火安全措施，实现安全文明施工。

6.2.3　HF复合保温模板墙体保温系统找平抹面应在现浇混凝土浇筑完成 28d 后进行，抹面前应对模板拼接缝、窗洞口、交接处进行防裂处理，并应在专用找平砂浆或抗裂抹面砂浆层外表面压入耐碱玻纤网格布增强防裂。

6.2.4　HF复合保温模板墙体保温系统完工后应做好成品保护，防止碰撞损伤。对破损的部位应及时修补。

6.2.5　HF复合保温模板墙体保温系统工程应编制专项施工方案。

1　HF复合保温模板及其支撑体系应根据施工过程中的各种工况进行设计，应具有足够的强度、刚度和稳定性；

2　HF复合保温模板的支撑体系宜采用专用的整体式次楞架提高工效。支撑体系拆除的顺序应按专项施工技术方案执行。

6.2.6 HF 复合保温模板强度验算应考虑现浇混凝土作用于模板的侧压力。当浇筑速度为 10m/h 时，支模次楞间距不应大于 300mm；当浇筑速度为 20m/h 时，支模次楞间距不应大于 200mm。

6.2.7 HF 复合保温模板拼装宜采用错缝排设，但应使次楞压缝牢固紧密，防止在浇筑混凝土过程中板缝错台和漏浆。

6.2.8 混凝土结构工程施工应符合现行《混凝土结构工程施工规范》GB 50666 的规定。

6.2.9 HF 复合保温模板墙体保温系统的施工工艺流程见图 6.2.9。

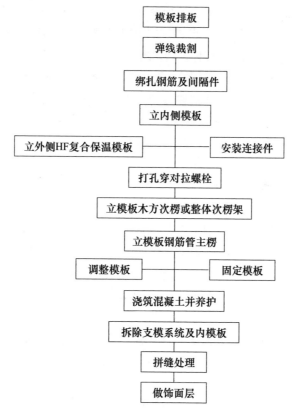

图 6.2.9 HF 复合保温模板墙体保温系统的施工工艺流程

6.2.10 HF 复合保温模板墙体保温系统施工要点：

1 确定排板方案：根据设计尺寸确定排板方案并绘制安装排板图，尽量使用主规格 HF 复合保温模板。对于无法用主规格安装的部位应事先在施工现场用切割锯切割成符合要求的非主规格尺寸，非主规格板最小宽度不宜小于150mm，且经裁割后的HF复合保温模板四周侧面应保证平直。为避免楼板位置处漏浆、泛浆现象发生，HF复合保温模板宜高出楼面50mm左右。HF复合保温模板安装前应根据设计图纸和排板图复核尺寸，并设置安装控制线。

2 安装模板：钢筋绑扎验收合格后，在钢筋内外两侧绑扎C20水泥砂浆垫块间隔件（3块/m²～4块/m²）；根据混凝土施工验收规范和建筑模板安全技术规范的要求，采用传统做法安装外墙内侧金属模板或竹（木）胶合模板。根据排板方案安装外侧HF复合保温模板，并用连接件临时固定，以防歪倒，先安装外墙阴阳角处板，再安装其他部位的模板。HF复合保温模板的拼缝应平直，确保不漏浆。

3 安装连接件：在HF复合保温模板安装的同时在板缝处设置卡板勾筋连接件，每平方米应不少于5个。当采用非主规格板或板的宽度较小时，应确保任何一块HF复合保温模板有不少于3个连接件，墙体角边和门窗洞口处可增设卡板勾筋连接件。

4 安装对拉螺栓：根据每层墙、柱、梁高度按常规模板施工方法确定对拉螺栓间距，用手枪钻在HF复合保温模板和内侧模板相应位置开孔，穿入对拉螺栓并初步调整螺栓。当外墙对防水有较高要求时，对拉螺栓宜为带止水片的永久螺栓。

5 安装模板主次楞：立外墙内、外侧竖向次楞（40mm×80mm或50mm×100mm），外侧次楞宜采用木质或金属质整体式次楞架。横向安装水平向2根$\phi 48.3 \times 3.6$mm钢架管作为主楞，固定内外模板、主次楞，调整模板位置和垂直度，使之达到施工要求。

6 混凝土浇筑：如浇筑混凝土高度较大时，可采用分层法，每层高度不宜超过500mm。混凝土振捣时，振捣棒不得直接接触HF复合保温模板。

7 内模板、主次楞的拆除：内模板、主次楞的拆除时间和要求应按照现行《混凝土结构工程施工质量验收规范》GB 50204和《建筑施工模板安全技术规范》JGJ 162的规定执行。

8 对拉螺栓孔和其他非预留孔洞等部位应进行热桥封堵处理，应采用膨胀水泥、膨胀混凝土或发泡聚氨酯等先将孔洞填实，后局部抹聚合物防水砂浆做加强处理并涂刷防水涂料。

9 HF复合保温模板阴阳角部位以及与其他不同墙体材料的相交处，应用抗裂抹面砂浆抹压补缝找平，确保缝隙密实且无空隙，并增铺一道200mm宽耐碱玻纤网格布以防止基层开裂。

10 HF复合保温模板与断热复合砌块墙体外侧宜整体分层抹压20mm厚专用找平砂浆，并应在抗裂抹面砂浆中压入耐碱玻纤网格布增强防裂，使外立面平整，符合验收要求。

11 饰面层涂料施工应按照《建筑装饰装修工程质量验收标准》GB 50210 规定的做法施工。

6.2.11 HF 复合保温模板墙体保温系统的施工尚应符合现行《HF 永久性复合保温模板现浇混凝土建筑保温体系技术规程》DB62/T 3083 等标准的相关规定。

6.3 断热复合砌块墙体保温系统

6.3.1 断热复合砌块的型号、强度等级必须符合设计要求，断热复合砌块必须满足 28d 以上的养护龄期方可进入施工现场。

6.3.2 进场的断热复合砌块、专用砌筑砂浆和找平砂浆、HF 复合保温模板及其他配套材料均应附有出厂合格证、产品检验报告。

6.3.3 断热复合砌块在运输、装卸过程中，严禁倾倒和抛掷。应分类堆放整齐，堆置高度不宜超过 2m。堆放时垛底应有防雨、排水措施。

6.3.4 专用砌筑砂浆和找平砂浆应具有良好的和易性、黏聚性和保水性，其施工应符合现行《预拌砂浆应用技术规程》JGJ/T 223、《抹灰砂浆技术规程》JGJ/T 220 中的相关规定。

6.3.5 断热复合砌块墙体砌筑施工要点应符合下列要求：

1 断热复合砌块砌筑时，应采用全顺砌筑形式，具体组砌方法采用铺一块砌块长的砂浆，砌一块砌块，竖缝应采用挤浆砌筑法。

2 断热复合砌块墙体砌筑时水平灰缝和竖向灰缝厚度均宜为 8mm～12mm。

3 断热复合砌块墙体的灰缝砂浆应饱满，水平灰缝砂浆饱满度均不应低于 90%，竖向灰缝的砂浆饱满度均不应低于 80%，严禁用清水冲浆灌缝。

4 断热复合砌块宽度小于 1m 的窗间墙，应用主规格的砌块和辅助规格砌块砌筑。

5 断热复合砌块砌体顶面与框架柱、板连接处应留有一定空隙，待墙体砌筑完成并应至少间隔 15d 后，再对框架梁、板下空隙塞通长高强弹性材料（如发泡聚乙烯实心弹性棒等）外嵌建筑密封胶；当灰缝宽度大于 50mm 时，采用 C20 细石混凝土嵌填密实并应做好保温处理。应对墙体顶部采用钢板卡卡固处理。

6 穿墙管道要严防渗漏。穿墙、附墙或埋入墙内的铁件应做防腐处理，管道周边应有保温隔热构造措施。

7 当砌体上设置水电线管时，应采用机械开槽形式，管径不应大于 1/3 墙厚，管槽背面和周围用砂浆填充密实，表面铺贴 200mm 宽耐碱玻纤网格布并用抗裂抹面砂浆压平。

6.3.6 断热复合砌块墙体抹灰施工要点应符合下列要求：

1 找平砂浆应严格按相应产品说明书的要求进行搅拌，抹灰时应控制块材的含水率。抹灰宜在砌筑完成 14d 后进行。

2 墙体抹灰前，应对基层墙体进行抗裂抹面砂浆甩浆处理，并应覆盖全部基层表面。

3 墙体与柱、梁、剪力墙连接部位接缝处，在抹灰前应固定热镀锌电焊网和耐碱玻纤网格布（伸出接缝宽度不小于 200mm），并采用抗裂抹面浆抹平，厚度宜为 3mm～5mm。

4 找平砂浆应按照从上到下的顺序施工；专用找平砂浆抹灰应分两遍完成，第一遍抹灰应使平整度达到 ±5mm，第二遍抹灰厚度可略高于灰饼厚度，然后用杠尺刮平并修补墙面以达到平整度要求。

5 门窗洞口四周侧面与门窗框副框之间应预留 20mm 宽的缝隙用柔性止水砂浆填塞，并用聚合物水泥防水涂料进行防水处理后再进行粉刷。

6 墙体内侧抹灰按照传统内墙抹灰施工。

6.3.7 断热复合砌块墙体采用面砖饰面时，宜在砌筑灰缝中预先埋设钢筋并露出墙面，用于挂设固定增强防裂网，打底抹灰后采用专用面砖粘结砂浆粘贴施工。

6.3.8 断热复合砌块墙体施工尚应符合现行《砌体结构工程施工质量验收规范》GB 50203、《断热节能复合砌块墙体保温体系技术规程》DB62/T 25-3068 等标准的相关规定。

7 验 收

7.1 一 般 规 定

7.1.1 建筑节能与结构一体化墙体保温系统应同主体结构工程同步设计、同步施工和同步验收。施工过程中应及时进行质量检查、隐蔽工程验收和检验批验收。建筑节能与结构一体化墙体保温系统全部验收内容包括 HF 复合保温模板墙体保温系统保温工程、断热复合砌块墙体保温系统保温工程、交接面处理和外墙面抹灰及饰面层工程质量验收。

7.1.2 建筑节能与结构一体化墙体保温系统应对下列部位和内容进行隐蔽工程验收，并应有详细的文字记录和必要的图像资料：

1 HF 复合保温模板的厚度；

2 连接件数量和锚固长度；

3 断热复合砌块与不同材料拼缝处、阴阳角部位、门窗洞口四角部位抗裂加强措施；

4 女儿墙及出挑构件等热桥部位的特殊保温处理措施；

5 对拉螺栓孔和其他非预留孔洞等部位的防水、保温处理。

7.1.3 建筑节能与结构一体化墙体保温系统的检验批划分，应符合下列规定：

1 检验批验收宜按一个施工段或一层进行划分；在浇筑混凝土前应验收 HF 复合保温模板工程；

2 采用相同材料、工艺和施工做法的墙面，扣除外墙门窗洞口后的保温墙面面积按每 $1000m^2$ 划分为一个检验批，不足 $1000m^2$ 也为一个检验批；

3 检验批的划分也可根据与施工流程相一致且方便施工与验收的原则，由施工单位、监理单位及建设单位等共同商定。

7.1.4 建筑节能与结构一体化墙体保温系统的质量验收应符合下列规定：

1 检验批应按主控项目和一般项目验收；

2 主控项目应全部合格；

3 一般项目应合格；当采用计数检验时，至少应有 90% 以上的检查点合格，且其余检查点不得有严重缺陷；

4 应具有完整的施工操作依据和质量检查记录。

7.1.5 建筑节能与结构一体化墙体保温系统的竣工验收应提供下列文件和资料：

1 设计文件、图纸会审记录和设计变更；

2 有效期内的型式检验报告；

3 主要组成材料的产品质量合格证、产品出厂检验报告、有效期内的型式检验报告、进场复验报告和进场核查记录等；

4 施工技术方案和施工技术交底资料；

5 隐蔽工程验收记录和相关图像资料；

6 分项工程质量验收记录，必要时应核查检验批验收记录；

7 其他对工程质量有影响的重要技术资料。

7.1.6 建筑节能与结构一体化墙体保温系统的验收除应符合本规程要求外，还应符合现行《混凝土结构工程施工质量验收规范》GB 50204、《砌体结构工程施工质量验收规范》GB 50203、《建筑节能工程施工质量验收规范》GB 50411、《建筑装饰装修工程质量验收标准》GB 50210、《HF 永久性复合保温模板现浇混凝土建筑保温体系技术规程》DB62/T 3083、《断热节能复合砌块墙体保温体系技术规程》DB62/T 25-3068 等标准的相关规定。

7.2 主控项目

7.2.1 建筑节能与结构一体化墙体保温系统使用的 HF 复合保温模板、断热复合砌块、专用连接件、专用砌筑和找平砂浆、抗裂抹面砂浆等材料的品种、规格和性能应符合设计要求和本规程的规定。

检验方法：观察、尺量检查；核查质量证明文件。

检查数量：每种材料按进场批次，每批次随机抽取 3 个试样进行检查；质量证明文件应按照其出厂检验批核查。

当能够证实多次出厂的同种材料属于同一生产批次时，可按该材料的出厂检验批次和抽样数量进行检查。如果发现问题，应扩大抽查数量，最终确定该批材料是否符合设计要求。

7.2.2 建筑节能与结构一体化墙体保温系统及配套材料进场时应对其下列性能复验，复验应为见证取样送检。

1 HF 复合保温模板的面密度、抗冲击性、抗弯荷载；

2 断热复合砌块的密度、基体微孔混凝土立方体抗压强度和干密度；

3 专用找平砂浆的干密度、拉伸粘结强度，当采用胶粉聚苯颗粒浆料找平时，还应复验其燃烧性能等级；

4 抗裂抹面砂浆的拉伸粘结原强度、压折比；

5 耐碱玻纤网格布的耐碱断裂强力和断裂强力保留率；

6 连接件抗拉承载力。

检验方法：随机抽样送验；核查质量证明文件和复验报告。

检查数量：同一厂家、同一品种的产品，按实际使用墙面面积 6000m² 以内复验 1 次，当墙面面积每增加 6000m² 应增加 1 次；对同一工程项目、同一施工单位且同期施工的多个单位工程，可合并计算实际使用墙面面积进行抽查。

7.2.3 建筑节能与结构一体化墙体保温系统连接件应做现场强度拉拔试验。

检验方法：核查现场锚固力试验报告。

检查数量：每个检验批抽查不少于 3 处。

7.2.4 安装 HF 复合保温模板时应做到位置正确、接缝严密，在浇筑混凝土过程中应采取措施并设专人照看，以保证模板不移位、不变形、不损坏。

检验方法：观察检查；核查隐蔽工程验收记录。

检查数量：按不同部位，每类抽查 10%，并不少于 5 处。

7.2.5 断热复合砌块墙体宜采用具有保温功能的专用砌筑砂浆砌筑，其强度等级应符合设计要求。

检验方法：对照设计核查施工方案和砌筑砂浆强度试验报告，用百格网检查灰缝砂浆饱满度。

检查数量：每楼层的每个施工段至少抽查一次，每次抽查 5 处，每处不少于 3 个砌块。

7.2.6 HF 复合保温模板的拼缝处、墙体阴阳角部位、门窗洞口四角部位及不同材料的墙体交接处等特殊部位，应采取防止开裂和破损的加强措施。

检验方法：观察和检查；检查隐蔽工程验收记录。

检查数量：按不同部位，每类抽查 10%，并不少于 5 处。

7.2.7 建筑节能与结构一体化墙体保温系统抹面层施工，应符合现行《抹灰砂浆技术规程》JGJ/T 220 和《建筑装饰装修工程质量验收标准》GB 50210 的有关要求。

检验方法：观察检查；检查试验报告和隐蔽工程验收记录。

检查数量：全数检查。

7.2.8 建筑节能与结构一体化墙体保温系统饰面层施工，应符合现行《建筑装饰装修工程质量验收标准》GB 50210 和《外墙外保温工程技术标准》JGJ 144 的有关规定。

检验方法：观察检查；检查试验报告和隐蔽工程验收记录。

检查数量：全数检查。

7.2.9 建筑节能与结构一体化墙体保温系统墙体施工产生的穿墙螺栓孔、脚手架眼等孔洞，应按设计要求采取防水防渗和封堵措施。

检验方法：对照设计图纸观察检查。

检查数量：全数检查。

7.3 一 般 项 目

7.3.1 HF 复合保温模板、断热复合砌块、专用砌筑和抹面砂浆等材料的外观和包装应完整、无破损，符合设计要求和产品标准的规定。

检验方法：观察检查。

检查数量：全数检查。

7.3.2 建筑节能与结构一体化墙体保温系统在施工中容易被忽视，而且在各工序交叉施工中容易被多次损坏的部位，应按设计要求或施工方案采取隔断热桥和防水密封措施。

　　检验方法：对照设计图纸观察检查。

　　检查数量：全数检查。

7.3.3　HF 复合保温模板的安装允许偏差，应符合表 7.3.3 的规定。

表7.3.3　HF复合保温模板的安装允许偏差

项目	允许偏差（mm）	检验方法
轴线尺寸	5	钢卷尺检查
层高垂直度	6	经纬仪或线坠检查
表面平整度	5	2m 靠尺和塞尺检查
阳角垂直度	3	2m 靠尺、线坠检查
相邻两表面高低差	2	钢卷尺检查
板缝尺寸	2	钢卷尺检查

7.3.4　耐碱玻纤网格布和镀锌电焊增强网的铺设及搭接应符合设计和施工方案的要求。抹面砂浆抹压应密实，不得空鼓，增强网不得皱褶、外露。

　　检验方法：观察检查；核查隐蔽工程检查记录。

　　检查数量：按不同部位，每类抽查 10%，并不少于 5 处。

7.3.5　墙体交接面表面平整洁净，接槎平滑，线脚顺直、清晰。

　　检验方法：观察检查。

　　检查数量：抽查 10%，并不少于 5 处。

7.3.6　断热复合砌块墙体一般尺寸的允许偏差应符合表 7.3.6 的规定。

表7.3.6　断热复合砌块墙体一般尺寸的允许偏差

项次	项目		允许偏差（mm）	检验方法
1	轴线位移		10	用尺检查
2	垂直度	小于或等于 3m	5	用 2m 托线板或吊线、尺检查
		大于 3m	10	
3	表面平整度		8	用 2m 靠尺和楔形塞尺检查
4	门窗洞口高、宽（后塞口）		±5	用尺检查
5	外墙上下窗口偏移		20	用经纬仪或吊线检查

附录 A 建筑节能与结构一体化墙体保温系统热工性能计算示例

表 A.0.1 HF 复合保温墙模板体保温系统

HF 复合保温模板的性能指标

试验项目	单位	指标
气干面密度	kg/m²	≤45
抗冲击性	J	≥3
抗弯荷载	N	≥2000
墙体耐火极限（70mm 厚模板＋200mm 厚钢筋混凝土）	h	≥3.0
收缩值（快速法）（模板材质为微孔混凝土和挤塑聚苯板（XPS））	mm/m	≤0.8
当量导热系数（XPS 芯）	W/（m·K）	≤0.035

构造做法		厚度（mm）	λ [W/(m·K)] XPS板/岩棉板	α	R [(m²·K)/W] XPS板/岩棉板	k [W/(m²·K)] XPS板/岩棉板	K_0 [W/(m²·K)] XPS板/岩棉板	K_m 限值 [W/(m²·K)]
70mm 保温模板	1. 水泥砂浆面层	20	0.93	1.0	0.022			《严寒和寒冷地区居住建筑设计标准》JGJ 26—2018
	2. 微孔混凝土层	20	0.1	1.1	0.182			寒冷 A、B 区
	3. 保温芯材	50	0.028/0.040	1.0	1.786/1.250		0.43/0.56	≤3 层建筑 0.35
	4. 钢筋混凝土墙	300	1.74	1.0	0.172			≥4 层建筑 0.45
	围护结构内外表面换热阻计 0.15 (m²·K)/W				2.312/1.776	0.46/0.62		严寒 C 区
95mm 保温模板	1. 水泥砂浆面层	20	0.93	1.0	0.022			≤3 层建筑 0.30
	2. 微孔混凝土层	20	0.1	1.1	0.182			≥4 层建筑 0.40
	3. 保温芯材	75	0.028/0.040	1.0	2.679/1.875		0.31/0.42	严寒 A、B 区
	4. 钢筋混凝土墙	300	1.74	1.0	0.172			≤3 层建筑 0.25
	围护结构内外表面换热阻计 0.15 (m²·K)/W				3.205/2.401	0.33/0.44	0.31/0.42	≥4 层建筑 0.35
120mm 保温模板	1. 水泥砂浆面层	20	0.93	1.0	0.022			
	2. 微孔混凝土层	20	0.1	1.1	0.182			
	3. 保温芯材	100	0.028/0.040	1.0	3.571/2.500		0.24/0.33	
	4. 钢筋混凝土墙	300	1.74	1.0	0.172	0.25/0.35		
	围护结构内外表面换热阻计 0.15 (m²·K)/W				4.097/3.026	0.24/0.33		

注：模板材质为微孔混凝土和挤塑聚苯板（XPS）芯，或岩棉板。

表A.0.2 断热复合砌块墙体保温系统

断热复合砌块

构造做法	厚度 (mm)	λ [W/(m·K)] EPS/岩棉板	α	R [(m²·K)/W] EPS/岩棉板	k [W/(m²·K)] EPS/岩棉板	K₀ [W/(m²·K)] EPS/岩棉板
200mm 断热复合砌块 1. 水泥砂浆面层	20	0.93	1.0	0.022		
2. 断热复合砌块	200	0.06	1.0	3.333	0.30	
围护结构内外表面换热阻计 0.15 (m²·K) / W				3.505	0.29	0.29
250mm 断热复合砌块 1. 水泥砂浆面层	20	0.93	1.0	0.022		
2. 断热复合砌块	250	0.06	1.0	4.167	0.24	
围护结构内外表面换热阻计 0.15 (m²·K) / W				4.339	0.23	0.23

注：砌块材质为微孔混凝土和模塑聚苯板（EPS）或岩棉板

断热复合砌块的性能指标

试验项目	单位	指标
密度	kg/m³	≤ 650
砌块砌体抗冲击性	次	≥ 5
基体混凝土抗压强度	MPa	≥ 2.5
耐火极限（250mm 厚砌块双面抹灰）	h	≥ 3.0
收缩值（标准法）	mm/m	≤ 0.5
当量导热系数	W/(m·K)	≤ 0.06

《严寒和寒冷地区居住建筑设计标准》JGJ 26—2018	K_m 限值 [W/(m²·K)]
严寒 C 区 ≤3 层建筑	0.30
≥4 层建筑	0.40
严寒 A、B 区 ≤3 层建筑	0.25
≥4 层建筑	0.35

附录 D 《LSP 板内嵌轻钢龙骨装配式墙体系统技术规程》DB62/T 25-3120—2016 条文

1 总 则

1.0.1 为促进建筑工程的标准化设计、工厂化制造和装配化施工，推动钢结构建筑中建筑节能与结构一体化新型墙体系统的应用，规范 LSP 板内嵌轻钢龙骨装配式墙体系统的设计、施工及验收，制定本规程。

1.0.2 本规程适用于严寒、寒冷及夏热冬冷地区，抗震设防烈度为 8 度及以下地区，采用 LSP 板内嵌轻钢龙骨装配式墙体系统的建筑工程的设计、施工及验收。

1.0.3 采用 LSP 板内嵌轻钢龙骨装配式墙体系统的建筑工程，其设计、施工及验收，除应执行本规程外，尚应符合国家及甘肃省现行有关标准规定。

2 术 语

2.0.1 建筑节能与结构一体化技术 integration technology of build energy conservation and structure

集建筑保温功能与墙体围护功能于一体，不需另行采取保温措施，就可满足现行建筑节能标准的要求，实现保温与建筑同寿命的节能技术。

2.0.2 LSP 自锁水平拼装板 LSP level self-locking panel

LSP 自锁水平拼装板是以轻集料微孔混凝土材料为基材，直接浇注成型或以岩棉保温板、阻燃型聚苯板等为高效保温填充芯材，通过一次性浇注成型工艺，整体无间隙复合而制成的轻质墙体材料制品，其基材四面包裹芯材，阻断芯材与空气的接触，并采用耐碱玻璃纤维网格布增强，四边均设有自锁定位功能的拼装连接榫头或榫槽，成墙采用连接榫水平拼装施工。以下简称 LSP 板。

2.0.3 LSP 板内嵌轻钢龙骨装配式墙体系统 LSP board embedded light gauge

steel keel assembled wall system

LSP 板内嵌轻钢龙骨装配式墙体系统是以 LSP 板为墙体材料，以装配式拼装方式成墙，通过与其配套的专用轻钢龙骨及钢质连接件，形成组合结构墙体，并将 LSP 板墙体与建筑主体牢固连接在一起形成的新型墙体系统。以下简称 LSP 板内嵌轻钢龙骨墙体系统。

2.0.4　LSP 板夹芯层　LSP sandwich layer

以阻燃聚苯板、岩棉板作为 LSP 板内部夹芯材料的构造层。

2.0.5　LSP 板基体层　LSP plate matrix layer

以低收缩快硬水泥为胶凝材料，轻集料为骨料，短切纤维为增强材料，以发泡剂形成水泥石微孔基体制成的微孔混凝土，并以玻璃纤维网格布表面增强而制成的 LSP 板外部基体构造层。

2.0.6　轻钢龙骨及连接件　light steel keel and connecting parts

采用镀锌钢带辊压制成的截面形状与 LSP 板连接榫截面形状完全相同的轻钢龙骨，内嵌在 LSP 板墙体内，并通过连接件与钢结构或钢筋混凝土结构主体连接的专用拉结钢龙骨和连接件，包括镀锌钢龙骨、镀锌钢板连接件、墙体钢托件等。

2.0.7　专用粘结砂浆　special adhesive mortar

以水泥、细骨料、掺合料为主要原材料，添加有机聚合物、外加剂等在工厂预制而成的功能性干混砂浆，用于 LSP 板拼装时板缝之间，起粘结作用。

2.0.8　专用抹面砂浆　special plaster mortar

以水泥、骨料、掺合料为主要原材料，添加有机聚合物、外加剂等在工厂预制而成的功能性干混砂浆，用于 LSP 板墙体外表面，起找平和保护作用。

2.0.9　耐碱玻纤网格布　alkali resistant fiberglass mesh

由表面涂覆耐碱防腐材料或含锆的玻璃纤维制成的网格布。用于 LSP 板基体内增强和装配式墙体表面粉刷层抗裂增强。

3　基　本　规　定

3.0.1　钢结构建筑装配式墙体工程和建筑节能与结构一体化钢筋混凝土结构体系建筑的墙体工程宜使用 LSP 板内嵌轻钢龙骨墙体系统。

3.0.2　LSP 板内嵌轻钢龙骨墙体系统主要组成材料包括 LSP 板、专用的轻钢龙骨和连接件、专用粘结砂浆及抹面砂浆等，宜由生产商配套提供。

3.0.3　LSP 板应具有良好的保温、防火和耐久性能，其组成材料应具有物理化学稳定性，并应彼此相容紧密复合为一体，并具有精确的外观尺寸，能在专用的轻钢龙骨及连接件共同作用下易于拼装。

3.0.4 LSP板内嵌轻钢龙骨墙体系统的设计应符合《建筑设计防火规范》GB 50016等有关标准的规定。

3.0.5 LSP板及内嵌轻钢龙骨墙体系统应具有足够的承载能力、刚度和稳定性，应能承受墙体的自重荷载，并能适应主体结构的正常变形，在长期自重荷载、风荷载和气候变化的情况下，不应出现裂缝、变形、脱落等破坏现象。

3.0.6 现浇混凝土结构建筑采用LSP板内嵌轻钢龙骨墙体系统，墙体内嵌轻钢龙骨宜用锚栓连接件与结构主体连接；钢结构建筑LSP板内嵌轻钢龙骨墙体系统宜采用焊接、螺钉或铆接与主体连接。

3.0.7 LSP板内嵌轻钢龙骨墙体系统宜采用专用的粘结砂浆和专用抹面砂浆。

3.0.8 LSP板内嵌轻钢龙骨墙体系统传热系数应满足建筑墙体热工性能设计要求。

4 材 料

4.1 LSP板及其内嵌轻钢龙骨墙体系统性能指标

4.1.1 LSP板的技术性能指标要求包括：结构和外观尺寸、抗折荷载、抗冲击强度、气干面密度、热工性能、抗冻性、干缩性、燃烧和隔声性能。

4.1.2 LSP板由外部的玻璃纤维网格布增强的纤维微孔混凝土层、聚苯板或岩棉板保温内芯层、粘结加强肋、连接榫等部分构成（图4.1.2）。

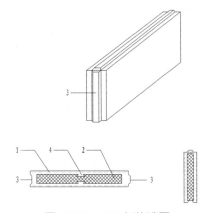

图4.1.2 LSP板构造图

1—玻璃纤维网格布增强纤维微孔混凝土层（≥15mm厚）；2—阻燃聚苯板或岩棉内芯层；
3—拼接榫；4—粘结燕尾榫

4.1.3 LSP 板主要规格尺寸见表 4.1.3。

表4.1.3 LSP板的规格尺寸(单位:mm)

板类型	厚度	单层保温层厚度 / 层数	高度	长度
标准板	95	65/1	600、300	2400、1200
	120	90/1		
	200	75/2		
	250	100/2		
非标准板	按设计要求制作			

4.1.4 LSP 板的标记由 LSP 板代号、产品类别代号(S 代表实心板,F/Y 代表复合岩棉夹芯板,F/E 代表复合聚苯夹芯板)和主要参数(长度、厚度、高度和保温层厚度及层数)组成(图 4.1.4)。

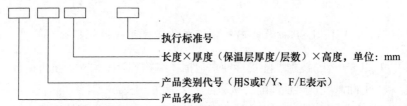

执行标准号

长度×厚度(保温层厚度/层数)×高度,单位: mm

产品类别代号(用S或F/Y、F/E表示)

产品名称

示例: 规格尺寸为1200mm×95mm×300mm的复合一层65mm厚聚苯板夹芯的LSP水平自锁拼装板,其标记为:

LSP水平自锁拼装板 F/E 1200×95(65/1)×300 Q/LZHF004—2015

图 4.1.4 LSP 板的标记

4.1.5 LSP 板的外观质量:产品表面应平整,无夹杂物,颜色均匀。不应有明显影响使用的可见缺陷,如:缺棱、掉角、裂纹、变形等。

4.1.6 LSP 板的尺寸允许偏差应符合表 4.1.6 的规定。

表4.1.6 LSP板尺寸允许偏差(单位:mm)

项目	允许偏差
长度	+3 −3
高度	+2 −2

续表 4.1.6

项目	允许偏差
厚度	+1 −1
对角线差	≤ 5
板侧面平直度	≤ L/750
板面平整度	≤ 1

注：L 为板长。

4.1.7 LSP 板物理力学性能要求应符合表 4.1.7 的规定。

表4.1.7 LSP 板物理力学性能要求

项目			要求	试验方法
表观面密度， kg/m²	实心 LSP 水平自锁拼装板（S）≤		100	GB/T 19631
	夹芯复合 LSP 水平自锁拼装板（F）≤			
放射性			LSP 板原料采用工业废渣时，制品应符合 GB 6566 的规定	GB 6566
抗弯荷载，N ≥			1000	
干燥收缩值	标准法，≤	mm/m	0.5	GB/T 11969
	快速法，≤		0.8	
抗冻性	质量损失率，% ≤		5.0	GB/T 23451
	冻后表面不应出现可见的裂纹且表面无变化			

4.1.8 LSP 板保温性能应符合表 4.1.8-1 的规定；LSP 板各构造层材料性能应符合表 4.1.8-2 的规定。

表4.1.8-1 LSP板保温性能指标

项目		要求	试验方法
LSP 板（制品） 当量导热系数（干态） W/（m·K）	95mm 厚，≤	0.06	GB/T 13475 GB/T 10294
	120mm 厚，≤		
	200mm 厚，≤		
	250mm 厚，≤		

续表 4.1.8-1

项目		要求	试验方法
LSP 板砌体传热系数 W/（m²·K）	95mm 厚，≤	0.63	GB/T 13475
	120mm 厚，≤	0.50	
	200mm 厚，≤	0.30	
	250mm 厚，≤	0.24	

注：1. 传热系数测试砌体厚度等于制品厚度加抹灰层厚度。如220mm厚砌体，制品200mm，1∶2.5 水泥砂浆两面各 10mm。制品当量导热系数：当体积含水率≤ 3%条件下，由砌体传热系数实测值的倒数即砌体传热阻减去表面换热阻和抹灰层热阻后的裸墙热阻与裸墙厚度反算的裸墙平均导热系数。

2. 墙体传热系数也可通过微孔混凝土基材和保温芯材的厚度叠加计算，并考虑制品肋端和灰缝等影响。

表4.1.8-2　LSP板各构造层材料性能指标要求

试验项目		单位	性能指标	试验方法
微孔混凝土	密度	kg/m³	≤ 1000	GB/T 11969
	抗压强度	MPa	≥ 2.5	GB/T 50081
	导热系数	W/（m·K）	≤ 0.10	GB/T 10294
	燃烧性能	—	A（A₁）级	GB 8624
试验项目		单位	性能指标	试验方法
岩棉板	密度	kg/m³	≥ 100	GB/T 25975
	压缩强度	kPa	≥ 40	GB/T 25975
	导热系数	W/（m·K）	≤ 0.040	GB/T 25975
	燃烧性能	—	A（A₁）级	GB 8624
试验项目		单位	性能指标	试验方法
模塑板（EPS）	密度	kg/m³	18～23	GB/T 10801.1
	压缩强度	MPa	≥ 0.2	GB/T 10801.2
	导热系数	W/（m·K）	≤ 0.040	GB/T 10294
	燃烧性能	—	B1 级	GB 8624

4.1.9　LSP 板耐火极限及其芯材燃烧性能应符合表 4.1.9 的规定。

表4.1.9　LSP板耐火极限及其芯材用保温材料燃烧性能指标

LSP板产品类别	芯材燃烧性能等级	产品耐火极限	试验方法
E型聚苯保温板芯材	B₁级	≥ 3.0h	GB/T 9978.1
Y型岩棉保温板芯材	A级		

注：耐火极限测试砌体厚度等于制品厚度加抹灰层厚度。如220mm厚砌体，制品200mm，1∶2.5水泥砂浆两面各10mm。

4.1.10　LSP板空气声计权隔声量应符合表4.1.10的规定。

表4.1.10　LSP板空气声计权隔声量指标

项目	规格	要求	试验方法
空气声计权隔声量 a（dB）	95～150mm厚，≥	40	GB/T 50121
	200～250mm厚，≥	46	

注：空气声计权隔声量测试砌体厚度等于制品厚度加抹灰层厚度。如250mm厚砌体，制品200mm，粉刷1∶2.5水泥砂浆两面各25mm。

4.1.11　LSP板内嵌轻钢龙骨墙体单点吊挂力和抗冲击性应符合表4.1.11的规定。

表4.1.11　LSP板内嵌轻钢龙骨墙体性能指标

项目	要求	试验方法
拼装墙体单点吊挂力	荷载1000N静置24 h板面无宽度超过0.5mm的裂缝	GB/T 23451
拼装墙体抗冲击性	经5次抗冲击试验后板面无裂纹	

4.2　配套材料性能指标

4.2.1　轻钢龙骨及钢质连接件应采用镀锌钢板（不锈钢或经过表面防腐处理的金属）制成，墙内嵌入轻钢龙骨厚度不小于0.4mm，门窗洞口用轻钢龙骨厚度不小于0.8mm。连接件在C20及以上混凝土基体上抗拉承载力标准值不小于0.80kN。

4.2.2　LSP板拼装专用粘结砂浆的主要性能指标应符合表4.2.2规定。

表4.2.2 LSP板拼装专用粘结砂浆的主要性能指标要求

项目		单位	性能指标	试验方法
外观		—	粉体均匀无结块	目测
保水性		%	≥ 88	JG/T 230
抗压强度		MPa	≥ 5.0	GB/T 17671
抗折强度		MPa	≥ 2.2	
压剪胶结强度	原强度	MPa	≥ 1.0	JC/T 547
	耐冻融		≥ 0.40	

4.2.3 LSP板专用抹面砂浆分薄抹面和厚抹面砂浆。专用薄抹面砂浆可采用外墙外保温用的聚合物水泥抹面砂浆，其性能指标应符合《膨胀聚苯板薄抹灰外墙外保温系统》JC 149 的规定。专用薄抹面砂浆的主要性能指标应符合表4.2.3 规定。

表4.2.3 专用薄抹面砂浆的主要性能指标要求

项目		单位	性能指标	试验方法
拉伸粘结强度（与水泥砂浆）	原强度	MPa	≥ 0.60	JG 149
	耐水（48h）		≥ 0.40	
可操作时间		h	1.5～4.0	
压折比		—	≤ 3	

专用厚抹面砂浆的性能应符合《预拌砂浆》GB/T 25181 或《预拌砂浆》JG/T 230 的规定。

4.2.4 界面砂浆应符合《混凝土界面处理剂》JC/T 907 的规定。

4.2.5 饰面材料应符合下列规定：

1 柔性腻子性能指标应符合《外墙柔性腻子》GB/T 23455 的规定。

2 涂料性能指标应符合《弹性建筑涂料》JG/T 172 或《合成树脂乳液砂壁状建筑涂料》JG/T 24 等标准的规定。

3 面砖粘结砂浆、面砖勾缝料和饰面砖，其性能指标应符合《外墙外保温工程技术规程》JGJ 144 的规定。

4.2.6 增强防裂网主要包括热镀锌钢丝网和耐碱玻纤网格布，其性能指标应符合《外墙外保温工程技术规程》JGJ 144 的规定。耐碱玻纤网格布的性能指标应符合表 4.2.6 的要求。

表4.2.6　耐碱玻纤网格布性能指标

项目	性能指标		试验方法
	标准型	加强型	
网孔中心距（mm）	6	4	GB/T 9914.3
单位面积质量（g/m²）	≥ 160	≥ 300	GB/T 9914.3
拉伸断裂强力（N/50mm）	≥ 1200	≥ 2000	GB/T 7689.5
断裂伸长率（%）	≤ 4.0	≤ 4.0	GB/T 20102
拉伸断裂强力保留率（%）（经纬向）	≥ 75	≥ 75	GB/T 7689.5

5　设　计

5.1　一　般　规　定

5.1.1　LSP 板内嵌轻钢龙骨墙体系统设计应包括 LSP 板、专用轻钢龙骨及其与主体结构的连接钢件和交接处拉结、防裂处理及抹灰饰面层等。采用 LSP 板内嵌轻钢龙骨墙体系统建筑工程的主体结构及构造仍按国家及我省现行有关标准设计。

5.1.2　LSP 板内嵌轻钢龙骨墙体系统拼装外墙时，当挑出主体结构外立面拼装时，应从下至上不超过 3m（或每层）设置一道钢质支撑件，支撑件长度 200mm，设置间距 ≤ 1200mm。

5.1.3　LSP 板内嵌轻钢龙骨墙体系统拼装外墙，按 300 高板每三层板 900mm 高或 600 高板每两层 1200mm 高设置一道水平轻钢龙骨，内嵌入 LSP 板拼接榫槽内，轻钢龙骨与主体结构可靠稳固连接。在门窗洞口处宜设置竖向轻钢龙骨并与水平轻钢龙骨连接。

5.1.4　LSP 板内嵌轻钢龙骨墙体系统应做好密封和防水构造设计，重要部位应有详图。水平或倾斜的出挑部位以及延伸至地面以下的部位应做防水处理。安装在外墙上的设备或管道及幕墙结构件应固定于混凝土或钢结构主体上，并应做密封和防水设计。

5.1.5　LSP板内嵌轻钢龙骨墙体系统外立面宜采用专用薄抹面砂浆薄层抹面，并压入耐碱玻璃纤维网格布增强防裂；也可采用专用厚抹面砂浆或普通抹面砂浆厚抹灰，厚抹灰应分次完成并在面层压入耐碱玻璃纤维网格布增强防裂。外墙大面积厚抹灰时，应根据建筑物立面层设置水平和垂直分格缝，水平分格缝间距不应大于6m，垂直分格缝宜按墙面面积设置，不宜大于30m²。缝内应采用符合设计要求的密封材料嵌缝。

5.1.6　LSP板内嵌轻钢龙骨墙体系统设计应有各部位构造详图、节点大样及相关技术要求。

5.1.7　LSP板内嵌轻钢龙骨墙体系统热工计算时采用LSP板各层材料的导热系数和厚度作为基础设计参数。

5.1.8　带饰面装饰板的LSP板内嵌轻钢龙骨墙体系统拼装应采用专用粘结砂浆薄铺拼装，拼装接缝还应使用硅酮密封胶勾填，做防水处理。

5.2　体系构造要求

5.2.1　建筑外墙围护结构中LSP板内嵌轻钢龙骨墙体系统采用填充部位和梁柱部位拉通整体拼装。梁柱部分采用薄LSP板贴拼，填充部位采用厚LSP板挑出1/2板厚拼装，在每层或3000mm高，挑出部位应采取钢托件挑檐结构加强措施处理（图5.2.1）。

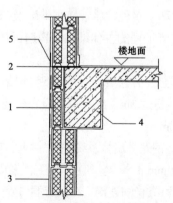

图5.2.1　LSP板填充外墙拼装构造

1—LSP板；2—钢托件；3—3mm～5mm厚玻网格增强专用抹面砂浆；
4—现浇混凝土梁；5—防裂网

5.2.2　LSP板内墙拼装高度大于4.0m，长度大于两倍墙高时，应设置轻钢龙骨水平系梁和轻钢龙骨构造柱，详见图5.2.2。

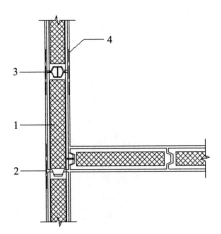

图5.2.2 LSP板内墙拼装构造

1—LSP板；2—3mm～5mm玻纤网格增强专用抹面砂浆；
3—水平轻钢龙骨系梁及竖向轻钢龙骨构造柱；4—防裂网

5.2.3 LSP板内嵌轻钢龙骨墙体系统基础墙体应做防水隔潮处理（图5.2.3）。

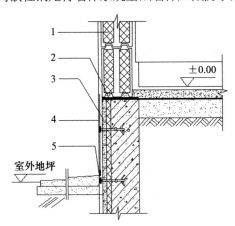

图5.2.3 LSP板墙体基础防潮构造

1—LSP板；2—防潮层；3—HF复合保温模板；4—3mm～5mm玻纤网格增强专用抹面砂浆；
5—蝶形连接件

5.2.4 LSP板内嵌轻钢龙骨墙体系统窗洞口应设置轻钢龙骨，采取局部固定加强措施（图5.2.4）。

5.2.5 LSP板内嵌轻钢龙骨墙体系统的LSP板墙体阴阳角处以及与主体结构相交处，在抹面施工前，应设置镀锌钢丝防裂网，并采用粘贴耐碱玻纤网等加强抗裂措施。

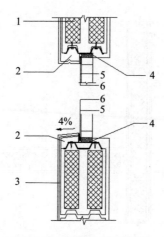

图 5.2.4　窗洞口设计构造

1—LSP 板墙；2—保温浆料及防裂网；3—3mm～5mm 玻纤网格增强专用抹面砂浆；
4—内嵌轻钢龙骨连接件及泡沫胶填缝；5—密封膏；6—背衬

5.3　节能设计要求

5.3.1　LSP 板内嵌轻钢龙骨墙体系统建筑工程的节能设计和热工计算应符合《民用建筑热工设计规范》GB 50176、《公共建筑节能设计标准》GB 50189、《严寒和寒冷地区居住建筑节能设计标准》JGJ 26 和《夏热冬冷地区居住建筑节能设计标准》JGJ 134 的规定。

5.3.2　LSP 板内嵌轻钢龙骨墙体系统设计在外墙平均传热系数满足当地限值要求的同时，且应确保 LSP 板墙体内表面温度高于 0℃。

5.3.3　LSP 板内嵌轻钢龙骨墙体系统包含的门窗框外侧洞口、女儿墙、封闭阳台以及出挑构件等热桥部位应做保温处理。

5.3.4　LSP 板内嵌轻钢龙骨墙体系统的传热系数按 LSP 板的各层材料厚度和结构层及粉刷层厚度及热工性能参数叠加计算确定，考虑板边、端热桥和含水率影响，LSP 板的各层材料的导热系数和蓄热系数修正系数均取 1.1。为简化设计计算在有实测热工参数值时，也可直接采用 LSP 板的当量导热系数作为基本热工计算参数，当量导热系数不再取修正系数。

5.3.5　LSP 板墙体保温砌体与门框之间缝隙应采用聚氨酯发泡胶材料填充，并用密封胶嵌缝，不得采用水泥砂浆填缝。

5.3.6　墙体拼装应采用专用粘结砂浆薄铺浆拼装且拼装接缝宽度不应大于5mm。

5.3.7 建筑物不同朝向墙体传热系数值应满足现行规范要求，根据LSP板自保温墙体和热桥部位的传热系数，按面积加权法计算外墙平均传热系数。

6 施 工

6.1 一般规定

6.1.1 LSP板内嵌轻钢龙骨墙体系统施工前应编制专项施工方案，并组织施工人员进行培训和技术交底，并宜先做样板间，经确认后方可施工。现场应建立相应的质量管理体系、施工质量控制和检验制度。

6.1.2 LSP板的型号等必须符合设计要求，满足28d以上的养护龄期方可进入施工现场。

6.1.3 LSP板运输时应轻拿轻放，运到施工现场的LSP板、专用粘结砂浆、轻钢龙骨及连接件和其他配套材料应附有出厂合格证，并按规定取样复验。

6.1.4 入场的LSP板应分类贮存竖向码垛，对在露天存放的材料，应有防雨、防曝晒措施；在平整干燥的场地，最高不超过2m；存放过程中应采取防潮、防水等保护措施，贮存期及条件应符合产品使用说明书的规定。施工现场应按有关规定，采取可靠的防火安全措施，实现安全文明施工。

6.1.5 LSP板墙体拼装应采用专用粘结砂浆。一天内拼装高度不宜超过3m。墙体拼装施工应采用专业脚手架，严禁在外墙体上留设脚手架眼。施工时，楼面和屋面堆载不得超过楼板的允许荷载值。

6.1.6 LSP板内嵌轻钢龙骨墙体系统的梁、柱及剪力墙等热桥部位，应采用LSP板外包拼装施工，应使其与填充墙部分LSP板在同一垂直外立面上。

6.1.7 对设计规定的洞口、沟槽和预埋件等应采用高速工具钻钻孔，严禁在拼装好的墙体上人力剔凿。

6.1.8 LSP板内嵌轻钢龙骨墙体系统抹灰宜在墙体拼装完成7天以后进行。抹灰时的墙体宜适当喷湿。抹灰前应对窗洞口、与主体结构相交连接处进行防裂处理，并应在抹灰层外表面采用满挂耐碱玻纤网格布增强防裂。

6.1.9 抹面砂浆材料宜选用专用抹面砂浆，并按照产品说明书的要求配制，配制好的材料应在规定时间内用完，严禁过时使用。抹面砂浆应具有良好的和易性、粘聚性和保水性，其施工应符合《预拌砂浆应用技术规程》JGJ/T 223、《抹灰砂浆技术规程》JGJ/T 220中相关规定。对于饰面层采用面砖时，应进行粘结强度拉拔试验。

6.1.10 冬期施工应按照《建筑工程冬期施工规程》JGJ 104、《混凝土小型空心砌块建筑技术规程》JGJ/T 14 等相关标准的要求进行。

6.1.11 墙体施工的安全技术要求必须遵守现行建筑安全技术标准的规定，并按照《混凝土小型空心砌块建筑技术规程》JGJ/T 14 和《蒸压加气混凝土建筑应用技术规程》JGJ/T 17 等相关标准的要求进行。

6.1.12 施工产生的墙体缺陷，如穿墙套管、孔洞等，应按照施工方案采取隔断热桥措施，不得影响墙体热工性能。

6.1.13 LSP 板内嵌轻钢龙骨墙体系统内外墙门窗洞口的阴阳角处均增设200mm 宽玻纤网格布一层。

6.1.14 LSP 板内嵌轻钢龙骨墙体系统完工后应做好成品保护。

6.2 施工工艺流程

6.2.1 LSP 板内嵌轻钢龙骨墙体系统施工应符合下列要求：

1 确定排板拼装方案：根据外墙尺寸确定排板拼装方案并绘制排板图，采用厚薄板配套使用，尽量使用主规格 LSP 板。

2 LSP 板裁切：对于无法用主规格安装的部位，应在施工现场用切割锯切割成为符合要求的尺寸。

3 弹线：LSP 板安装前应根据设计图纸和排板图复核尺寸，并确定（弹出）安装控制线。

4 安装连接件：在建筑主体结构固定墙体连接件，并按要求设置固定轻钢龙骨及其连接件，按 300 高板每三层板 900mm 高或 600 高板每两层 1200mm 高，水平方向设置通长轻钢龙骨。门窗洞口处可增设竖向轻钢龙骨及其连接件。

5 拼装 LSP 板：根据排板图的拼装方案安装 LSP 板，在四边榫槽内填抹专用粘结剂，遇轻钢龙骨时将龙骨与榫头榫槽安装紧密，挤拼 LSP 板成墙，先安装外墙填充部位处厚板，后安装梁柱处的薄板。形成厚板填充、薄板外包、内嵌轻钢龙骨的墙体结构。

6 拼装缝及阴阳角处理：将拼装时 LSP 板拼缝处挤出的专用粘结剂填实抹平。阴阳角处，用聚合物砂浆抹压找平，并铺设 200mm 宽耐碱玻纤网格布，作加强抗裂措施处理。

7 LSP 板墙体抹面施工：LSP 板墙面平整度较高，墙体基层外饰面做3mm～5mm 玻璃纤维网格布增强聚合物水泥砂浆薄抹灰找平；内饰面做玻璃纤维网格布增强石膏腻子找平层，再刮腻子，作饰面。

8 外围护结构填充墙 LSP 厚板外侧应同梁柱部分的薄板外侧在同一垂直立面上。

9 LSP 板与 HF 复合保温模板及与主体结构相交处，用聚合物砂浆抹压补缝找平，并铺设 200mm 宽耐碱玻纤网格布，加强抗裂措施处理。

10 饰面层涂料或面砖应符合《建筑装饰装修工程质量验收规范》GB 50210 规定。

6.3 LSP 板拼装施工

6.3.1 LSP 板拼装墙体施工前应根据 LSP 板规格、灰缝厚度和竖向龙骨布置、门窗洞口尺寸绘制排板图。

6.3.2 LSP 板拼装墙体施工前，应弹出水平位置线，竖向设置皮数杆，根据设计要求、板材规格和灰缝厚度在皮数杆上标明板材拼装皮数及竖向的变化部位。

6.3.3 LSP 板拼装，应采用全顺拼装形式，即采用摊铺一块 LSP 长的专用粘结砂浆，拼一块 LSP 板的拼装方法。

6.3.4 LSP 板拼装时水平灰缝和竖向灰缝厚度均宜为 3mm～5mm。

6.3.5 LSP 板拼装墙体灰缝专用粘结砂浆应饱满，水平灰缝砂浆饱满度不应低于 90%。竖向灰缝的砂浆饱满度不应低于 80%。

6.3.6 LSP 板拼装门窗洞口墙时，应在洞口周边安装轻钢龙骨，拼装依托龙骨进行，确保轻钢龙骨嵌入 LSP 板拼接榫槽内。

6.3.7 钢结构建筑 LSP 板拼装墙体顶面与框架梁、板连接处应留有一定空隙，并对框架梁、板下空隙处填塞通长高强弹性材料并外嵌建筑密封胶。

6.3.8 穿墙管道要严防渗漏。穿墙、附墙或埋入墙内的铁件应做防腐处理，管道周边应有保温隔热构造措施。

6.3.9 在常温状态下，LSP 板拼装前应在榫接部位适量洒水喷湿。板材含水率不大于 10%。

6.3.10 LSP 板拼装时尽量采用主规格拼装，上下错缝，一般搭拼长度不宜小于主规格的 1/3，竖向灰缝不得出现透明缝、瞎缝和假缝。除设置竖向轻钢龙骨外，拼装竖向通缝不应大于 2 皮板块。外墙拼装时宜保证外侧墙面平整。

6.3.11 当 LSP 板拼装墙体上设置水电配管时，应采用机械开槽形式，水电配管宜采用半硬阻燃型塑料管，外径不应大于 20mm，管槽背面和周围用保温砂料填充密实，表面铺贴 200mm 宽耐碱玻纤网，并用专用砂浆抹面。

6.3.12 应在门窗洞口两侧安装的轻钢龙骨上固定门窗框。

6.3.13 LSP 板拼装墙体的冬期施工应符合国家现行有关标准的规定。

6.4 LSP 板拼装墙体抹灰施工

6.4.1 LSP 板拼装墙体专用抹面砂浆应严格按相应产品说明书的要求进行搅拌，抹灰时应根据本规程要求控制块材的含水率。

6.4.2 在 LSP 板拼装墙体抹灰前，应对基层墙体进行界面砂浆处理，并应覆盖全部基层表面，厚度不宜大于 2mm。

6.4.3 LSP 板拼装墙体与柱、梁、剪力墙连接部位接缝处，在抹灰前，应固定镀锌电焊网（伸出接缝宽度不小于 200mm）并采用专用砂浆抹平，厚度宜为 3mm～5mm。

6.4.4 LSP 板拼装墙体外墙面宜采用耐碱玻璃纤维网格布增强的薄抹灰方式粉刷。在墙体表面抹专用砂浆，厚度约为 2mm～3mm，随即敷压耐碱网格布，网格布之间应互相搭接，网布平面之间的搭接宽度不应小于 50mm，阴阳角处的搭接不应小于 200mm，铺设要平整无褶皱。用约 1mm～2mm 专用砂浆抹压在网格布上作保护层，保护层表面应搓平搓实。面层砂浆终凝后应喷雾、浇水养护，保持表面湿润 3d 以上。

6.4.5 当采用专用抹面砂浆或普通抹面砂浆厚抹灰粉刷时，抹灰层的平均厚度不宜大于 25mm。当抹灰层厚度大于 10mm 时应分层抹灰，每遍涂抹厚度宜为 7mm～9mm，并应待前一层抹灰砂浆达到初凝后立即固定耐碱玻纤网，然后进行后一道抹灰工序。每层砂浆应分别压实，无脱层、空鼓。抹平应在砂浆凝结前完成；当抹灰总厚度大于 25mm 时，应采取面层压耐碱玻纤网抗裂和固定镀锌电焊网的加强措施。

6.4.6 抹灰砂浆层凝结硬化后及时保湿养护，养护时间不得少于 7d。

6.4.7 抹灰砂浆层在凝结前应防止快干、水冲、撞击、振动和受冻。抹灰砂浆施工完成后，应采取措施防止污染和损坏。

6.4.8 LSP 板拼装墙体外墙内侧墙面及 LSP 板拼装墙体内墙抹灰应采用专用抹面砂浆或粉刷石膏施工。

6.4.9 LSP 板拼装墙体饰面层施工

饰面层为涂料饰面时，应采用柔性耐水腻子和弹性涂料；当采用无机装饰板或面砖饰面时，应采用专用面砖粘结砂浆和勾缝料，并在板缝中设置膨胀钉加强固定。

6.5 钢结构梁柱及钢筋混凝土剪力墙部位施工

6.5.1 LSP 板的外包钢结构梁柱部位拼装施工，宜从每层底部设置的钢托件及轻钢龙骨开始，用专用粘结砂浆直接依次粘贴，并按设计文件设置好变形缝。砂浆应搅拌均匀，涂抹在 LSP 板拼接榫槽内，上下板材之间要互相靠紧、错缝拼装。

6.5.2　LSP 板用于高层建筑的剪力墙外贴拼装时，应从下至上不超过 3m 设置一道钢质支撑件，支撑件长度 200mm，设置间距≤1200mm。

6.5.3　LSP 板用于高层建筑的钢筋混凝土剪力墙、阳台栏板部位外贴拼装时，宜采用膨胀栓钉加固。膨胀栓钉锚固应在第一遍抹面砂浆（并压入玻纤网布）初凝时进行，使用电钻在 LSP 板的角缝处打孔，将栓钉插入孔中并将塑料圆盘的平面拧压到抹面砂浆中，有效锚固深度不小于 25mm。锚栓固定后抹第二遍抹面砂浆。

6.5.4　LSP 板用于高层建筑的钢筋混凝土剪力墙部位外贴拼装时靠剪力墙板面应采用满粘法，拼装粘贴时用铁齿抹子在每块板上均匀批刮一层厚不小于 3mm 的粘结砂浆，粘贴面积应大于 95%，及时粘贴并推挤压到基层上，板与板之间的接拼缝缝隙不得大于 5mm。

6.5.5　LSP 板在高层建筑的钢筋混凝土剪力墙部位外贴拼装大面积拼贴结束后，视养护条件进行抹面砂浆的施工。施工前用 2m 靠尺在 LSP 板墙面上检查平整度，对凸出的部位应打磨刮平并清理板表面碎屑后，方可进行抹面砂浆的施工。抹面砂浆施工时，同时在檐口、窗台、窗楣、雨篷、阳台、压顶以及凸出墙面的顶面做出坡度，下面应做出滴水槽或滴水线。

6.5.6　在洞口处应沿 45° 方向增贴一道 200mm×400mm 网布。分格缝施工按照设计要求进行。

6.5.7　饰面层施工应符合《建筑装饰装修工程质量验收规范》GB 50210 的规定。

7　验　收

7.1　一般规定

7.1.1　LSP 板内嵌轻钢龙骨墙体系统应按围护墙体工程验收，施工过程中应及时进行质量检查、隐蔽工程验收和检验批验收。全部验收内容包括 LSP 板内嵌轻钢龙骨墙体工程、轻钢龙骨及连接钢件、交接面处理质量验收和墙面抹灰及饰面层工程质量验收。

7.1.2　LSP 板内嵌轻钢龙骨墙体系统的验收应符合《建筑工程施工质量验收

统一标准》GB 50300、《混凝土结构工程施工质量验收规范》GB 50204、《砌体工程施工质量验收规范》GB 50203、《建筑节能工程施工质量验收规范》GB 50411 及《建筑装饰装修工程施工质量验收规范》GB 50210 中的相关规定。

7.1.3　LSP 板内嵌轻钢龙骨墙体系统验收时应提供该系统所用材料的产品质量合格证、产品出厂检验报告和 LSP 板有效期内的型式检验报告等。

7.1.4　LSP 板内嵌轻钢龙骨墙体系统对隐蔽工程验收，应有详细的文字记录和必要的图像资料，并应符合下列内容要求：

　1　LSP 板内嵌轻钢龙骨墙体系统轻钢龙骨和钢质连接件数量及锚固位置；

　2　LSP 板内嵌轻钢龙骨墙体系统的阴阳角、门窗洞口及不同材料间交接处等特殊部位防止开裂和破坏的加强措施；

　3　女儿墙、封闭阳台以及出挑构件等墙体特殊热桥部位处理。

7.1.5　LSP 板内嵌轻钢龙骨墙体系统工程检验批的划分应符合下列规定：

　1　每 500m² ～1000m² 面积划分为一个检验批，不足 500m² 也为一个检验批；

　2　检验批的划分也可根据方便施工与验收的原则，由施工单位与监理（建设）单位共同商定。

7.1.6　LSP 板内嵌轻钢龙骨墙体系统工程检验批质量验收合格，应符合下列规定：

　1　主控项目应全部合格；

　2　一般项目应合格，当采用计数检验时，应有 90% 以上的检查点合格，且其余检查点不得有严重缺陷；

　3　应具有完整的施工操作依据和质量检查记录。

7.1.7　建筑节能分项工程质量判定应具备下列条件：

　1　所含的检验批均应合格；

　2　所含检验批的质量验收记录应完整。

7.1.8　LSP 板内嵌轻钢龙骨墙体系统竣工验收应提供下列文件、资料：

　1　设计文件、图纸会审记录、设计变更和洽商记录；

　2　有效期内 LSP 板的型式检验报告复印件；

　3　主要组成材料的产品合格证、出厂检验报告、进场复验报告和进场核查记录；

　4　施工技术方案、施工技术交底；

　5　隐蔽工程验收记录和相关图像资料；

　6　其他对工程质量有影响的重要技术资料。

7.2　主　控　项　目

7.2.1　LSP 板、轻钢龙骨、钢质连接件、专用粘结砂浆、专用抹面砂浆等配套材料的品种、规格和性能应符合设计要求和本规程的规定。

检验方法：观察、尺量检查；核查质量证明文件；

检查数量：按进场批次，每批随机抽取 3 个试样进行检查；质量证明文件应按照其出厂检验批进行核查。

7.2.2　LSP 板、轻钢龙骨、钢质连接件、专用粘结砂浆、专用抹面砂浆等配套材料进场时应对其下列性能进行复检，复检应为见证取样送检：

1　LSP 板的面密度、当量导热系数、抗弯荷载、干燥收缩值；

2　LSP 板内嵌轻钢龙骨墙体的抗冲击性能、单点吊挂力；

3　专用粘结砂浆和抹面砂浆的抗压强度、保水性；

4　耐碱玻纤网的耐碱断裂强力和断裂强力保留率；

5　镀锌电焊网的镀锌层质量、焊点抗拉力；

6　轻钢龙骨的抗拉强度、钢连接件及锚固件的拉拔强度。

检验方法：随机抽样送检，核查复验报告；

检查数量：同一厂家同一品种的产品，当单位工程建筑面积在 30000m² 以下时各抽查不少于 1 次；单位工程建筑面积在 30000m²～60000m² 时各抽查不少于 2 次；当单位工程建筑面积在 60000m² 以上时各抽查不少于 3 次。

7.2.3　LSP 板的拼装位置应正确、接缝严密，板拼装过程中不得移位、变形。板间必须粘结牢固，无脱离、空鼓和裂缝。

检验方法：观察和用小锤轻击检查；检查施工记录。

检查数量：全数检查。

7.2.4　LSP 板内嵌轻钢龙骨墙体系统的抹面层施工，应符合《抹灰砂浆技术规程》JGJ/T 220 和《建筑装饰装修工程质量验收规范》GB 50210 有关要求。

检验方法：观察检查；检查实验报告和隐蔽工程验收记录。

检查数量：全数检查。

7.2.5　LSP 板内嵌轻钢龙骨墙体系统的饰面层施工，应符合《建筑装饰装修工程质量验收规范》GB 50210 的有关规定。

检验方法：观察检查；检查实验报告和隐蔽工程验收记录；

检查数量：全数检查。

7.3　一般项目

7.3.1 LSP 板外观和包装应完整无破损，符合设计要求和产品标准的规定。

检验方法：观察检查。

检查数量：全数检查。

7.3.2 LSP 板拼装方式应正确，上下错缝，内外搭拼。水平和竖向拼接灰缝横平竖直、厚薄均匀。拼装要求应符合本规程第 6.2 节规定。

检验方法：观察检查和用尺量检查。

检查数量：在检验批的标准件中抽查 10%，且不少于 3 件。

7.3.3 施工产生的墙体缺陷，如穿墙、孔洞等，应按照施工方案采取隔断热桥措施，不得影响墙体热工性能。

检验方法：对照施工方案观察检查。

检查数量：全数检查。

7.3.4 LSP 板墙体的阴阳角、门窗洞口及不同材料基体的交接处等特殊部位，应采取防止开裂和破损的加强措施。交接面表面平整洁净，接槎平滑，线脚顺直、清晰。

检验方法：观察检查；核查隐蔽工程验收记录。

检查数量：按不同部位，每类抽查 10%，并不小于 5 处。

7.3.5 用镀锌电焊网或耐碱玻纤网格布做防护开裂措施时，铺设和搭接应符合设计和施工方案的要求。砂浆抹压应密实，不得空鼓，增强网不得皱褶、外露。

检验方法：观察检查；核查隐蔽工程检查记录。

检查数量：按不同部位，每类抽查 10%，并不少于 5 处。

7.3.6 LSP 板内嵌轻钢龙骨墙体系统一般尺寸的允许偏差应符合表 7.3.6 的规定。

表7.3.6　LSP 板拼装墙体一般尺寸的允许偏差

项次	项目		允许偏差（mm）	检验方法
1	轴线位移		10	用尺检查
2	垂直度	小于或等于 3m	5	用 2m 托线板或吊线、尺检查
		大于 3m	10	
3	表面平整度		8	用 2m 靠尺和楔形塞尺检查

续表 7.3.6

项次	项目	允许偏差（mm）	检验方法
4	门窗洞口高、宽（后塞口）	±5	用尺检查
5	外墙上下窗口偏移	20	用经纬仪或吊线检查

7.4 验 收

7.4.1 LSP 板内嵌轻钢龙骨墙体系统是主体结构的子分部工程。该子分部工程分为 LSP 板拼装、轻钢龙骨及钢连接件安装及墙体抹灰粉刷三个分项工程。

7.4.2 各分项工程的检验批应按楼层、施工段、变形缝等进行划分。

7.4.3 检验批合格标准应符合下列规定：

1 主控项目应全部合格；

2 一般项目应合格；当采用计数检验时，合格点率应达 90% 以上，其余点不得有严重缺陷；

3 应具有完整的施工操作依据和质量验收记录。

7.4.4 分项工程合格标准应符合下列规定：

1 分项工程所含的检验批均应合格；

2 分项工程所含的检验批的质量验收记录应完整。

7.4.5 子分部工程合格标准应符合下列规定：

1 子分部工程所含分项工程的质量均应验收合格；

2 质量控制资料应完整。

7.4.6 LSP 板内嵌轻钢龙骨墙体系统验收时，应对砌体工程的观感质量作出总体评价。

附录 E 《装配式微孔混凝土复合外墙大板应用技术规程》DB62/T 3162—2019 条文

1 总 则

1.0.1 为促进建筑工业化的发展，规范装配式微孔混凝土复合外墙大板的设计、制作、安装与质量验收，做到质量可靠、技术先进、经济合理、安全适用，特制定本规程。

1.0.2 本规程适用于严寒和寒冷及夏热冬冷地区，抗震设防8度及以下地区，高度不超过100m的新建、改建和扩建的装配式建筑工程。

1.0.3 装配式微孔混凝土复合外墙大板的设计、制作、安装和运营维护等环节宜采用建筑信息模型技术（BIM），实现各环节的有效衔接。

1.0.4 装配式微孔混凝土复合外墙大板的设计、施工及验收，除应执行本规程外，尚应符合国家、行业和甘肃省现行有关标准的规定。

2 术语和符号

2.1 术 语

2.1.1 装配式微孔混凝土复合外墙大板 prefabricated microporous concrete composite external wall slab

装配式微孔混凝土复合外墙大板采用轻钢龙骨框架增强，内复合岩棉或聚苯板等高效保温材料，通过流态制浆工艺与保温芯材一次浇筑轻骨料微孔混凝土预制而成，保温材料两面设有钢丝网，形成钢骨框架和钢丝网双增强微孔混凝土夹芯保温结构。其具有围护、保温、装饰一体化功能，工厂化生产，装配式施工，微孔混凝土基材是以低收缩性的快硬水泥为主要胶凝材料，以陶粒、膨胀珍珠岩等轻骨料为骨料，以短纤维为增强材料，以多种外加剂为功能调节材料，在水泥石中引入微小泡沫而制成的微孔轻质混凝土。以下简称装配式微孔混凝土外墙板。

2.1.2 保温芯板 insulation board

保温芯板包括有机类保温板和无机类保温板。由有机材料制成的保温板称为有机类保温板，如聚苯乙烯、硬泡聚氨酯板和酚醛泡沫板等。由无机材料制成的保温板称为无机类保温板，如岩棉保温板和泡沫玻璃板等。

2.1.3 专用连接件 connector

用于连接装配式微孔混凝土外墙板与主体结构，使墙板与主体可靠连接形成整体的连接器。连接件材料宜采用结构用钢板和高强度螺栓。

2.1.4 防水密封胶 water proofing sealant

用于封闭装配式微孔混凝土外墙板间外立面接缝的密封材料。

2.1.5 止水条 waterproof strip

预设置在装配式微孔混凝土外墙板侧边四周的橡胶止水条。

2.1.6 外墙饰面砖（或石材）反打工艺 external wall facing brick（stone）counter-strike process

构件加工厂生产装配式微孔混凝土外墙板时，先将饰面砖（或石材）铺设在模具内，再浇筑混凝土，将饰面砖（或石材）等与外墙板复合连接成一体的制作工艺。

2.1.7 建筑节能与结构一体化技术 integration technology of build energy conservation and structure

集建筑保温功能与结构墙体围护功能于一体，不需另行采取保温措施，就可满足现行建筑节能标准的要求，实现保温与建筑同寿命的节能技术。

2.2 符 号

γ_0——结构重要性系数；

γ_{RE}——连接节点承载力抗震调整系数；

S——基本组合的效应设计值；

S_{Gk}——永久荷载的效应标准值；

S_{Wk}——风荷载的效应标准值；

S_{Ek}——水平地震作用的效应标准值；

γ_G——永久荷载分项系数；

γ_W——风荷载分项系数；

γ_E——地震作用分项系数；

ψ_w——风荷载的组合值系数；

ψ_E——地震作用的组合值系数；

P_{Ek}——平行于外墙板重心处的水平地震作用标准值；

β_E——动力放大系数；

q_{Ek}——垂直于外墙板墙平面的分布水平地震作用标准值；

α_{max}——水平地震影响系数最大值；

G_K——外墙板重力荷载标准值；

A——装配式微孔混凝土外墙板墙平面面积，m^2；

λ_q——预制夹芯外墙板导热系数，$W/(m \cdot K)$；

d_h——混凝土的厚度，m；

d_b——保温层的厚度，m；

λ_h——混凝土的导热系数，$W/(m \cdot K)$；

λ_b——保温板的计算导热系数，$W/(m \cdot K)$；

K_q——预制夹芯外墙板传热系数，$W/(m^2 \cdot K)$；

R_i——内表面换热阻，取 $0.11m^2 \cdot K/W$；

R_c——外表面换热阻，取 $0.04m^2 \cdot K/W$；

S_q——预制夹芯外墙板蓄热系数，$W/(m^2 \cdot K)$；

S_b——保温板的计算蓄热系数，$W/(m^2 \cdot K)$；

S_h——微孔混凝土蓄热系数，$W/(m^2 \cdot K)$。

3　基 本 规 定

3.0.1　装配式建筑和建筑节能与结构一体化结构体系宜设计使用装配式微孔混凝土外墙板系统。

3.0.2　装配式微孔混凝土外墙板系统主要组成材料包括装配式微孔混凝土外墙板、专用连接件、板缝专用处理材料等，应使用专用配套材料，宜由产品制造商配套提供。

3.0.3　装配式微孔混凝土外墙板应具有良好的保温、防火和耐久性能，在专用的连接件共同作用下，应能适应建筑主体结构的正常变形，在长期自重荷载、风荷载和气候变化的情况下，不应出现开裂、变形等破坏现象，在规定的抗震设防烈度范围内不应从主体结构上脱离。

3.0.4　装配式微孔混凝土外墙板系统应具有良好的防水渗透性，所有组成材料应具有物理-化学稳定性，并应彼此相容紧密复合为一体。

3.0.5 装配式微孔混凝土外墙板的防火性能应按建筑节能与结构一体化墙体要求评价其耐火极限指标，耐火极限值符合《建筑设计防火规范》GB 50016等有关标准的规定时，无需设置防火隔离带，不要求外墙上门、窗的耐火完整性。

3.0.6 装配式微孔混凝土外墙板系统应具有足够的承载能力、刚度和稳定性，应能承受自重、主体结构变形拉压力和施工过程中所产生的荷载。

3.0.7 装配式建筑结构外墙采用装配式微孔混凝土外墙板，与主体结构宜采用外挂式安装方式，并通过专用连接件以卡挂和螺栓与主体结构连接成为整体。

3.0.8 装配式微孔混凝土外墙板系统应采用柔性连接，板缝宽度应能满足主体结构变形的要求。

3.0.9 装配式微孔混凝土外墙板系统热阻应满足建筑墙体热工性能设计要求。

4 材 料

4.1 微孔混凝土、钢筋和钢材的性能指标

4.1.1 微孔混凝土力学性能指标和耐久性要求等应符合现行标准《轻骨料混凝土应用技术规程》JGJ 51、《泡沫混凝土应用技术规程》JGJ/T 341 的规定。装配式微孔混凝土外墙板的微孔混凝土强度等级不宜低于CL7.5MPa。

4.1.2 钢筋的选用及性能指标和要求等应符合现行国家标准《混凝土结构设计规范》GB 50010 的规定。

4.1.3 钢筋焊接网应符合现行标准《钢筋焊接网混凝土结构技术规程》JGJ 114 的规定。

4.1.4 装配式微孔混凝土外墙板的吊环应采用未经冷加工的 HPB300 级钢筋制作。吊装用内埋式吊杆及配套的吊具，应根据相应的产品标准和应用技术规定选用。

4.1.5 钢材的选用及性能指标和要求等应符合现行国家标准《钢结构设计标准》GB 50017 的规定。

4.1.6 钢骨应采用镀锌钢板压制而成，其性能应符合《冷弯型钢通用技术要求》GB/T 6725、《金属覆盖层 钢铁制件热浸镀锌层 技术要求及试验方法》GB/T 13912、《连续热镀铝锌合金镀层钢板及钢带》GB/T 14978、《连续热镀锌钢板及钢带》GB/T 2518。

4.2　装配式微孔混凝土外墙板的性能指标

4.2.1　装配式微孔混凝土外墙板的结构和外观尺寸、抗弯荷载、抗冲击强度、气干面密度、热工性能、抗冻性、干缩性、耐火极限、组成材料的燃烧性能等技术指标应符合本规程相关条文的规定。

4.2.2　装配式微孔混凝土外墙板由轻钢龙骨框架增强，内复合岩棉或聚苯板等保温材料，浇筑轻骨料微孔混凝土一次成型，保温材料上面设有钢丝网，形成钢骨框架和钢丝网双增强微孔混凝土夹芯保温结构，内侧铺设玻璃纤维增强网格布。构造示意如图 4.2.2 所示。

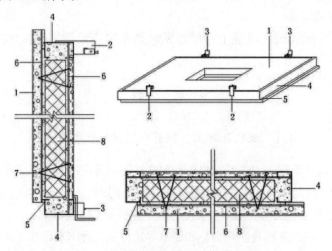

图 4.2.2　装配式微孔混凝土外墙板构造

1—微孔混凝土面层；2—挂件；3—托件；4—钢框架；5—企口；
6—钢丝网片；7—内部连接钢筋架；8—保温芯材

4.2.3　装配式微孔混凝土外墙板钢框构造及主要规格尺寸见表 4.2.3。

4.2.4　装配式微孔混凝土外墙板由轻钢龙骨框架、岩棉或聚苯板等保温材料夹芯保温层、钢筋网增强微孔混凝土基层及饰面层组成，其基本构造应符合表 4.2.4 的规定。

4.2.5　装配式微孔混凝土外墙板的标记由代号和主要参数（长、高、厚和保温层厚度）组成（图 4.2.5）。

4.2.6　装配式微孔混凝土外墙板系统的外观质量：产品表面应平整，无夹杂物，不应有明显影响使用的可见缺陷，如：蜂窝、麻面、缺棱、掉角、裂纹、变形等。

表4.2.3 装配式微孔混凝土外墙板钢框构造及规格尺寸（mm）

板类型	板厚度	钢骨框架高	微孔混凝土厚度	保温层厚度	高度 H	长度 L
标准板	190	140	50/50	90	一个层高	一个开间
	标准板大板轻钢龙骨外框、内框构造布置图					
	无开洞口板			开洞口板		
	注：吊点根据板规格设置位置和数量，选择2～4个吊点均匀受力，吊点位置要求设置角钢作内框通筋。钢挂件、钢托件应设置在门窗洞口内框竖向龙骨两侧					
非标准板	按设计要求制作					

表4.2.4 装配式微孔混凝土外墙板的基本构造

基本构造					构造示意图
钢骨框架①	夹芯保温层②	微孔混凝土基层③	钢筋网片④	饰面层⑤	
镀锌轻钢龙骨规格：3mm厚C140	保温材料厚度：90mm	微孔混凝土前后各厚：50mm/50mm	钢筋网片规格：φ4@100	A.腻子＋涂料 B.仿石饰面、石材 C.无饰面（清水混凝土）	

4.2.7 装配式微孔混凝土外墙板系统的尺寸允许偏差应符合表4.2.7的规定。

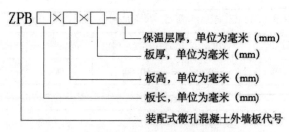

图 4.2.5 装配式微孔混凝土外墙板的标记

表 4.2.7 装配式微孔混凝土外墙板的尺寸允许偏差（mm）

项目	允许偏差
长度	+3 0
高度	+2 0
厚度	+2 0
对角线差	≤ 5
板侧面平直度	≤ L/750
板面平整度	≤ 2

注：L 为板长。

4.2.8 装配式微孔混凝土外墙板及结构层（微孔混凝土）的性能要求应符合表 4.2.8-1 和表 4.2.8-2 的规定。

表 4.2.8-1 装配式微孔混凝土外墙板的性能要求

试验项目		单位	性能指标	试验方法
装配式微孔 混凝土外墙板	气干面密度	kg/m²	≤ 200	GB/T 23451
	抗冲击性能	J	≥ 10.0	JGJ 144
	抗弯荷载	N	≥ 2000	GB/T 23451
	耐火极限	h	≥ 2.5	GB/T 9978
	收缩性	mm/m	≤ 0.8	GB/T 23451
	抗冻性	—	质量损失率， ≤ 5.0%	GB/T 23451

表4.2.8-2　装配式微孔混凝土外墙板结构层的性能指标要求

试验项目		单位	性能指标	试验方法
微孔混凝土	密度	kg/m³	≤ 1400	GB/T 11969
	抗压强度	MPa	≥ 7.5	GB/T 50107
	导热系数	W/（m·K）	≤ 0.23	GB/T 10294
	燃烧性能	—	A（A_1）级	GB 8624

4.3　辅助配套材料的性能指标

4.3.1　增强防裂网主要包括热镀锌钢丝网和耐碱玻纤网格布，其性能指标应符合《外墙外保温工程技术规程》JGJ 144 的规定。

4.3.2　装配式微孔混凝土外墙板可采用有机类保温板和无机类保温板作为夹芯保温层材料，其他材料应经研究性试验验证合格后方可采用，其产品品质应符合相应的标准要求。装配式微孔混凝土外墙板常用保温层性能指标应符合表4.3.2 的要求。

表4.3.2　装配式微孔混凝土外墙板常用保温层的性能指标要求

试验项目		单位	性能指标	试验方法
岩棉板	密度	kg/m³	≥ 120	GB/T 25975
	压缩强度	kPa	≥ 40	GB/T 13480
	导热系数	W/（m·K）	≤ 0.040	GB/T 10294
	燃烧性能	—	A 级	GB 8624
模塑聚苯板（EPS）	密度	kg/m³	18～25	GB/T 10801.1
	压缩强度	kPa	≥ 200	GB/T 8813
	导热系数	W/（m·K）	≤ 0.039	GB/T 10294
	燃烧性能	—	B_1 级	GB 8624
挤塑聚苯板（XPS）	密度	kg/m³	22～35	GB/T 10801.1
	压缩强度	kPa	≥ 200	GB/T 8813
	导热系数	W/（m·K）	≤ 0.029	GB/T 10294
	燃烧性能	—	B_1 级	GB 8624

4.3.3　有机类保温板的燃烧性能不应低于现行国家标准《建筑材料及制品燃烧性能分级》GB 8624 中 B_1 级的要求。无机类保温板的燃烧性能应满足现行国家标准《建筑材料及制品燃烧性能分级》GB 8624 中 A 级的要求，其他性能尚应符合下列规定：

1　聚苯乙烯板应符合下列规定：

1）模塑聚苯乙烯板应符合现行国家标准《模塑聚苯板薄抹灰外墙外保温系统材料》GB/T 29906 中 039 级产品的有关规定；

2）挤塑聚苯乙烯板宜采用不带表皮的毛面板或带表皮的开槽板。性能指标应符合现行国家标准《挤塑聚苯板（XPS）薄抹灰外墙外保温系统材料》GB/T 30595 的有关规定。

2　岩棉保温板应符合现行国家标准《建筑外墙外保温用岩棉制品》GB/T 25975 的有关规定。

4.3.4　装配式微孔混凝土外墙板与钢筋混凝土结构建筑物主体结构之间的专用连接件材料应符合下列规定：

1　连接时需在主体结构中预埋的钢锚固板宜在主体结构施工时预埋。后埋锚件应符合《混凝土结构后锚固技术规程》JGJ 145 的相关规定。

2　受力预埋件的锚板及锚筋材料应符合现行国家标准《混凝土结构设计规范》GB 50010、《钢筋锚固板应用技术规程》JGJ 256 专用预埋件有关标准的规定。

3　连接用焊接材料应符合现行国家标准《钢结构设计标准》GB 50017、《钢结构焊接规范》GB 50661 和行业标准《钢筋焊接及验收规程》JGJ 18 等的规定。

4.3.5　防水密封胶应选用耐候性密封胶，密封胶应与混凝土具有相容性，并具有低温柔性、防霉、耐水及防老化等性能。其最大伸缩变形量和剪切变形性等均应满足设计要求。

4.3.6　防水密封胶的性能指标应满足行业标准《混凝土接缝用建筑密封胶》JC/T 881 的规定。当选用硅酮类密封胶时，应满足现行国家标准《硅酮和改性硅酮建筑密封胶》GB/T 14683 的规定。

4.3.7　止水条的性能指标应符合现行国家标准《高分子防水材料 第 2 部分：止水带》GB 18173.2 中 J 型的规定。

4.3.8　饰面砖、石材等装饰材料应有产品合格证和出厂检验报告，质量应符合现行有关标准的规定。当采用石材时，石材厚度不宜大于 25mm，单块尺寸不宜大于 600mm×600mm，并应在石材与微孔混凝土连接面上设置专用连接件。

4.3.9 门窗框宜采用附框铰接连接。品种、规格、尺寸、性能和开启方向、型材壁厚和连接方式等应符合设计要求，质量应符合现行有关标准的规定。

5 设 计

5.1 一般规定

5.1.1 装配式微孔混凝土外墙板应按围护结构设计。由轻钢龙骨框架、岩棉或改性聚苯板等高效保温材料夹芯保温层、钢筋网增强微孔混凝土基层及饰面层组成，其基本构造应符合表4.2.4的规定。

5.1.2 装配式微孔混凝土外墙板宜采用建筑、结构、保温、装饰等一体化设计，并与相关设备及管线协调。

5.1.3 装配式微孔混凝土外墙板应进行深化设计，墙板尺寸应结合建筑、结构、装饰、制作工艺、运输、施工安装以及运营维护等多方面的因素综合确定。并应符合标准化要求，以少规格、多组合的方式实现多样化的建筑外围护体系。

5.1.4 建筑平立面设计时应充分满足装配式微孔混凝土外墙板的模数化要求。装配式微孔混凝土外墙板的板宽、板高宜采用基本模数进行总体尺寸控制，厚度可采用分模数。其中基本模数为1M（1000mm），分模数为M/10、M/5、M/2。

5.1.5 装配式微孔混凝土外墙板与主体结构应采用柔性连接，连接节点应具有足够的承载力和适应主体结构变形的能力，并应采用可靠的防腐、防锈和防火措施。装配式微孔混凝土外墙板及其与主体结构的连接节点应进行抗震设计。

5.1.6 支承装配式微孔混凝土外墙板的结构构件应具有足够的承载力和刚度，应能满足连接节点的固定要求，且不应对外墙板形成约束。

5.1.7 装配式微孔混凝土外墙板及其与主体结构的连接节点结构设计应计算下列作用效应：

1 非抗震设计时，应计算重力荷载和风荷载效应；

2 抗震设计时，应计算重力荷载、风荷载和地震作用效应。

5.1.8 装配式微孔混凝土外墙板与主体连接节点处的钢部件、焊缝、螺栓、铆钉设计，应符合现行国家标准《钢结构设计规范》GB 50017 的有关规定。

5.1.9 装配式微孔混凝土外墙板的结构分析可采用线性弹性方法。其计算简图应符合实际受力状态。

5.1.10 设计装配式微孔混凝土外墙板和连接件时，相应的结构重要性系数 γ_0 应取小于1.0，连接节点承载力抗震调整系数 γ_{RE} 应取1.0。

5.2 连接结构要求

5.2.1 装配式微孔混凝土外墙板宜外挂于主体结构之上，并按围护结构进行设计。外墙安装应采取可调节钢板专用连接件，如图 5.2.1 所示。在进行结构设计计算时，只考虑承受直接施加于外墙上的荷载与作用。

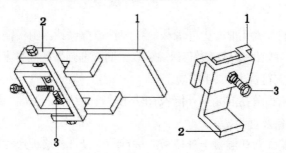

（a）上部连接挂件示意图　（b）下部连接托件示意图

图 5.2.1　装配式微孔混凝土外墙板专用连接件构造示意

1—墙板上挂板连接件；2—主体结构上限位连接件；3—调节螺栓

5.2.2 装配式微孔混凝土外墙板及连接节点的承载力计算应采用荷载组合效应设计值，外墙板及连接节点的裂缝与变形验算应采用荷载组合效应标准值。

5.2.3 进行装配式微孔混凝土外墙板及连接节点的承载力计算时，荷载组合的效应设计值应符合下列规定：

1 无地震作用效应组合时，应按下式进行：

$$S = \gamma_G S_{Gk} + \psi_w \gamma_w S_{wk} \qquad (5.2.3-1)$$

2 有地震作用效应组合时，应按下式进行：

$$S = \gamma_G S_{Gk} + \psi_w \gamma_w S_{wk} + \psi_E \gamma_E S_{Ek} \qquad (5.2.3-2)$$

式中：S——作用效应组合的设计值；

S_{Gk}——永久荷载效应标准值；

S_{wk}——风荷载效应标准值；

S_{Ek}——地震作用效应标准值；

γ_G——永久荷载分项系数；

γ_w——风荷载分项系数；

γ_E——地震作用分项系数；

ψ_w——风荷载的组合值系数；

ψ_E——地震作用的组合值系数。

5.2.4 进行装配式微孔混凝土外墙板构件的承载力设计时，作用分项系数应按下列规定取值：

1 一般情况下，永久荷载、风荷载和地震作用的分项系数 γ_G、γ_W、γ_E 应分别取 1.2、1.4 和 1.3；

2 当永久荷载的效应起控制作用时，其分项系数 γ_G 应取 1.35；此时，参与组合的可变荷载效应仅限于竖向荷载效应；

3 当永久荷载的效应对构件有利时，其分项系数 γ_G 的取值不应大于 1.0。

5.2.5 可变作用的组合值系数应按下列规定采用：

一般情况下，风荷载的组合值系数 ψ_W 应取 1.0，地震作用的组合值系数 ψ_E 应取 0.5。

5.2.6 装配式微孔混凝土外墙板构件的挠度验算时，风荷载分项系数 γ_W 和永久荷载分项系数 γ_G 均应取 1.0，且可不考虑作用效应的组合。

5.2.7 垂直于装配式微孔混凝土外墙板平面的分布水平地震作用标准值可按下式计算：

$$q_{Ek} = \beta_E \alpha_{max} G_k / A \qquad (5.2.7)$$

式中：q_{Ek}——垂直于外墙板墙平面的分布水平地震作用标准值，kN/m²；

β_E——动力放大系数，可取 5.0；

α_{max}——水平地震影响系数最大值，应按表 5.2.7 采用；

G_k——装配式微孔混凝土外墙板构件的重力荷载标准值，kN；

A——装配式微孔混凝土外墙板墙平面面积，m²。

表5.2.7 水平地震影响系数最大值

抗震设防烈度	6度	7度	8度
α_{max}	0.04	0.08（0.12）	0.16（0.24）

注：7、8度时括号内数值分别用于设计基本地震加速度为 0.15g 和 0.30g 的地区。

5.2.8 平行于装配式微孔混凝土外墙板平面的集中水平地震作用标准值可按下式计算：

$$P_{Ek} = \beta_E \alpha_{max} G_k \qquad (5.2.8)$$

式中：P_{Ek}——平行于装配式微孔混凝土外墙板墙平面的集中水平地震作用标准值，kN。

5.2.9 竖向地震作用标准值可取水平地震作用标准值的 0.65 倍。

5.2.10   装配式微孔混凝土外墙板的平面外挠度限值应满足现行国家标准《墙体材料应用统一技术规范》GB 50574 的有关规定。

5.3   节能设计要求

5.3.1   装配式微孔混凝土外墙板体系建筑工程的节能设计和热工计算应符合《民用建筑热工设计规范》GB 50176、《严寒和寒冷地区居住建筑节能设计标准》JGJ 26、《夏热冬冷地区居住建筑节能设计标准》JGJ 134 和《公共建筑节能设计标准》GB 50189 的规定。

5.3.2   装配式微孔混凝土外墙板体系设计在外墙平均传热系数满足当地限值要求的同时，保温材料厚度应根据各地气候条件通过热工计算确定，最小厚度90mm，且应确保装配式微孔混凝土外墙板保温层内表面温度高于 0℃。

5.3.3   装配式微孔混凝土外墙板体系包含的门窗框外侧洞口、女儿墙、封闭阳台以及出挑构件等热桥部位应做保温处理；采暖与非采暖空间的楼板保温宜采用装配式钢骨微孔混凝土复合楼板或叠合板复合保温板与混凝土现场浇筑的方式。

5.3.4   装配式微孔混凝土外墙板的传热系数按内保温层厚度和微孔混凝土面层厚度计算确定，微孔混凝土导热系数和蓄热系数的修正系数取 1.1。

5.3.5   装配式微孔混凝土外墙板保温材料的导热系数、蓄热系数及计算修正系数的取值应符合表 5.3.5 的要求。

表5.3.5   主要几种保温材料的导热系数、蓄热系数及计算修正系数 α

序号	保温材料名称	导热系数 W/（m·K）	蓄热系数 W/（m²·K）	计算修正系数 α	
				企口缝	直口缝
1	模塑聚苯板（EPS）	0.039	0.30	1.2	1.3
2	挤塑聚苯板（XPS）	0.029	0.32	1.2	1.3
3	岩棉保温板	0.040	0.30	1.2	1.3

注：毛面挤塑聚苯板导热系数可取 0.032W/（m·K），蓄热系数按 0.32W/（m²·K）取用。

5.3.6 装配式微孔混凝土外墙板导热系数、传热系数和蓄热系数应分别按公式（5.3.6-1）、公式（5.3.6-2）和公式（5.3.6-3）进行计算。

导热系数计算公式：

$$\lambda_q = (d_b + d_h) / (d_h / \lambda_h + d_b / \lambda_b) \qquad (5.3.6-1)$$

传热系数计算公式：

$$K_q - 1/\left(d_h/\lambda_h + d_b/\lambda_b + R_i + R_c\right) \qquad (5.3.6\text{-}2)$$

蓄热系数计算公式：

$$S_q = \left(S_h \cdot d_h/\lambda_h + S_b \cdot d_b/\lambda_b\right)/\left(d_h/\lambda_h + d_b/\lambda_b\right) \qquad (5.3.6\text{-}3)$$

式中：λ_q——外墙板导热系数，W/（m·K）；

$\quad\quad d_h$——混凝土的厚度，m；

$\quad\quad d_b$——保温层的厚度，m；

$\quad\quad \lambda_h$——混凝土的导热系数，W/（m·K）；

$\quad\quad \lambda_b$——保温层的计算导热系数，W/（m·K）；

$\quad\quad K_q$——外墙板传热系数，W/（m²·K）；

$\quad\quad R_i$——内表面换热阻，取 0.11m²·K/W；

$\quad\quad R_c$——外表面换热阻，取 0.04m²·K/W；

$\quad\quad S_q$——预制夹芯外墙板蓄热系数，W/（m²·K）；

$\quad\quad S_b$——保温板的计算蓄热系数，W/（m²·K）；

$\quad\quad S_h$——微孔混凝土蓄热系数，W/（m²·K）。

其中，（钢筋）微孔混凝土热工性能取值：密度 1400kg/m³，导热系数 0.20W/（m·K），蓄热系数 4.20W/（m²·K）。

5.3.7 计入结构性热桥后装配式微孔混凝土外墙板的建筑外墙平均传导系数应达到甘肃省节能建筑外墙设计标准，不应对外墙进行辅助内保温或外保温设计。

5.3.8 采用装配式微孔混凝土外墙板时应根据现行国家标准《民用建筑热工设计规范》GB 50176 对外墙板进行冷凝验算。当装配式微孔混凝土外墙板内部出现冷凝现象时，应继续再验算内部冷凝水造成保温材料重量湿度的增量。当保温材料的重量湿度超出了允许范围，应在保温层内设置隔汽层或采用其他措施。

5.4 防火设计

5.4.1 装配式微孔混凝土外墙板的耐火极限不应低于 2.5h，燃烧性能可按建筑节能与结构一体化要求评价为不燃烧体，且应符合国家、行业和本省现行相关标准的规定。

5.4.2 跨越防火分区的装配式微孔混凝土外墙板之间及外墙板与相邻构件之间的接缝应进行防火设计，应在接缝靠近室内一侧采用防火堵料进行密封。

5.4.3 装配式微孔混凝土外墙板金属件外露部分应采取防火、防腐等措施，其耐火极限应符合国家、行业和本省相关标准的规定。

5.5　防　水　设　计

5.5.1　装配式微孔混凝土外墙板的接缝（包括墙板之间、女儿墙、阳台以及其他衔接部位）和门窗接缝应做防排水处理，并应根据装配式微孔混凝土外墙板不同部位接缝的特点及使用环境要求选用构造与材料相结合的防排水系统。

5.5.2　装配式微孔混凝土外墙板接缝采用构造防水时，水平缝应采用企口缝或高低缝，见图 5.5.2（a）；竖向缝应采用双企口槽缝，见图 5.5.2（b），并在装配式微孔混凝土外墙板每隔三层的垂直缝底部设置排水管，排水管宜采用 PVC 材料制作，内径不应小于 10mm。

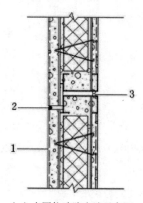
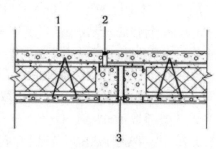

（a）水平构造防水缝示意图　　　　　（b）竖向构造防水缝示意图

图 5.5.2　装配式微孔混凝土外墙板接缝构造示意

1—外墙板；2—背衬条和防水密封胶；3—止水条

5.5.3　装配式微孔混凝土外墙板接缝采用材料防水时，必须使用防水性能、耐候性能和耐老化性能优良的防水密封胶作嵌缝材料。板缝宽度不宜大于 20mm，材料防水的嵌缝深度不得小于 20mm。

5.5.4　装配式微孔混凝土外墙板接缝处密封胶的背衬材料宜选用聚乙烯塑料棒或发泡氯丁橡胶，其直径应不小于 1.5 倍缝宽。

5.5.5　装配式微孔混凝土外墙板中挑出墙面的部分宜在其底部周边设置滴水线、鹰嘴等滴水措施。

5.5.6　当卫生间及其他容易有积水的房屋外墙采用装配式微孔混凝土外墙板时，防水构造做法应符合下列要求：

　　1　当装配式微孔混凝土外墙板与楼板间有接缝时，接缝处应采用防水封堵措施。

　　2　外墙板内侧应设涂膜防水层，防水层高度不小于 1.8m，同时地面与墙体转角、交角处应做附加增强防水层，每边宽不小于 150mm。

　　3　地漏应设置在远离外墙板与楼板接缝位置。

5.6　构造要求

5.6.1　装配式微孔混凝土外墙板的制造尺寸一般为一个层高的整开间墙板。装配式微孔混凝土外墙板的钢框架外部微孔混凝土厚度与钢筋网片和混凝土最小保护层厚度、夹芯保温板厚度应符合下列规定：

　　1　装配式微孔混凝土外墙板的钢框架外部微孔混凝土厚度不宜小于 50mm，当外叶板层外侧采用面砖或石材等不燃材料并采用反打工艺做装饰面板时，厚度不宜小于 40mm。微孔混凝土宜用 $\phi4 @ 100$ 的钢筋网片增强，其中微孔混凝土保护层厚度不宜小于 25mm。

　　2　夹芯保温板厚度不应小于 90mm，以满足甘肃省 75% 建筑节能的要求。

5.6.2　装配式微孔混凝土外墙板制作时应在墙板混凝土周边处做微孔混凝土企口，板边缘微孔混凝土企口宽度不宜小于 50mm。装配式微孔混凝土外墙板在施工现场安装完成后，两块墙板间的企口拼接处应用密封材料填补。

5.6.3　装配式微孔混凝土外墙板间接缝的构造应符合下列要求：

　　1　接缝构造应能满足防水、防火、耐候、隔声、环保等功能要求。

　　2　接缝的宽度应满足主体结构层间变形，密封材料变形能力，施工误差、温差引起变形等要求，且不小于 15mm。

5.6.4　装配式微孔混凝土外墙板的饰面宜采用装饰混凝土、涂料、面砖、石材等耐久性、不易燃的材料。

5.6.5　装配式微孔混凝土外墙板使用装饰混凝土饰面时，应在构件生产前先明确构件样品的表面颜色、质感、图案等的要求。

5.6.6　装配式微孔混凝土外墙板的饰面砖或石材饰面宜在构件厂采用反打工艺完成；反打工艺应选用背面设燕尾槽的饰面砖或石材；石材背面应做整体防护处理，应采用不锈钢卡件与墙板锚固。

5.6.7　装配式微孔混凝土外墙板与部品及附属构件的连接应牢固可靠。安装窗帘盒、挂镜线、线管槽等轻型部品时优先采用预埋式固定连接。安装金属材料的遮阳板、空调板、防盗网等重型部品时应采用预埋件固定连接。

6　外墙板制作

6.0.1　装配式微孔混凝土外墙板制作应符合以下规定：

1 原材料应有产品质量证明文件。

2 构件加工厂应对镀锌钢 C 型龙骨、保温板和连接件进行复验，复验合格后方可使用。

3 镀锌钢 C 型龙骨复验项目应包括厚度、拉伸强度、拉伸弹性模量和抗剪强度，复验批次按 5000m/ 批进行。

4 保温板的复验项目应包括厚度、干密度、抗压强度、体积吸水率、导热系数和燃烧性能等级，复验批次应按 10000m² / 批进行。

5 连接件的复验项目应包括拉伸强度、拉伸弹性模量和抗剪强度。对不锈钢连接件，复验项目还应包括屈服强度指标。复验批次按 5000 个 / 批进行。

6.0.2 装配式微孔混凝土外墙板制作可采用平模模制成型工艺：

1 一次成型工艺：先铺放镀锌钢龙骨框架浇筑底层墙板混凝土，铺装保温板，安装连接件及浇筑面层墙板混凝土。

2 二次成型工艺：先铺放镀锌钢龙骨框架浇筑底层墙板混凝土，随即安装墙内管线，隔天再铺装保温板和面层混凝土浇筑。

6.0.3 制作装配式微孔混凝土外墙板时，应在轻钢龙骨边框和边模处设置外叶墙板混凝土、保温板、内叶墙板混凝土的厚度标记。铺装保温板前，宜使用振动托板等工具使混凝土表面呈平整状态。

6.0.4 应按设计图纸和施工要求，确认连接件和保温板满足要求后，方可安放连接件和铺装保温板，保温板铺装时应紧密排列。

6.0.5 当保温板铺装完成后，方可安放并固定上层钢筋网片并进行面层墙板混凝土的浇筑，浇筑时应避免振动器触及保温板和连接件。

6.0.6 上层钢筋网片宜采用垫块方式确保钢筋保护层满足设计要求，垫块应避开连接件安装部位。

6.0.7 采用一次成型工艺时，连接件安装和面层墙板微孔混凝土浇筑应在底层墙板微孔混凝土初凝前完成，且不宜超过 2h。

7 安 装 施 工

7.1 一 般 规 定

7.1.1 装配式微孔混凝土外墙板体系施工前应编制专项施工方案，并组织施工人员进行培训和技术交底。现场应建立相应的质量管理体系、施工质量控制和检验制度。

7.1.2 装配式微孔混凝土外墙板的型号等必须符合设计要求，养护后放置28d以上方可进入施工现场。

7.1.3 装配式微孔混凝土外墙板运输时应轻拿轻放，运到施工现场的装配式微孔混凝土外墙板、专用连接件及其他配套材料应附有出厂合格证，并按规定取样复验。

7.1.4 入场的装配式微孔混凝土外墙板应分类贮存竖向存放，存放过程中应采取防潮、防水等保护措施，贮存期及条件应符合产品使用说明书的规定。施工现场应按有关规定，采取可靠的防火安全措施，实现安全文明施工。

7.1.5 对于装配式微孔混凝土外墙板宜采用涂料饰面，当采用面砖时，应进行粘结强度拉拔试验，且在三层以下部位使用。

7.1.6 装配式微孔混凝土外墙板体系完工后应做好成品保护。

7.2 施 工 要 点

7.2.1 装配式微孔混凝土外墙板应按顺序依次安装，墙板之间的横向连接和竖向连接应符合防水构造要求。墙板防水工程完成后，必须对所有的平、竖缝进行淋水试验。

7.2.2 装配式微孔混凝土外墙板安装前应将安装部位清理干净，安装定位标识，复核轴线，并应符合《建筑施工测量标准》JGJ/T 408 的规定。楼层纵、横控制线和标高控制点应由底层原始点向上引测。

7.2.3 装配式微孔混凝土外墙板的标高、水平位置、垂直高度，应根据标示的控制线使用配套的工具进行调节。

7.2.4 装配式微孔混凝土外墙板吊装时应采用慢起、快升、缓放的操作方式。先将装配式微孔混凝土外墙板吊起离地面200mm～300mm，将外墙板调平后再快速平稳地吊至安装部位上方，由上而下缓慢落下就位。

7.2.5 装配式微孔混凝土外墙板吊运时，下方严禁站人，并安排两个信号工与吊车司机沟通。起吊时以下方信号工的发令为准；安装时以上方信号工的发令为准。

7.2.6 装配式微孔混凝土外墙板安装就位后，在浇筑楼面混凝土覆盖连接件罩板前应检查外墙板安装精度。

7.2.7 装配式微孔混凝土外墙板遇到雨、雪、雾天气，或者风速在12m/s及以上时，不得吊装外墙板。

7.2.8 装配式微孔混凝土外墙板安装过程中应按照行业标准《建筑施工安全

检查标准》JGJ 59、《建筑施工高处作业安全技术规范》JGJ 80、《施工现场临时用电安全技术规范》JGJ 46、《建设工程施工现场环境与卫生标准》JGJ 146 等安全、职业健康和环境保护的有关规定执行。

7.2.9 装配式微孔混凝土外墙板应绿色施工，并符合《建筑工程绿色施工规范》GB/T 50905 的相关规定，实现经济效益、社会效益和环境效益的统一。

8 验 收

8.1 一 般 规 定

8.1.1 装配式微孔混凝土外墙板体系应同主体结构工程同步验收，施工过程中应及时进行质量检查、隐蔽工程验收和检验批验收。装配式微孔混凝土外墙板工程质量验收应符合现行国家标准《建筑工程施工质量验收统一标准》GB 50300、《混凝土结构工程施工质量验收规范》GB 50204、《装配式混凝土建筑技术标准》GB/T 51231、《建筑节能工程施工质量验收规范》GB 50411 及《建筑装饰装修工程质量验收标准》GB 50210 中的相关规定。

8.1.2 装配式微孔混凝土外墙板安装工程质量验收时，应提供工程设计文件、外墙板制作和安装设计图。隐蔽工程应进行文字记录和图像记录验收。

8.1.3 装配式微孔混凝土外墙板如有外观缺陷，应明确责任，制订专门的处理方案，并应有相应的验收记录。

8.1.4 装配式微孔混凝土外墙板体系验收时应提供该系统所用材料及产品进入施工现场时的产品质量合格证、产品出厂检验报告和装配式微孔混凝土外墙板有效期内的型式检验报告等。施工单位和监理单位应对进场装配式微孔混凝土外墙板进行质量检查，应检查下列内容：

1 装配式微孔混凝土外墙板的出厂合格证，夹芯保温材料和连接件的产品合格证以及复验报告。

2 装配式微孔混凝土外墙板的出厂标志，出厂标志应包括生产企业名称、制作时间、品种、规格、编号等信息。

3 装配式微孔混凝土外墙板的外观质量和尺寸偏差，预埋件、预留孔洞、饰面砖（石材）、门窗框的尺寸偏差等。

4 装配式微孔混凝土外墙板保温层厚度。

8.1.5 装配式微孔混凝土外墙板的外观质量和尺寸偏差，预埋件、预留孔洞、饰面砖（石材）、门窗框的尺寸偏差等应符合有关规定。

8.1.6 装配式微孔混凝土外墙板工程检验批的划分应符合下列规定:

1 每 500m²～1000m² 面积划分为一个检验批,不足 500m² 也为一个检验批;

2 检验批的划分也可根据方便施工与验收的原则,由施工单位与监理(建设)单位共同商定。

8.1.7 装配式微孔混凝土外墙板体系工程检验批质量验收合格,应符合下列规定:

1 主控项目应全部合格;

2 一般项目应合格,当采用计数检验时,应有 90% 以上的检查点合格,且不得有严重缺陷;

3 具有完整的施工操作依据和质量检查记录。

8.1.8 装配式微孔混凝土外墙板体系竣工验收应提供下列文件、资料:

1 设计文件、图纸会审记录、设计变更和洽商记录;

2 有效期内装配式微孔混凝土外墙板的型式检验报告和建筑节能与结构一体化技术认定证书复印件;

3 主要组成材料的产品合格证、出厂检验报告、进场复验报告和进场核查记录;

4 施工技术方案、施工技术交底;

5 隐蔽工程验收文字记录和相关图像资料;

6 其他对工程质量有影响的重要技术资料。

8.2 主 控 项 目

8.2.1 装配式微孔混凝土外墙板连接主体结构的连接件等配件,其品种、规格、性能等应符合现行国家标准和设计要求。

检查数量:全数检查。

检验方法:检查产品的质量合格证明文件。

8.2.2 装配式微孔混凝土外墙板的安装连接节点应在封闭前进行检查并记录,节点连接应满足设计要求,检验方法按现行国家标准《钢结构工程施工质量验收规范》GB 50205 的相关规定执行。

检查数量:全数检查。

检验方法:观察检验和检查隐蔽验收记录。

8.2.3 装配式微孔混凝土外墙板连接板缝的防水密封胶和止水条,其品种、规格、性能等应符合现行国家产品标准和设计要求。

检查数量：全数检查。

检验方法：检查产品的质量合格证明文件、检验报告和外墙防水施工记录。

8.2.4 装配式微孔混凝土外墙板、专用连接件等配套材料的品种、规格和性能应符合设计要求和本规程的规定。

检查数量：按进场批次，每批随机抽取 3 个试样进行检查；质量证明文件应按照其出厂检验批进行核查。

检验方法：观察、尺量检查；核查质量证明文件。

8.2.5 装配式微孔混凝土外墙板进场时应对其下列性能进行复检，复检应在施工现场和生产厂进行见证取样送检：

1 聚苯板或岩棉板等的密度、导热系数、压缩强度；

2 装配式微孔混凝土外墙板的抗冲击强度、抗弯荷载。

检查数量：同一厂家同一品种的产品，当单位工程建筑面积在 6000m² 以下时各抽查不少于 1 次；单位工程建筑面积在 6000m²～12000m² 时各抽查不少于 2 次；当单位工程建筑面积在 12000m²～20000m² 时各抽查不少于 3 次；当单位工程建筑面积在 20000m² 以上时各抽查不少于 6 次。

检验方法：随机抽样送检，核查复验报告。

8.3 一 般 项 目

8.3.1 装配式微孔混凝土外墙板的安装位置应准确、接缝严密，板在浇筑楼面混凝土过程中不得移位、变形。

8.3.2 装配式微孔混凝土外墙板体系若需抹面处理，其抹面层施工应符合设计和《建筑装饰装修工程质量验收标准》GB 50210 的要求。

检查数量：全数检查。

检验方法：观察检查；检查试验报告和隐蔽工程验收记录。

8.3.3 连接螺栓应按包装箱配套供货，包装箱上应标明批号、规格、数量及生产日期。外观表面应光洁、完整。栓体不得出现锈蚀、裂缝或其他局部缺陷，螺纹不应损伤。

检查数量：全数检查。

检验方法：开箱逐个目测检查。

8.3.4 装配式微孔混凝土外墙板安装尺寸偏差应符合表 8.3.4 的规定。

检查数量：全数检查。

检验方法：观察；钢尺检查。

表8.3.4　安装位置允许偏差（mm）

检查项目		允许偏差	检查方法
装配式微孔混凝土外墙板	标高	±5	水准仪和钢尺检查
	轴线位置	5	钢尺检查
	垂直线	5	靠尺和塞尺检查
	墙板两板对接缝	±3	钢尺检查
	墙板单边尺寸	±3	钢尺量一墙及中部，取其中较大值
外墙装饰面	板缝宽度	±5	钢直尺检查
	通长缝直线度	5	拉通线和钢直尺检查
	接缝高差	3	钢直尺和塞尺检查
连接件	固定连接件	±5	钢尺检查

8.3.5　装配式微孔混凝土外墙板的拼缝、阴阳角、门窗洞口及不同材料基体的交接处等特殊部位，应采取防止开裂和破损的加强措施。

检查数量：按不同部位，每类抽查 10%，并不少于 5 处。

检验方法：观察检查；核查隐蔽工程验收记录。

附录 F　甘肃省住房和城乡建设厅
关于推广建筑保温结构一体化技术的通知

（甘建科〔2022〕148 号）

各市州住建局，兰州新区城建交通局，各有关单位：

为深入贯彻落实城乡建设绿色发展，推动建造方式绿色转型，提升建筑工程品质，引导和规范市场主体，进一步强化我省新建民用建筑外墙保温工程的安全性和可靠性，助力实现建筑领域"双碳"目标，促进我省建筑行业高质量发展，根据《民用建筑节能条例》《甘肃省民用建筑节能管理规定》等有关法规政策及标准规范，结合我省建筑节能产业及技术发展实际，现将推广建筑保温结构一体化技术有关事项通知如下：

一、深刻认识推广意义

随着国家"双碳"目标在建筑领域的落地，新建建筑节能标准进一步提高，建筑外墙保温的性能指标要求将越来越高，2022 年 4 月 1 日起，强制性工程建设规范《建筑节能与可再生能源利用通用规范》GB 55015—2021 实施，新建建筑外墙外保温层厚度增加，薄抹灰外墙外保温系统工程质量受辅材、施工水平、多道工序等因素影响较大，也与建筑工业化发展要求不相适应，推广应用建筑保温结构一体化技术成为建造技术转型升级的趋势。建筑保温结构一体化是保温层与建筑结构同步施工完成的构造技术，具有工序简单、施工方便、安全性能好等优点，对推动建造方式绿色转型、促进建筑绿色低碳发展具有重要意义。

二、时限范围要求

在全省新建民用建筑中逐步推广建筑保温结构一体化技术。自 2023 年 1 月 1 日起，城镇新建高层民用建筑应采用保温结构一体化技术。自 2024 年 1 月 1 日起，城镇新建民用建筑应全面采用保温结构一体化技术。

三、严格责任落实

（一）落实参建单位主体责任

建设单位在新建民用建筑工程项目委托设计合同时应明确优先采用保温结构一体化技术。设计单位应对新建民用建筑采用保温结构一体化技术进行专项设计，明确其安全性、防火性、保温性和耐久性技术指标及节点构造做法。施工图审查机构应重点对保温结构一体化体系的性能指标、构造做法、节能计算、安全、防火措施等进行审查，施工单位应编制保温结构一体化专项施工方案，严格按照设计和标准规范要求施工。监理单位应加强对保温结构一体化材料进场、施工、验收等环节的质量控制。工程质量检测机构应对保温结构一体化系统及配套材料的性能指标进行检测，检测报告应当真实。

（二）落实生产企业质量责任

建筑保温结构一体化体系材料生产企业应对保温系统、材料质量负责，其保温系统、材料、产品等应符合相关标准规范，进场时应提供外墙保温系统主要组成材料的产品质量合格证、产品出厂检验报告、有效期内的型式检验报告等。

四、加强监督管理

各地住房和城乡建设主管部门和工程质量监督机构要高度重视建筑保温结构一体化技术应用，加强对采用保温结构一体化技术的新建民用建筑工程的设计、施工图审查、施工、监理、检测等环节的过程监管，加大对参建单位质量行为、实体质量和工程资料的监督抽查力度，督促工程参建单位严格落实工程质量责任，确保工程质量安全。

五、积极宣传引导

各地要加强对建筑保温结构一体化技术的学习与推广，提高对该技术的认识，提升该技术在工程领域认知度，组织开展观摩培训，提升从业人员技术水平。积极引导相关生产企业升级，提升建筑保温结构一体化体系相关产品技术水平，严格执行相关技术标准，保证产品质量，满足市场需求，确保建设工程结构安全、绿色建造、节能环保。

甘肃省住房和城乡建设厅

2022 年 6 月 27 日

参 考 文 献

［1］中国建筑材料联合会. 2020年中国建材工业经济运行报告［R/OL］（2021-09-02）.
http://www.199it.com/archives/1305499.html.

［2］李汶键. 从建筑大国迈向建筑强国！ 2020年我国建筑业增加值占GDP比重达7.2%
［N/OL］. 中国青年报，2021-09-01. https://baijiahao.baidu.com/s?id=1709677275951
383262 &wfr=spider&for=pc.

［3］国家统计局. 中华人民共和国2020年国民经济和社会发展统计公报［N/OL］. 中
华人民共和国中央人民政府网，2021-02-28. http://www.gov.cn/xinwen/2021-02/28/
content_5589283.htm.

［4］智研观点. 2018年中国建筑节能行业发展现状及趋势分析［N/OL］. 产业信息网，
2019-10-30. https://www.chyxx.com/industry/201910/799534.html.

［5］周亚楠. 何时住进"光储直柔"的建筑里？［N/OL］. 2021-11-26. 中国环境报，
http://49.5.6.212/html/2021-11/26/content_71677.htm

［6］蔡伟光. 中国建筑能耗研究报告（2020）［R/OL］.（2021-01-08）. https://www.163.com/
dy/article/G0K25E8105509P99.html.

［7］涂继华. 推动固废利用，加快墙材革新［N/OL］. 2018-04-26. 中国建材报，http://
k.sina.com.cn/article_2487725461_9447ad95019006ffd.html?cre=tianyi&mod=pcpa
ger_china&loc=12&r=9&doct=0&rfunc=49&tj=none&tr=9.

［8］张人为. 循环经济与中国建材产业发展［M］. 北京：中国建材工业出版社，2005.

［9］清华大学建筑节能研究中心. 中国建筑节能年度发展研究报告（2008）［M］. 北
京：中国建筑工业出版社，2008.

［10］吴玉萍，胡涛. 健全建筑节能政策，推进我国建筑节能发展［J］. 供热制冷，2007，
2X：16-20.

［11］贾慧，张效民，陈一全. 外墙保温技术发展规律研究及发展策略建议［J］. 墙材革
新与建筑节能，2019（12）：19-23.

［12］黄平辉. 论新型建筑墙体材料的节能保温及环保［J］. 建材与装饰，2020，5：55-56.

［13］仇保兴. 绿色建筑发展要把握"三大机遇"与"四大方向"［J］. 建筑，2018（8）：29-30.

［14］仇保兴 . 绿色建筑发展误区及推广路径［J］. 建筑，2019（13）：20-22.

［15］陈福广. 墙体材料行业发展低碳经济之路［J］. 墙材革新与建筑节能，2010（8）：22-24.

［16］张俊峰，冯俊彪，河南省新型墙体材料应用现状与发展趋势［J］. 新型建筑材料，2015，42（6）：36-40.

［17］中国建筑材料联合会. 中国建筑材料工业碳排放报告（2020年度）［R/OL］. （2021-03-19）. https://baijiahao.baidu.com/s?id=1695254199131388966&wfr=spider &for=pc.

［18］曹万智. 我国新型墙体材料的发展现状及技术方向［J］. 砖瓦，2006（10）：120-121.